JN282110

なるほど統計学

村上 雅人 著

なるほど統計学

海鳴社

まえがき

　日常生活でふとまわりを見渡すと、いたる処に数字が並んでいる。数字の氾濫と言ってもよい。朝起きてテレビをつければ、いくつもの数値データが表れる。降雨確率や予想気温、はたまた CD や本の売れ行きランキング、よくぞ、これだけ数字が羅列されるものだと感心せずにはいられない。ところが、その一方で数の学問である数学は、ほとんどのひとに毛嫌いされている。

　これだけ、数字が現代生活に浸透しているのであるから、数字に関する学問である数学はもっと重用されても良いと思うのであるが、残念ながら数学嫌いの人口は増加の一途をたどっている。

　しかし、その一方で、発表される数値データに対しては、多くのひとは驚くほどおおらかである。もともと、あまり期待していないと言えばそれまでであるが、そのくせ数値情報に頼っているひとが多い。かく言うわたしも、降雨確率ゼロの日に花見に出かけて、大雨に見舞われた経験がある。

　実は、世の中のひとが目にする数字の多くは統計学を基本にして算出される統計量である。テレビ関係者を一喜一憂させるテレビ視聴率も統計量である。また、日本の社会に直接影響を与える内閣支持率も統計量である。

　この他にも、統計に頼った数字が世の中には氾濫しており、知らず知らずに大きな影響力を社会に与えている。

最近では、テレビ各局が選挙速報合戦を争うようになった。この報道では、いかに早く当選確実を出すかが競争となっている。ところが、競争のあまり、信頼性の低い段階で当選確実を出すため、失敗談が頻出する。テレビ報道で当選と知らされて乾杯した候補者が、あとで落選ということが分かって、大いに意気消沈するという場面を何度も目にした。

　また、選挙報道では、各政党の当選者数を、ライブで放映している。政治が変わって欲しいと願っている筆者にとっては、政権政党の議員数を少なめに見積もっているテレビ局の放映をついつい見てしまう。同じ選挙を対象にしているのに、テレビ局によって予想結果が異なるという事実は興味深いが、それが統計の宿命であるとも言える。これは、それぞれのテレビ局が、互いに異なったデータと統計手法を使っているからに他ならない。

　しかし、寝る前に見ていたテレビの報道で、これで政治が面白くなると思っていたら、つぎの朝の新聞に、あまりにも食い違った結果が出ていて、落胆させられた記憶がある。

　なぜ、このような間違いが生じるのであろうか。その答えは簡単で、統計では絶対正しい、あるいは絶対間違いという判断を下すことができないからである。統計ができるのは、ある信頼度で判定することである。例えば、出口調査や得票結果をもとに統計処理をして、ある候補者の当選が90%の信頼度で確実という結果が出たとする。多くのひとは、これで信頼性は高いと思うかもしれないが、この場合でも、10%の誤りを犯す可能性が残されているのである。よって、統計では、この10%を危険率と呼んでいる。

　信頼度を増すためには、標本数、つまり選挙では得票データを増やす必要がある。ところが、信頼性を上げるために、開票結果を待っていたのでは、他社に先を越されてしまう。よって、テレビ局によっては、十分な信頼度が得られないまま、当選確実という情報を流してしまうのである。

　このように、少々無謀とも言える競争をするのは、それだけ高い視聴率が欲しいためであるが、その視聴率も統計量であるという皮肉が面白い。しかも、視聴率の出し方には問題があるのである。

　例えば、「視聴率は12.5%である」というように、たったひとつの数字で表示される。これは、統計的には点推定 (point estimation) と呼ばれる手法であるが、本書で明らかになるように、本来は信頼区間と呼ばれる幅で表示しなければな

らない。例えば、12.5％という値も、統計的な表現では、ある信頼度ではある幅にあって、その中心が 12.5％としか言えないのである。しかし、このようなあいまいな表示をしても多くのひとは納得してくれない。そこで、分かりやすく 12.5％と表示しているのである。しかし、1％で巨額の金が動くと聞くと、視聴率を点推定という危険な手法で割り出すのには首を傾げざるを得ない。

このように、われわれの生活には、良くも悪しくも統計というものが深く入りこんでおり、中には、社会そのものを大きく左右するような重要な数値もある。にもかかわらず、発表される統計量がどのようにして算出されたかを知っているひとはあまり多くないのではなかろうか。

最近では新聞やテレビ局が内閣支持率を独自に計算しているが、その標本数はたかだか 1000 程度である。たったこれだけのデータから点推定して求めた値は、とても信頼のおける数値とは言えないのである。

実は、内閣支持率の発表は、「ばかやろう解散」で有名な吉田茂首相の時代にまで遡る。当時、米国の指導で民主化の一環としてはじめられたものらしい。ただし、初回の調査では標本数を 20000 以上抽出していたと聞いている。これならば、支持率という数字の信頼度が高いことになる。その後、時代が進歩（？）し、各メディアが勝手に世論調査をするようになったので、標本数が少なくならざるを得なくなったのである。

このように、統計処理された数字が氾濫している世の中では、統計手法を学ぶことが非常に重要となる。さらに、統計手法というものを知っていると、これら世の中に氾濫している数字に対する見方がずいぶんと違ってくる。何よりも重要なことは、その信憑性に対して、きちんとした評価ができるようになる。

脅かすわけではないが、統計を知らないと、思わぬ損をすることも多い。それは、統計数字そのものには高い関心を寄せても、その数字がどのようにして得られたかの過程には多くのひとが無関心だからである。これを利用して、そのデータをまことしやかに利用する輩も徘徊しているのである。かつては、日本においても、一部の御用学者にしか政府データが渡されずに、都合のよいデータだけが一般に公表され、世論が操作されていた時代もあったという噂を耳にした。

少し話がきな臭くなったが、いずれにしても、統計を知っているのと、そうでないのでは大きな違いがある。私も、自分の研究をするうえで、統計を知っ

ていたおかげで、多面的なアプローチができたという経験を持っている。例えば、ある実験データをフィッティングして、指数関数で表されるということが分かったとする。普通はこれでめでたしめでたしであるが、統計の知識があると、もう一段、考察を深めることができる。それは、得られたデータが統計学で知られているどのような分布に従うかということが分かると、そのデータの背後にある物理的な意味を読み取ることができるからである。

このように、統計を勉強するということは、統計を利用せざるを得ない専門家だけではなく、多くのひとにとって重要と考えられる。その証拠に、世の中には、統計に関する本が山のように出版されている。しかし、これらの本を見ると二極分化していると言わざるを得ない。それは、数学的な基礎は抜きにして、統計手法の習得を重要視した教科書が多い反面、数理的な側面を強調した教科書の方は数式の羅列が多く、分かりにくいのである。

そこで、本書では、これら二極分化した教科書のギャップを埋めるように、統計分析の手法と、その数学的な意味を同時に学習できるような内容にした。ただし、統計処理がどういうものかを体験することも重要であるので、身近な例を使って統計処理について紹介した。初学者にとっては、統計の数学的な意味を知ることも必要であるが、何よりも統計処理に慣れることが先決だからである。

ただし、機械的な処理方法をマスターしただけでは問題がある。そこで、一般に行われている統計処理に、いったいどういう意味があるのか、その背景を含めて数学的な意味づけを行った。

最近では、コンピュータの能力が格段に進歩し、データを入力すれば必要なパラメータがすべて計算できるようになっているが、このようなブラックボックス化した処理に頼っていると、本質を見失うことも多かろう。つまるところ、技術的な側面がどんなに発達したとしても、最後に決断を下すのは機械ではなく人間である。この事実を忘れてはならない。

最後に、本書の出版に際して、超電導工学研究所の河野猛さんと小林忍さんには文章の校正や図の作製で大変お世話になった。ここに謝意を表する。

平成 14 年 10 月 　著　者

もくじ

まえがき ・・・・・・・・・・・・・・・・・5

序章　偏差値は悪者か ・・・・・・・・・・・・11

第1章　標準偏差によるデータ解析 ・・・・・・・19
　　1.1.　標準偏差による複数データの解析 *19*
　　1.2.　標準偏差の別な表現 *27*
　　1.3.　ヒストグラムによるばらつきの解析 *31*
　　1.4.　正規分布による解析 *33*

第2章　正規分布とガウス関数 ・・・・・・・・・36
　　2.1.　ガウス関数 *36*
　　2.2.　ガウス関数の積分 *40*
　　2.3.　正規分布に対応した関数 *44*

第3章　推測統計 ・・・・・・・・・・・・・・・62
　　3.1.　記述統計と推測統計 *62*
　　3.2.　正規分布の確率密度関数 *63*
　　3.3.　母平均の推定——母標準偏差が分かる場合 *65*
　　3.4.　標本標準偏差と母標準偏差の関係 *74*
　　3.5.　母平均の推定——母標準偏差が分からない場合 *81*
　　3.6.　t分布による母平均の推定 *84*
　　3.7.　χ^2分布による母分散の推定 *91*
　　3.8.　F分布による母分散の比の推定 *100*
　　3.9.　点推定 *110*

第4章　統計的検定 ・・・・・・・・・・・・・・118
　　4.1.　推測統計と検定 *118*
　　4.2.　統計における仮説検定 *121*
　　4.3.　帰無仮説と対立仮説 *122*
　　4.4.　t検定——母平均の検定 *124*
　　4.5.　χ^2検定——母分散の検定 *131*
　　4.6.　F検定——分散の比の検定 *137*

第5章　確率と確率分布 ・・・・・・・・・・・・146
　　5.1.　確率と統計 *146*
　　5.2.　期待値と不偏推定値 *155*

5.3.　モーメント *164*
　　　5.4.　確率密度関数の条件 *169*

第6章　確率密度関数・・・・・・・・・・・・・・・*177*
　　　6.1.　確率密度関数の特徴 *177*
　　　6.2.　χ^2分布の確率密度関数 *179*
　　　6.3.　t分布の確率密度関数 *194*
　　　6.4.　F分布の確率密度関数 *207*

第7章　その他の確率分布・・・・・・・・・・・・*230*
　　　7.1.　2項分布 *230*
　　　　7.1.1.　順列と組み合わせ *230*
　　　　7.1.2.　2項分布 *236*
　　　　7.1.3.　2項定理 *243*
　　　　7.1.4.　2項定理と2項分布 *246*
　　　　7.1.5.　2項分布と正規分布 *250*
　　　7.2.　ポアソン分布 *257*
　　　7.3.　ワイブル分布 *264*
　　　7.4.　2変数の確率分布 *274*
　　　　7.4.1.　同時確率分布 *274*
　　　　7.4.2.　2次元確率分布の期待値 *279*
　　　　7.4.3.　確率変数の独立性 *281*
　　　　7.4.4.　2次元確率変数の分散 *282*
　　　　7.4.5.　正規分布の加法性 *284*

補遺1　指数関数とべき級数展開・・・・・・・・・*287*
　　　A1.1.　指数関数の定義 *287*
　　　A1.2.　指数関数の展開 *290*

補遺2　ガンマ関数とベータ関数・・・・・・・・・*294*
　　　A2.1.　ガンマ関数 *294*
　　　A2.2.　ベータ関数 *297*

補遺3　スターリング近似・・・・・・・・・・・・*302*

あとがき・・・・・・・・・・・・・・・・・・・・*307*

　　付表1・・・・・・・・・・・・・・・・・・・*309*
　　付表2・・・・・・・・・・・・・・・・・・・*310*
　　付表3-1・・・・・・・・・・・・・・・・・・*311*
　　付表3-2・・・・・・・・・・・・・・・・・・*312*

　　索引・・・・・・・・・・・・・・・・・・・・*313*

序章　偏差値は悪者か

　日本の教育が抱える問題として頻繁に取り上げられるものに偏差値教育がある。「偏差値」と聞いただけで、あまり良いイメージが沸かないひとが多いのではなかろうか。しかし、これこそ、その真意を誤解されて、風評だけが勝手に一人歩きしている典型である。

　もし、誰かに「偏差値教育」とは何ですかと聞かれた時に、あなたはどのように答えるであろうか。成績第一主義、あるいは、点取りだけを至上と考える教育で、道徳や倫理を無視した教育ぐらいのものであろう。

　それでは、次に「偏差値」とは何ですかと聞かれたらどうであろうか。悪いイメージは持っていても、その本当の意味を知っているひとはあまりいないのではなかろうか。

　偏差値 (deviation score) は、**統計学** (statistics) における専門用語 (technical term) であり、この用語が悪い意味を持っているわけではない。むしろ、試験の結果を他人と比較する場合には、どうしても必要となる道具である。米国でも T スコア (T score) と呼んで、受験者全体の中で、自分のレベルを客観的に知る指標として使われている。

　わたしが高校の頃にも、今ほど統制はとれていなかったが、全国規模の模擬試験があった。この時、試験結果に「偏差値」というものが表記されていて戸惑ったことを覚えている。なぜ試験の点数だけではなく、余計な偏差値というものが必要なのだろうか。

　点数でも順番は分かるし、ある点以上が〇×大学に合格できるラインですと書いてくれれば十分である。しかしながら、しばらくすると、全国の大学の合格ラインがすべて偏差値で表示されるようになった。この時、同じ大学でも、学部や学科で偏差値が大きく異なるのに驚いたことを覚えている。

偏差値と聞くと、つぎの笑い話が頭に浮かぶ。ある日、普段はできの悪い子供が、学校からテストを持って帰ってきた。見ると、100点満点の80点である。いつもは、50点以下なのに、よく頑張ったと親は喜んでくれたが、子供の方は浮かない顔である。よくよく聞いて見ると、クラスのみんなは90点以上がほとんどだったという笑い話である。

　もし、学校の先生がテストの点数の横に、偏差値を書いていたら、その値はいつもと変わらなかったかもしれない。つまり、偏差値というのは、全体の中で自分がどれくらいのレベルに位置するかを、客観的に知る指標なのである。

　それでは、偏差値というものが、いったいどういうものかを紹介しよう。まず、**偏差**とは平均からどれくらい離れているかを示す度合いである。偏差の偏は日本語で「かたより」という意味であるから雰囲気はつかめる。また、偏差の英語訳は、"deviation" である。ここで、笑い話の例で取り上げた生徒の名前を仮にA君としよう。実は、このテストでのクラスの平均点が85点であったとすると、残念ながら80点という高得点にもかかわらず、A君の成績は、平均以下ということになる。この時の偏差は$80-85=-5$となる。ただし、この -5 のことを偏差値とは言わない。それでは偏差値とはどういうものか。

　まず、偏差値は、その値が負にならないようにして、平均が50となるように設定されている。その定義式を示すと

$$\text{偏差値} = \frac{x - \bar{x}}{\sigma} \times 10 + 50$$

となる。ここで、x は得点、$\bar{x}$ は平均点であり、σ は**標準偏差** (standard deviation) と呼ばれる数値である。

確かに、得点が平均点と同じ ($x = \bar{x}$) ならば、第 1 項が 0 となり、偏差値は 50 となる。また、自分が平均以下ならば、偏差値が 50 以下となることも分かる。例えば、全国模擬試験で、偏差値 45 が合格圏内とあれば、失礼ながら、この大学は全国平均レベル以下ということを示している。実は、偏差値によく似た指標として**知能指数** (intelligent quotient) がある。この頭文字をとって IQ と呼ばれることも多い。その定義は

$$知能指数 = \frac{x - \bar{x}}{\sigma} \times 15 + 100$$

であり、全体の平均が 100 となる。

ところで、偏差値や知能指数に出てくる標準偏差 σ とはいったいどういうものなのであろうか。はたまた、どうして、このような式にする必要があるのであろうか。

まず、偏差値は他人と比較して、自分の得点がどの程度の位置にあるかを示すものである。ここで、A 君の偏差の値が −5 であったが、この値は絶対的なものではなく、クラスの得点の分布によっても差が生じる。例えば、クラスのみんなの得点が、ほぼ平均点に集まっていた場合の 5 点差と、上は 100 点満点から、下は 0 点まで、広く分布していた場合の 5 点差では、その意味が違ってくる。

そこで、クラス全体の得点の偏差がどれくらいかということを指標にして、それに対して、いまの 5 点差がどれくらいの意味を持っているかを計算するために、自分の得点の偏差を平均的な偏差で割るという作業をするのである。

それでは、具体的に A 君のクラスの得点を使って標準偏差について考えてみよう。クラス全員のテストの結果を表 1 に示す。

表 1 A 君のクラス全員の成績表。

生徒	A	B	C	D	E	F	G	H	I	J
得点	80	100	90	70	85	95	75	90	90	75

まず、このクラスの平均点を求めてみよう。これは、クラス全員のテストの総合得点を人数で割ったものである。よって

$$\bar{x} = \frac{80+100+90+70+85+95+75+90+90+75}{10} = \frac{850}{10} = 85$$

となり、平均点が 85 点であることが分かる。文字式を使って表現すれば、平均は

$$\bar{x} = \frac{x_1 + x_2 + x_3 + ... + x_{10}}{10} = \frac{\sum_{i=1}^{10} x_i}{10}$$

と書くことができる。より一般的に、クラスの人数が N 人の時は

$$\bar{x} = \frac{x_1 + x_2 + x_3 + ... + x_N}{N} = \frac{\sum_{i=1}^{N} x_i}{N}$$

となる。ただし、専門的には、この平均を**算術平均** (arithmetic mean) あるいは**相加平均**と呼ぶ。この平均が一般的ではあるが、この他にも、平均を得る方法として、すべての成分の積を求めたうえで、N 乗根を求めるという方法もある。つまり

$$\bar{x} = \left(x_1 \cdot x_2 \cdot x_3 ... x_N\right)^{1/N}$$

という平均の取り方もある。こちらを**幾何平均** (geometric mean) あるいは**相乗平均**と呼んでいる。
　もちろん、今回の例では算術平均を平均値として使う。今、求めたいのは、クラスの得点分布がどのようになっているかである。そこで、まず、それぞれの生徒の偏差を求めて、クラス全体の偏差の総和を計算してみる。すると

$$偏差の総和 = -5 + 15 + 5 - 15 + 0 + 10 - 10 + 5 + 5 - 10 = 0$$

となって 0 となってしまう。これは考えてみれば当たり前で、偏差の総和(S)は

$$S = (x_1 - \bar{x}) + (x_2 - \bar{x}) + (x_3 - \bar{x}) + ... + (x_N - \bar{x})$$

と書けるが、これを変形すると

$$S = x_1 + x_2 + x_3 + ... + x_N - N\bar{x}$$

となり

$$\frac{S}{N} = \frac{x_1 + x_2 + x_3 + ... + x_N}{N} - \bar{x} = \bar{x} - \bar{x} = 0$$

となって必ず 0 となるからである。このような計算をするまでもなく、偏差は平均値からのずれであるから、すべてを足せば、互いに相殺されて 0 となることは直感でも分かる。

　それでは、どうすれば、クラス全体の得点の偏差がどの程度かを求められるのであろうか。これは、非常に簡単で偏差の絶対値を取ればよいのである。こうすれば、総和は 0 にならない。そのうえで、偏差の絶対値の総和を総数で割れば、平均的な偏差を求めることができる。つまり

$$\frac{|x_1 - \bar{x}| + |x_2 - \bar{x}| + |x_3 - \bar{x}| + ... + |x_N - \bar{x}|}{N}$$

を計算すれば、値が 0 とならずに、しかも分布の平均的な偏差を求めることができる。A 君のクラスの例で、この値を求めてみよう。

$$\frac{5 + 15 + 5 + 15 + 0 + 10 + 10 + 5 + 5 + 10}{10} = \frac{80}{10} = 8$$

となって、平均的な偏差は 8 となる。この値を標準偏差 σ として偏差値の式に代入してみる。すると A 君の偏差値は

$$\frac{x - \bar{x}}{\sigma} \times 10 + 50 = \frac{-5}{8} \times 10 + 50 = 43.75$$

と計算できる。このような指標を使えば、今回の点数は 80 点ではあったが、

偏差値は45を切って、それほどクラスの中ではよくないことがはっきりする。ただし、ここで話は終わらない。

　残念ながら、ここで求めた値は、**平均偏差** (mean deviation) と呼ばれるもので、標準偏差ではないのである。おそらく、このような定義を仮にしたとしても、偏差値が持つ意味は大きく違わなかったろうと（個人的には）思われる。しかしながら、膨大な数を処理するときには、絶対値を採用するのには欠点がある。それは、その計算が意外と面倒であるということである。特に、コンピュータで絶対値を処理するためには、単に計算するだけでなく、「$x-\bar{x}$ の値が正ならば符号はそのままで、負になったら符号を反転する」という仕分けをする必要がある。絶対値を求めるぐらい何でもなかろうと思われるかもしれないが、実際の処理として、この仕分けは意外と面倒である。

　このような場合に、正負の符号の問題を解決する手法として一般に採用される方法がある。それは、その2乗を計算するのである。こうすれば、負の値もすべて正となる。つまり、偏差の2乗の和を計算したうえで、その平均をとる。

$$\frac{(x_1-\bar{x})^2+(x_2-\bar{x})^2+(x_3-\bar{x})^2+...+(x_N-\bar{x})^2}{N}$$

こうすれば、偏差の総和が0にはならない。この値を専門的には**分散** (variance) と呼んでいる。ここで表2に、表1で示した各生徒の試験結果の偏差と偏差の平方を示す。

表2　A君のクラス全体の得点の偏差。

生徒	A	B	C	D	E	F	G	H	I	J
x	80	100	90	70	85	95	75	90	90	75
$x-\bar{x}$	−5	15	5	−15	0	10	−10	5	5	−10
$(x-\bar{x})^2$	25	225	25	225	0	100	100	25	25	100

ただし、このままでは、平方した分、値が大きくなっているので、その平方根をとる。これが標準偏差である。つまり

$$\sigma = \sqrt{\frac{(x_1-\bar{x})^2+(x_2-\bar{x})^2+(x_3-\bar{x})^2+\ldots+(x_N-\bar{x})^2}{N}}$$

と与えられる。シグマ記号（Σ）を使って表記すると

$$\sigma = \sqrt{\frac{\sum(x_i-\bar{x})^2}{N}}$$

と与えられる。それでは、A君のクラスの標準偏差を実際に求めてみよう。

$$\sigma = \sqrt{\frac{(-5)^2+15^2+5^2+(-15)^2+0+10^2+(-10)^2+5^2+5^2+(-10)^2}{10}}$$

$$= \sqrt{\frac{850}{10}} = \sqrt{85} \cong 9.22$$

となる。これが標準偏差である。よって、A君の偏差値は

$$\frac{x-\bar{x}}{\sigma} \times 10 + 50 = \frac{80-85}{9.22} \times 10 + 50 \cong 44.6$$

となる。この値は、A君のクラス全員の得点の分布を考慮して、A君の得点がクラスの中で、どのレベルにあるかを示す指標である。せっかく80点という高得点を挙げたにもかかわらず、偏差値を見れば、平均よりもやや下に位置するということが分かるのである。ただし、44.6であるから、それほど悪いわけではない。ちなみに、クラス最下位のD君の偏差値は

$$\frac{x-\bar{x}}{\sigma} \times 10 + 50 = \frac{70-85}{9.22} \times 10 + 50 \cong 33.7$$

となって、確かにかなり低いということが分かる。一方、最高得点のB君の偏差値は

$$\frac{x-\bar{x}}{\sigma} \times 10 + 50 = \frac{100-85}{9.22} \times 10 + 50 \cong 66.3$$

となる。

　ここで、全国レベルの模擬試験の話に戻るが、A 君の例でも分かるように、得点だけでは、自分が全国に居る生徒の中で、どのレベルに位置するかが分からない。たとえ平均点が分かったとしても、得点の差だけでは、どの程度の差が実際にあるのかが分からない。

　いまの日本の大学は高校生ならば誰でも受験することができる。この時、高校生全体の中での自分のレベルが分からなければ、合否の判断をすることが難しい。あるいは、自分の希望の大学に入学するためには、今のレベルのままでよいのか、それとも、かなり努力する必要があるのかは、偏差値で判断するしかないのである。

　冷静になって考えれば、偏差値を使うことに問題があるのではなく、むしろ、公平な判断を下すには必要不可欠の道具ということが分かる。あえて問題を挙げるとすれば、それは偏差値ではなく、全国の大学のランクづけが、模擬試験の偏差値という、たったひとつの数値で行われるという現実であろう。しかも、ランクづけが、第三者によって総合的に行われるのではなく、大学の実態をあまり反映しない状況で決められている現状こそが問題である。

　ところで、ここで紹介した偏差値は統計学の専門用語である。**統計学** (statistics) とは、このように、数多くの変数からなる集団を分析する手法である。数の集合には、いろいろな特徴がある。その特徴を利用して、その集団の性質を調べる手法が統計学である。ただし、このように数の集合のデータがすべて揃っていて、その解析を行う統計学を**記述統計学** (descriptive statistics) と呼んでいる。

　一方、数の集合を扱う場合に、すべてのデータを集めるのが大変であったり、あるいは実質的に不可能であることがある。このような場合に、その集合の中から、いくつか**標本** (sample) と呼ばれるデータを抽出し、その特徴を調べることで、数の集合の性質を推定する統計学もある。これを**推測統計学**あるいは**推計学** (statistical inference) と呼んでいる。

第1章 標準偏差によるデータ解析

1.1. 標準偏差による複数データの解析

　序章で紹介したように、点数だけを見たのでは、ある生徒の点数が全生徒の中でどのレベルにあるかを知ることはできない。これは、試験の点数というのは、その問題が難しかったかどうかによって大きく左右されるからである。

　そして、より客観的に自分のレベルを知るには、次の式で定義される偏差値 (deviation score)

$$偏差値 = \frac{x - \bar{x}}{\sigma} \times 10 + 50$$

を、その指標として使う必要があることを説明した。ここで、x は得点、$\bar{x}$ は平均点であり、σ は標準偏差 (standard deviation) である。

　ここで、再び A 君のクラスの得点を使って、どのように複数のデータを処理するかを紹介しよう。表 1-1 に序章で使った成績表と、その次に実施された試験の成績表を並べて示す。

表 1-1　A 君のクラスの 2 回の成績表。

1 回目の試験の結果

生徒	A	B	C	D	E	F	G	H	I	J
得点	80	100	90	70	85	95	75	90	90	75

2 回目の試験の結果

生徒	A	B	C	D	E	F	G	H	I	J
得点	50	100	80	40	70	90	30	80	70	50

A君のテストの点数は、いつもと同じレベルの50点になってしまった。まず、これら結果の比較をする場合の常套手段として、平均点を求めてみよう。ここでは、もちろん算術平均を採用する。まず最初の試験では

$$\bar{x} = \frac{80+100+90+70+85+95+75+90+90+75}{10} = \frac{850}{10} = 85$$

となり、クラス全員の平均点が85点であることが分かる。つぎの試験の平均点は

$$\bar{x} = \frac{50+100+80+40+70+90+30+80+70+50}{10} = \frac{660}{10} = 66$$

となる。このように、平均点を調べただけで、2回のテストの特徴がわかる。A君は最初の試験では80点という好成績を挙げたが、クラスの平均点は85点もあった。つまり、最初のテストはどうやら簡単な問題が多かったということが分かる。ところが次の試験では、A君の得点は50点に下がってしまった。かなり成績が落ちたように感じるが、クラスの平均点は66点であるので、相対的な位置そのものは変わらない。このように、平均点が分かるだけで、A君の成績のレベルがどの程度かの検討がつくようになる。

実は、このような複数のデータを処理するときには、算術平均の他にもいくつか代表的な数値がある。そこで、表1-1のデータを成績順に並べ替えてみよう。

表1-2 生徒の成績を成績順に並べ換えた結果。

第1回の試験結果

生徒	D	G	J	A	E	C	H	I	F	B
得点	70	75	75	80	85	90	90	90	95	100

第2回の試験結果

生徒	G	D	A	J	E	I	C	H	F	B
得点	30	40	50	50	70	70	80	80	90	100

それでは、これらデータを特徴づける数値を調べてみよう。まず、最初のテストの最高点は100点で、最低点は70点であるが、つぎのテストでは最高点は100点でも、最低点は30点とかなり低い。

第1章　標準偏差によるデータ解析

　最高点と最低点を比べてみると、2回目の試験の成績のばらつきが大きいと思われる。ところで、A君の成績は、1回目の試験ではビリから4番目であったが、2回目の試験では、ビリから3番目となっている。しかも、同じ得点の生徒がもうひとりいるから、成績順では大した差はないといえる。

　統計学では、このような成績順に並べたとき、ちょうど真中にくるデータを中央値 (median) と呼んでいる。あるいは、英語をそのまま使ってメジアンと呼ぶ場合もある。A君のクラスの人数は10人であるから、ちょうど中央になるひとはいないが、下から5人目の値をとると、それぞれ85点と70点となっている。感覚的には、クラスの平均点が中央あたりに位置すると思われるが、中央値は確かに、平均点に近い値となっている。

　また、最頻値 (mode) という値も、そのグループを代表する値として定義されている。これは、読んで字のごとく、最も頻度の高い値であり、グループの中で、いちばんデータ数の多いものに相当する。メジアンと同様に、英語の読みをそのまま使ってモードと呼ぶこともある。または、並みの値ということから並み値と呼ぶこともある。最初の試験では90点が3人も居るので、これが最頻値となる。ところが、つぎの試験では、2人とも同じ点が3つもある。これでは、これらの値をモードとして採用するのは無理がある。データ数がある程度大きくなければモードを考える意味がないのである。

　さらに、中央値も最頻値も、どちらも理論的な意味があるわけではない。しかし、経験的には、最大値や最小値も含めて、これらの値が分かれば、データがどのような分布をしているかの概観をつかむことができ、A君の成績のレベルをある程度知ることができる。

　ただし、以上の整理はあくまでも感覚的なもので、たとえばバラツキが大きいと言っても、これら2回の成績のバラツキが定量的にどれくらい差があるかということは分からない。

　ここで、序章で紹介した標準偏差と偏差値という考えが登場する。ここで、再び2回の成績について標準偏差と、各生徒の偏差値を求めてみよう。まず、標準偏差の算出方法を復習すると

$$\sigma = \sqrt{\frac{(x_1 - \bar{x})^2 + (x_2 - \bar{x})^2 + (x_3 - \bar{x})^2 + \ldots + (x_N - \bar{x})^2}{N}}$$

であった。シグマ記号（Σ）を使って表記すると

$$\sigma = \sqrt{\frac{\sum (x_i - \bar{x})^2}{N}}$$

と与えられる。ここで、それぞれのテストの偏差とその平方を計算すると表 1-3 のようになる。

表 1-3　2 回の成績の偏差と偏差の平方。

第 1 回目の試験

生徒	A	B	C	D	E	F	G	H	I	J
得点	80	100	90	70	85	95	75	90	90	75
$x - \bar{x}$	−5	15	5	−15	0	10	−10	5	5	−10
$(x - \bar{x})^2$	25	225	25	225	0	100	100	25	25	100

平均点：$\bar{x} = 85$

第 2 回目の試験

生徒	A	B	C	D	E	F	G	H	I	J
得点	50	100	80	40	70	90	30	80	70	50
$x - \bar{x}$	−16	34	14	−26	4	24	−36	14	4	−16
$(x - \bar{x})^2$	256	1156	196	676	16	576	1296	196	16	256

平均点：$\bar{x} = 66$

まず第 1 回目の試験では、偏差の平方和は 850 である。それをクラスの人数で割って

$$\sigma = \sqrt{\frac{850}{10}} = \sqrt{85} \cong 9.22$$

が標準偏差となる。つぎに、第 2 回目の試験では、偏差の平方和は 4640 と大きく、その標準偏差は

$$\sigma = \sqrt{\frac{4640}{10}} = \sqrt{464} \fallingdotseq 21.54$$

となり、2回目の試験の方のバラツキが大きいことが確かめられる。このように標準偏差を求めれば、定量的にバラツキの大きさを知ることができる。

また、標準偏差が分かれば、各生徒の偏差値は次式

$$偏差値 = \frac{x - \bar{x}}{\sigma} \times 10 + 50$$

で計算できる。その結果を、表1-4にまとめた。

表1-4 2回の成績の偏差値。

第1回目の試験

生徒	A	B	C	D	E	F	G	H	I	J
得点	80	100	90	70	85	95	75	90	90	75
偏差値	44.58	66.27	55.42	33.73	50.00	60.85	39.15	55.42	55.42	39.15

平均点：$\bar{x} = 85$　標準偏差：$\sigma = 9.22$

第2回目の試験

生徒	A	B	C	D	E	F	G	H	I	J
得点	50	100	80	40	70	90	30	80	70	50
偏差値	42.59	65.75	56.48	37.96	51.85	61.12	33.33	56.48	51.86	42.59

平均点：$\bar{x} = 66$　標準偏差：$\sigma = 21.59$

ここで、これら偏差値の値を比べてみると、第1回目の試験のA君の偏差値は44.58であり、第2回目の試験では42.59となっている。ある程度差はあるものの、得点の差（80点と50点）に比べてみれば、偏差値はほとんど変わらないという結果となっている。他の生徒の結果を見ても、得点に大きな差があっても、偏差値そのものには大きな差がない。つまり、クラスの中での成績レベルはあまり大きな変化はなかったことになる。

このように、これら2回のテストでは、標準偏差でみると、1回目の9.22に対し、2回目では21.59とずいぶん大きくなっており、バラツキが明らかに大きくなったことを示しているが、それを考慮にいれた指標である偏差値を使って客観的に整理してみると、成績のレベルそのものに大きな差はなかったという結果が得られる。

このように、標準偏差と偏差値という統計学の道具を使えば、数値デー

タの解析がより定量的になることが分かる。

> **演習 1-1** A君のクラスの身長 (cm) が表 1-5 のように与えられているとき、身長の標準偏差と各生徒の身長の偏差値を求めよ。

表 1-5 A君のクラスの生徒の身長。

生徒	A	B	C	D	E	F	G	H	I	J
身長	150	165	155	170	150	145	175	160	165	140

解) まず、クラスの生徒の身長の平均を求めると

$$\bar{x} = \frac{150+165+155+170+150+145+175+160+165+140}{10} = \frac{1575}{10} = 157.5$$

となって、平均身長は 157.5cm ということになる。ここで、それぞれの生徒の平均身長からの偏差 ($x_i - \bar{x}$) および偏差の平方 (($x_i - \bar{x})^2$) は

生徒	A	B	C	D	E	F	G	H	I	J
$x - \bar{x}$	-7.5	7.5	-2.5	12.5	-7.5	-12.5	17.5	2.5	7.5	-17.5
$(x - \bar{x})^2$	56.25	56.25	6.25	156.25	56.25	156.25	306.25	6.25	56.25	306.25

と計算できる。よって、このクラスの身長の分布の標準偏差は

$$\sigma = \sqrt{\frac{\sum(x_i - \bar{x})^2}{N}} = \sqrt{\frac{1162.5}{10}} \cong 10.78$$

と与えられる。

標準偏差が分かれば、各生徒の偏差値を計算することもできる。次式

$$偏差値 = \frac{x - \bar{x}}{\sigma} \times 10 + 50$$

より、各生徒の偏差値はつぎの表のように与えられる。

生徒	A	B	C	D	E	F	G	H	I	J
身長	150	165	155	170	150	145	175	160	165	140
偏差値	43.04	56.96	47.68	61.60	43.04	38.40	66.23	52.32	56.96	33.77

A君は身長においても、クラスの平均より下ということになる。

> **演習 1-2** A君のクラスの体重 (kg) が表 1-6 のように与えられているとき、体重の標準偏差と各生徒の体重の偏差値を求めよ。

表 1-6 A君のクラスの生徒の体重。

生徒	A	B	C	D	E	F	G	H	I	J
体重	45	55	50	50	55	40	60	50	55	40

解) まず、クラスの生徒の体重の平均を求めると

$$\bar{x} = \frac{45+55+50+50+55+40+60+50+55+40}{10} = \frac{500}{10} = 50$$

となって、平均体重は 50kg ということになる。ここで、それぞれの生徒の平均体重からの偏差 $(x_i - \bar{x})$ および偏差の平方 $((x_i - \bar{x})^2)$ は

生徒	A	B	C	D	E	F	G	H	I	J
$x - \bar{x}$	−5	5	0	0	5	−10	10	0	5	−10
$(x - \bar{x})^2$	25	25	0	0	25	100	100	0	25	100

と計算できる。よって、このクラスの体重の分布の標準偏差は

$$\sigma = \sqrt{\frac{\sum (x_i - \bar{x})^2}{N}} = \sqrt{\frac{400}{10}} \cong 6.32$$

と与えられる。

標準偏差が分かれば、各生徒の偏差値を計算することもできる。次式

$$偏差値 = \frac{x - \bar{x}}{\sigma} \times 10 + 50$$

より、各生徒の偏差値はつぎの表のように与えられる。

生徒	A	B	C	D	E	F	G	H	I	J
体重	45	55	50	50	55	40	60	50	55	40
偏差値	42.09	57.91	50.00	50.00	57.91	34.18	65.82	50.00	57.91	34.18

A君は体重においても、クラスの平均より下ということになる。

演習 1-3 つぎの3つのグループ A: (1, 2, 3), B: (11, 12, 13), C: (10, 20, 30) のバラツキの大きさを定量的に比較せよ。

解） これらグループの平均値（$\bar{x}$）は、それぞれ 2, 12, 20 である。データの数が 3 個の標準偏差は

$$\sigma = \sqrt{\frac{(x_1 - \bar{x})^2 + (x_2 - \bar{x})^2 + (x_3 - \bar{x})^2}{3}}$$

であるから、それぞれのグループで計算すると、グループ A に対しては

$$\sigma = \sqrt{\frac{(-1)^2 + (0)^2 + (+1)^2}{3}} = \sqrt{\frac{2}{3}} \cong 0.82$$

となる。グループ B では

$$\sigma = \sqrt{\frac{(-1)^2 + (0)^2 + (+1)^2}{3}} = \sqrt{\frac{2}{3}} \cong 0.82$$

となって、グループ A と同じ計算式となる。ところが、グループ C に対しては

$$\sigma = \sqrt{\frac{(-10)^2 + (0)^2 + (+10)^2}{3}} = \sqrt{\frac{200}{3}} \cong 8.16$$

となって、A グループと B グループの標準偏差はまったく同じであるが、C グループは、なんとその 10 倍となっている。よって、A、B のバラツキは同じであるが、C のバラツキは非常に大きいということになる。

ひとによっては、(1, 2, 3) と (10, 20, 30) ではバラツキは変わらない印象を

持つ場合もあろう。統計学では、あくまでも、比ではなく、その絶対値が重要となるのである。例えば、標準偏差を見れば、(1, 2, 3) (51, 52, 53) (1001, 1002, 1003) のバラツキはすべて等しいとみなすことができるのである。

ただし、このままで問題がないわけではない。例えば、重さの分布が kg 単位で、(1, 2, 3) と与えられているとき、これを g 単位に直すと (1000, 2000, 3000) となってしまい、同じ分布にもかかわらず、標準偏差が大きく異なることになる。そこで、単位系をそろえることももちろんであるが、いろいろなデータを比較するためには、標準的な値で除して規格化する必要があるのである。

1.2. 標準偏差の別な表現

以上のように、複数の数値データがあった場合、その標準偏差を求めることで、そのばらつきを求めることができ、次に標準偏差をもとに各データの偏差値を求めることで、そのデータが、そのグループの中でどのような位置を占めるかということを評価できる。

ところで、本章で紹介した標準偏差の計算方法は、すべてのデータと平均値との偏差 ($x_i - \bar{x}$) を求め、その平方和をデータ数で除したうえで、平方根を計算するというものである。

$$\sigma = \sqrt{\frac{\sum (x_i - \bar{x})^2}{N}}$$

しかし、実際に、この方法で計算するのは、労力を要する。例えば、いま数値データとして (1, 2, 3, 5) というグループを考えてみよう。この算術平均は

$$\bar{x} = \frac{1+2+3+5}{4} = 2.75$$

と与えられる。標準偏差を計算するには、それぞれのデータとこの平均値の偏差を求め、その平方和をとる必要がある。この場合は

$$\sigma = \sqrt{\frac{(1-2.75)^2 + (2-2.75)^2 + (3-2.75)^2 + (5-2.75)^2}{4}} = \sqrt{\frac{8.75}{4}} \cong 1.48$$

となる。偏差の平方というわずらわしい計算は、データ数が増えれば、その数だけ増える。

そこで、標準偏差に関しては、つぎの式を用いる方が実際問題として計算が楽になる。

$$\sigma = \sqrt{\frac{\sum x_i^2}{N} - \bar{x}^2}$$

これならば、データの平方和を求めてデータ数で除したものから、平均の平方をひけばよいので計算がずいぶん楽になる。実際に、いまの例に当てはめると

$$\sigma = \sqrt{\frac{1^2 + 2^2 + 3^2 + 5^2}{4} - (2.75)^2} = \sqrt{\frac{39}{4} - 7.5625} \cong 1.48$$

とわずらわしい平方計算は1回で済む。

それでは、どうしてこのような計算が可能であるかを確かめてみよう。標準偏差を求める一般式は

$$\sigma = \sqrt{\frac{\sum (x_i - \bar{x})^2}{N}} = \sqrt{\frac{(x_1 - \bar{x})^2 + (x_2 - \bar{x})^2 + (x_3 - \bar{x})^2 + \ldots + (x_N - \bar{x})^2}{N}}$$

であるが、まず $N=3$ の場合を計算してみよう。

$$\sigma = \sqrt{\frac{(x_1 - \bar{x})^2 + (x_2 - \bar{x})^2 + (x_3 - \bar{x})^2}{3}}$$

根号の中を計算すると

$$\frac{(x_1-\bar{x})^2+(x_2-\bar{x})^2+(x_3-\bar{x})^2}{3}=\frac{x_1^2+x_2^2+x_3^2}{3}-\frac{2x_1\bar{x}+2x_2\bar{x}+2x_3\bar{x}}{3}+\frac{3\bar{x}^2}{3}$$

となる。ここで

$$\bar{x}=\frac{x_1+x_2+x_3}{3} \qquad 3\bar{x}=x_1+x_2+x_3$$

の関係にあるから、第 2 項は

$$\frac{2x_1\bar{x}+2x_2\bar{x}+2x_3\bar{x}}{3}=\frac{2}{3}\bar{x}(x_1+x_2+x_3)$$

と変形できるので、結局

$$\frac{(x_1-\bar{x})^2+(x_2-\bar{x})^2+(x_3-\bar{x})^2}{3}=\frac{x_1^2+x_2^2+x_3^2}{3}-\frac{6\bar{x}^2}{3}+\frac{3\bar{x}^2}{3}$$

$$=\frac{x_1^2+x_2^2+x_3^2}{3}-\bar{x}^2$$

とまとめられる。

よって、$N=3$ の場合には

$$\sigma=\sqrt{\frac{(x_1-\bar{x})^2+(x_2-\bar{x})^2+(x_3-\bar{x})^2}{3}}=\sqrt{\frac{x_1^2+x_2^2+x_3^2}{3}-\bar{x}^2}$$

となることが確かめられる。

この関係は、一般式にも簡単に拡張できる。

$$\sigma=\sqrt{\frac{(x_1-\bar{x})^2+(x_2-\bar{x})^2+\ldots+(x_N-\bar{x})^2}{N}}$$

根号の中を計算すると

$$\frac{(x_1-\bar{x})^2+(x_2-\bar{x})^2+...+(x_N-\bar{x})^2}{N}$$
$$=\frac{x_1^2+x_2^2+...+x_N^2}{N}-\frac{2x_1\bar{x}+2x_2\bar{x}+...+2x_N\bar{x}}{N}+\frac{N\bar{x}^2}{N}$$

となる。ここで

$$\bar{x}=\frac{x_1+x_2+...+x_N}{N} \qquad N\bar{x}=x_1+x_2+...+x_N$$

の関係にあるから、第2項に代入すると

$$\frac{(x_1-\bar{x})^2+(x_2-\bar{x})^2+...+(x_N-\bar{x})^2}{3}=\frac{x_1^2+x_2^2+...+x_N^2}{N}-\frac{2N\bar{x}^2}{N}+\frac{N\bar{x}^2}{N}$$
$$=\frac{x_1^2+x_2^2+...+x_N^2}{N}-\bar{x}^2$$

となって

$$\sigma=\sqrt{\frac{\sum(x_i-\bar{x})^2}{N}}=\sqrt{\frac{\sum x_i^2}{N}-\bar{x}^2}$$

の関係にあることが分かる。つまり、これら2式は同じものなのである。

演習1-4　標準偏差を求める式

$$\sigma=\sqrt{\frac{\sum x_i^2}{N}-\bar{x}^2}$$

を使って、表1-1の第1回目の試験の標準偏差を求めよ。

解） 第1回目の試験の各生徒の得点の平方を求めると

生徒	A	B	C	D	E	F	G	H	I	J
得点 x	80	100	90	70	85	95	75	90	90	75
x^2	6400	10000	8100	4900	7225	9025	5625	8100	8100	5625

となり、得点の平方和は 73100 となる。ここで平均得点は 85 点であったから、標準偏差は

$$\sigma = \sqrt{\frac{73100}{10} - 85^2} = \sqrt{7310 - 7225} = \sqrt{85} \cong 9.22$$

となって、確かに同じ値が得られる。

　この方法で標準偏差を求める利点は、データを加工せずに、そのまま平方和を計算できる点にある。特に、平均点が中途半端な値（例えば 82.97 といった端数がつく値）となる場合には、偏差とその平方を求めるのが大変な作業になるので、この方法が有利となる。
　ただし、本来の標準偏差という意味を考えると、最初の式の方が偏差の平方和をデータ数で除したうえで、平方根をとるというプロセスが明快であるので、その基本を忘れてはならない。
　さらに、最近では個人用のコンピュータの演算速度が飛躍的に増えたので、このような工夫をしなくとも、データをインプットするだけで莫大な数のデータの標準偏差をたちどころに求めることができる。
　ただし、他の数学の手法にも言えることではあるが、計算が便利になったからといって、その基本をないがしろにすると思わぬ失敗をすることがあることを自戒の念をこめて付記しておきたい。

1.3. ヒストグラムによるばらつきの解析

　複数の数字からならグループを解析する場合、標準偏差および偏差値という道具を利用することで、ばらつきを含めた複数データの客観的な評価ができることを紹介した。
　しかし、数字ばかりが並んだ表では殺風景であるし、なによりも分かりにくい。そこで、視覚に訴える手法が開発されている。それはヒストグラムと呼ばれるグラフで表現する方法である。
　A 君のクラスの成績を例にとると、このグラフでは横軸に生徒の成績を、

たて軸に頻度をとる。ただし、横軸をどのように選ぶかで、グラフは見やすくなったりみにくくなったりするので工夫が必要である。ここでは、表 1-7 のように点数の範囲を選び、その範囲にあるデータの頻度を調べた表をつくってみた。すると

表 1-7

データ区間	頻度
$x \leq 70$	1
$70 < x \leq 80$	3
$80 < x \leq 90$	4
$90 < x \leq 100$	2

のような分類となる。これをグラフにすると図 1-1 に示したような棒グラフとして描くことができる。このように、データをある区間ごとにまとめ、その頻度で示したグラフをヒストグラム (histogram) と呼んでいる。データ数が少ない場合には、いままで行ったように、適当な表にして平均値や標準偏差を求めることで解析が可能であるが、データ数が多くなった場合には、ヒストグラムにする方が、ばらつきの程度をひとめで見ることができる。

もちろん、区間の幅をどのように決めるかでグラフは変化する。一応の目安として、データ数が n の場合の区間の数としては

$$1 + 3.3 \log_{10} n$$

が適当とされている。ここで、$\log_{10} n$ は 10 を底とする対数 (logarithm) の

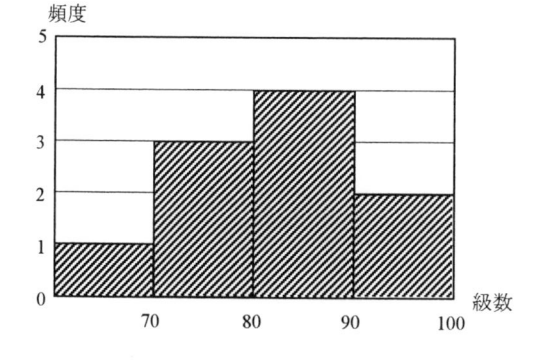

図 1-1　A 君のクラスの成績のヒストグラム。

値である。A 君のクラスの人数は 10 人であったから、その場合

$$1+3.3\log_{10} n = 1+3.3\log_{10} 10 = 1+3.3 = 4.3$$

となるので、区間の数としては 4 個から 5 個が適当ということになる。

　複数のデータが与えられている場合の解析手法に関しては、以上で終わりである。全国大学模擬試験などでは、全受験者の成績がデータとして集められ、本章で紹介した手法で解析することができる。

　しかし、これで統計のすべてが終わったわけではない。残念ながら全データがそろっている場合の統計解析は、それほど主流ではないのである。こんなことを書くと、データがそろってないのに何ができるかと思われるかもしれないが、全データがない時にこそ、統計学は威力を発揮するのである。

1.4. 正規分布による解析

　本章では、A 君のクラスの成績、身長、体重などを解析したが、もし、日本全国の A 君と同い年の生徒の身長や体重を解析したいとしたらどうであろうか。あるいは、もっと、データ数を増やして、日本人全体の身長や体重の平均、またその分布を調べたいとしたらどうであろうか。もちろん、理論的には、日本人全体のデータを集めて、本章で紹介したように、その平均を求めたり、標準偏差を計算したり、ヒストグラムをつくることは可能である。しかし、それには膨大な時間とお金と労力を必要とする。すべてのデータを集めることは実質的に無理である。それではどうすればよいか。

　ここで、統計学が登場する。統計学では、解析しようとする莫大な数のデータをすべて取り揃えるかわりに、いくつかのデータを標本 (sample) として取り出す。この操作を標本抽出 (sampling) と呼んでいる。そして、抽出した標本からなるグループの特徴を調べることで、全データの特徴を推測するのである。

　この代表がみなさんご存知のテレビ視聴率である。この数字が 1%違うだ

けで莫大なお金が動くので、テレビ局は一喜一憂することになる。あるいは、この数字の低迷で路頭に迷うテレビ番組制作会社も出てくる。ところが、テレビの視聴率は、テレビを購入している全家庭のデータを調べているわけではなく、聴視者モニターと呼ばれる1000から10000軒程度のデータをもとに作られているのである。たった、これだけの標本数で全体の何が分かるのであろうかと疑問に思うかもしれないが、これも統計学的な裏づけのもとではじき出された数字である。

　実は、データの数が大きくなると、かなりのデータが正規分布 (normal distribution) と呼ばれる分布に従うことが知られている。意図的にいじったデータでないかぎり、この分布に従う。ただし、かつては、すべての分布が正規分布になると考えられていた時代もあったが、最近では、他のかたちの分布も存在することが明らかとなっている。

　正規分布とは、図1-2に示すような中心部にピークがある釣鐘型の分布と

(a)

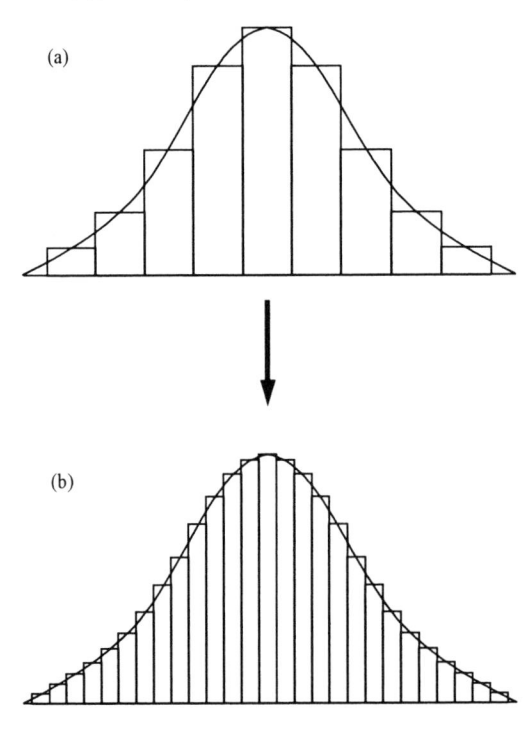

(b)

図1-2　ヒストグラムにおいて、標本データの数を増やしていくと、その数が大きいときには、正規分布と呼ばれる分布に近づいていく。この正規分布は、図のようなグラフで表現できることが知られている。正規分布に対応した度数分布表は、ちょうど積分において、区分求積法で用いた棒グラフに相当する。逆の視点に立てば、度数分布表で限りなくデータ区間の幅を小さくした極限が正規分布の曲線になるとみなすことができる。

して示すことができる。ここで、中心は平均値となる。数多くのデータがある場合、当然、その平均値付近に多くのデータが集まり、平均値から値がずれるほどその数が小さくなっていくことは容易に想像できる。

　例えば、日本の受験生の試験結果を考えても、だいだい平均点前後にデータが集まり、それよりもはるかに点数の高い生徒や、あるいは極端に点数の低い生徒の数が少なくなることは容易に想像できよう。

　もし、解析しようとしているデータの分布が正規分布に従うということが分かっているとすればどうであろうか。その解析は、かなり楽になる。実は、統計学では、この正規分布が重要な役割を果たす。その具体例を次章でみてみよう。

第2章 正規分布とガウス関数

2.1. ガウス関数

　数多くの数値データからなる集団があるとき、意図的に何か加工を施したものでなければ、このデータは**正規分布** (normal distribution) と呼ばれる分布に従うことが知られている。この分布の特徴は、図 1-2 で紹介したように、データ全体の平均値を中心にして左右対称の分布であり、データの値が平均からずれるにしたがって、その数が減るというものである。正規分布と言うと、形式ばって聞こえるが、「正規」は英語では normal つまりノーマルであり、ごくごく当たり前の分布という意味である。実際に、多くの分布は正規分布に従うことが知られている。

　少し考えれば、このような分布が一般的な分布であることは容易に想像できる。ところで、このような分布を数学的に解析する場合、適当な関数を使って分布を表現することができれば便利である。そんなうまい関数があるだろうかと疑問に思われるかもしれないが、実は、正規分布を表現する関数がある。それはつぎのかたちをした関数である。

$$y = f(x) = e^{-ax^2} \quad \text{あるいは} \quad f(x) = \exp(-ax^2)$$

ただし、a は正の定数である。試しに、この関数をプロットしてみよう。簡単のため、$a = 1$ と置く。つまり

$$f(x) = \exp(-x^2)$$

となる。この関数は

$$f(-x) = \exp(-(-x)^2) = \exp(-x^2) = f(x)$$

のように偶関数であるから、y 軸に関して左右対称となる。つぎに、$x = 0$ を代入すると

$$f(0) = e^0 = 1$$

となる。また、この導関数を求めると

$$f'(x) = -2x\exp(-x^2)$$

であるので、$x < 0$ では $f'(x) > 0$ となって単調増加、$x > 0$ では $f'(x) < 0$ となって単調減少である。つまり、この関数は y 軸を中心にして左右対称であり、x の絶対値の増加とともに正負の両方向で減少する。また、$x \to \pm\infty$ の極限では

$$\lim_{x \to \pm\infty} \exp(-x^2) = 0$$

となる。

　よって、グラフは、中心にピークを持ち、両側で減少し、中心から離れるにしたがって減衰し無限遠で 0 になるという特徴を持った関数となっている。

　実際に、このかたちをした関数で正規分布を表現することができる。この関数はガウス関数 (Gaussian function) と呼ばれる。理工系の教科書では、よくこのかたちをした関数を使う。また、この関数の積分形を誤差関数 (error function) と呼ぶ。実は、誤差関数と呼ばれるのは、それなりの理由がある。

　例えば、工場である長さの製品を多数つくる場合、必ずしも寸法どおりにはいかずに、ある程度の誤差を生じることになる。この誤差の分布は、目標とする寸法を中心にして、ちょうどガウス関数 ($y = \exp(-ax^2)$) のかたちをした分布をすることが知られている。つまり、誤差の大きさが正規分布になるということである。これも考えれば当り前で、当然、工場で働くひとは、目標寸法をねらうが、それが少し大きくなったり、小さくなってしまう。寸法の大きい製品だけができることは有り得なく、誤差は当然

のことながら、左右対称になるであろう。また、寸法の大きく異なる製品の数は何か大きな間違いがなければ現れないから、その数は少ないはずである。このように、製品の誤差がこのかたちの関数でうまく表現できる。
　そして、その積分

$$\mathrm{erf}(x) = \frac{2}{\sqrt{\pi}} \int_0^x \exp(-t^2) dt$$

は、ある誤差範囲（$0 \leq t \leq x$）に製品数がどの程度の割合で含まれるかを与えることになる。このため、この積分を誤差関数と呼ぶ。ちなみに erf は error function の略である。ただし、係数 $2/\sqrt{\pi}$ は erf(∞) が 1 になるように、つまりすべての誤差範囲（$0 \leq x \leq \infty$）において誤差の生じる確率が 1 になるように規格化したものである。
　また、正規分布のことをガウス分布 (Gaussian distribution) とも呼ぶが、それは、正規分布がガウス関数で表現できることに因んでいる。

演習 2-1　導関数を利用して関数 $f(x) = e^{-x^2}$ の変曲点（inflection point）を求めよ。

　解）　$t = -x^2$ とおくと $f(x) = e^t$ であり $dt/dx = -2x$ であるから

$$\frac{df(x)}{dx} = \frac{df(x)}{dt}\frac{dt}{dx} = e^t(-2x) = (-2x)e^{-x^2}$$

となる。2階導関数を求めると

$$\frac{d^2 f(x)}{dx^2} = \frac{d[(-2x)e^{-x^2}]}{dx} = -2e^{-x^2} + (-2x)(-2x)e^{-x^2} = e^{-x^2}(4x^2 - 2)$$

となり、変曲点は $d^2 y/dx^2 = 0$ を満足する点であるから

$$x = \pm\sqrt{\frac{1}{2}} = \pm 0.707$$

となる。

よって、$f(x) = \exp(-x^2)$ のグラフの特徴をまとめると

x	$-\infty$		$-1/\sqrt{2}$		0		$+1/\sqrt{2}$		$+\infty$
$f(x)$	0	↗	$1/\sqrt{e}$	↗	1	↘	$1/\sqrt{e}$	↘	0
$f'(x)$		$+$		$+$	0	$-$		$-$	
$f''(x)$			0				0		

となり、このグラフは左右対称であるので、正の領域で考えると単調減少であるが、$0 \leq x < 0.707$ では上に凸のグラフであり、$0.707 < x$ では下に凸のグラフとなる。結局、グラフは図 2-1 のようになり、ちょうど外国製のベルのような形状をしている。また、中心から離れるにしたがって減衰し無限遠で 0 になるという特徴を持っている。

以上の解析では、ガウス関数の定数項 a を 1 としているが、ここで一般式

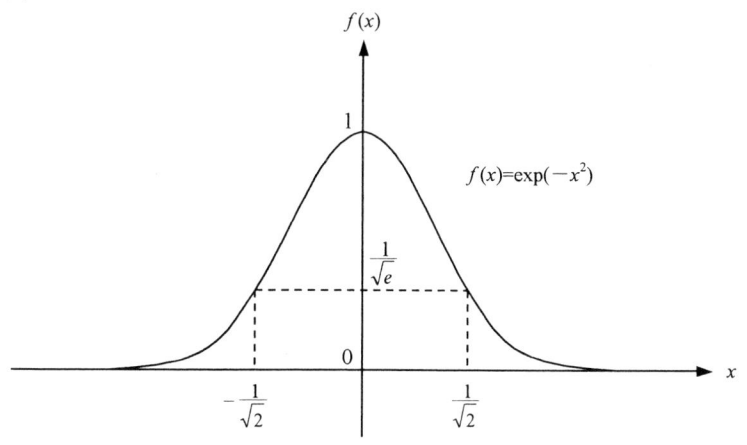

図 2-1　ガウス関数 $f(x) = \exp(-x^2)$ のグラフ。

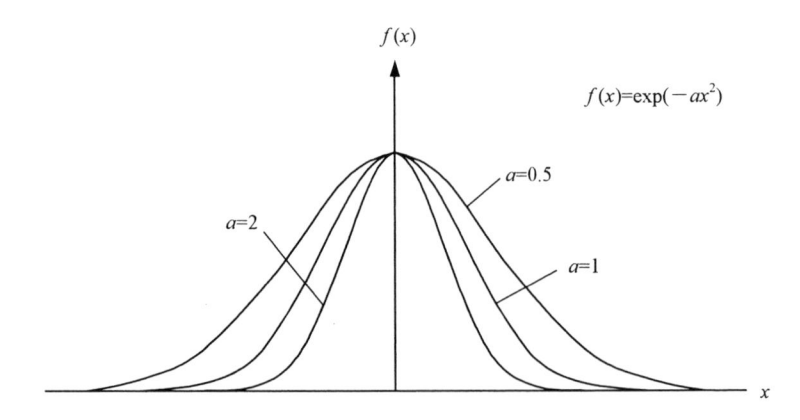

図2-2 $f(x) = \exp(-ax^2)$ において、$a = 0.5, 1, 2$ に対応したグラフ。aの値が小さくなるにしたがって、すそ広がりのグラフとなることが分かる。

$$f(x) = \exp(-ax^2)$$

にある定数 a の意味を考えてみよう。まず、この定数は正でなければならない。なぜなら、この定数が負であれば、この関数が発散して、$x \to \infty$ で無限大になってしまうからである。

つぎに、aの値が大きいと、xの増加とともに関数の値は急激に減少するが、aの値が小さいと、いつまでも尾を引いていく。つまり、分布の拡がりに対応した定数であることが分かる。例えば、a の値として 2, 1, 0.5 としてグラフを描くと、図2-2に示すように、aの値が小さいほどすそ拡がりのグラフとなることが分かる。製品誤差という観点からは、a の値が大きいほど優秀ということになる。

2.2. ガウス関数の積分

ガウス関数には、正規分布を表現するうえで、さらに好都合な性質がある。それはガウス関数を $-\infty \leq x \leq +\infty$ の範囲で積分すると

$$\int_{-\infty}^{+\infty} \exp(-ax^2) dx \quad \to \quad 一定値$$

のように、ある値に収束するという性質である。この積分が発散したのでは、分布を考えることができなくなる。

それでは、実際にこの積分を計算してみよう。一見したところ、この積分計算は簡単にできそうであるが、その値を求めるには工夫を要する。

まず

$$I = \int_{-\infty}^{+\infty} \exp(-ax^2) dx$$

と置く。ここで

$$I = \int_{-\infty}^{+\infty} \exp(-ay^2) dy$$

という y に関する関数を考えて、これら積分の積を計算する。すると

$$I^2 = \int_{-\infty}^{+\infty} \exp(-ax^2) dx \cdot \int_{-\infty}^{+\infty} \exp(-ay^2) dy$$

となるが、x と y は互いに独立であるので

$$I^2 = \int_{-\infty}^{+\infty} \int_{-\infty}^{+\infty} \exp(-a(x^2 + y^2)) dxdy$$

という 2 重積分 (double integral) のかたちに書くことができる。この積分は図 2-3 に示すような図形の体積分となる。ちょうど

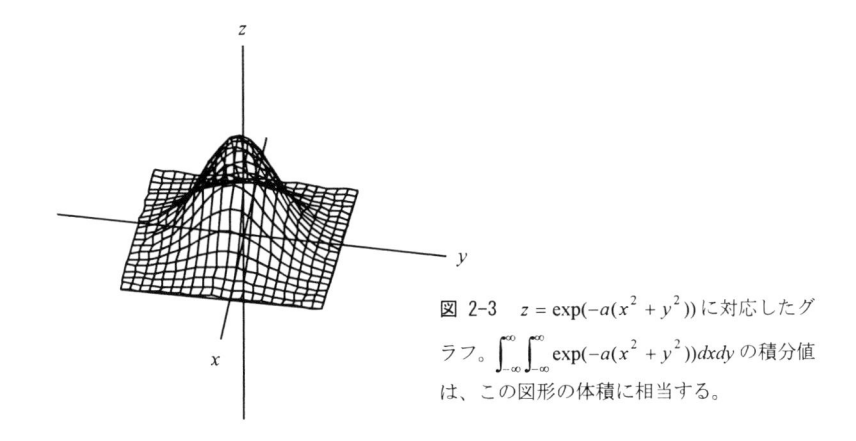

図 2-3　$z = \exp(-a(x^2 + y^2))$ に対応したグラフ。$\int_{-\infty}^{\infty} \int_{-\infty}^{\infty} \exp(-a(x^2 + y^2)) dxdy$ の積分値は、この図形の体積に相当する。

$$f(x) = \exp(-ax^2)$$

という関数を 360°回転してできた回転体の体積である。
　ここで、この積分を極座標 (polar coordinates) に置き換えてみよう。すると

$$x^2 + y^2 = r^2$$

という関係にあり、さらに *dxdy* という直交座標 (rectangular coordinates) の面積素は図 2-4 に示すように

$$dxdy \;\; \rightarrow \;\; rdrd\theta$$

と変換される。さらに積分範囲は

$$-\infty \leq x \leq +\infty, \;\; -\infty \leq y \leq +\infty \;\; \rightarrow \;\; 0 \leq r \leq +\infty, \;\; 0 \leq \theta \leq 2\pi$$

と変換されるので

$$I^2 = \int_{-\infty}^{+\infty}\int_{-\infty}^{+\infty} \exp(-a(x^2+y^2))dxdy = \int_0^{2\pi}\int_0^{+\infty} \exp(-ar^2)rdrd\theta$$

ここで、*r* に関する積分

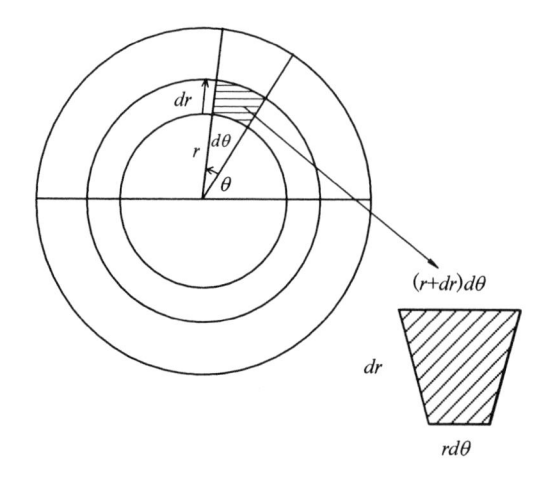

図 2-4　極座標の面積素。

$$\int_0^{+\infty} \exp(-ar^2) r\, dr$$

において、$t = -ar^2$ と置くと、$dt = -2ar\,dr$ であるから

$$\int_0^{+\infty} \exp(-ar^2) r\, dr = \int_0^{-\infty} \left(-\frac{\exp(t)}{2a}\right) dt = \left[-\frac{\exp(t)}{2a}\right]_0^{-\infty} = \frac{1}{2a}$$

と計算できる。よって

$$I^2 = \int_0^{2\pi} \int_0^{+\infty} \exp(-ar^2) r\, dr\, d\theta = \int_0^{2\pi} \frac{1}{2a} d\theta = \left[\frac{\theta}{2a}\right]_0^{2\pi} = \frac{2\pi}{2a} = \frac{\pi}{a}$$

したがって

$$I = \pm\sqrt{\frac{\pi}{a}}$$

この積分の値は正であるから

$$I = \int_{-\infty}^{+\infty} \exp(-ax^2) dx = \sqrt{\frac{\pi}{a}}$$

と与えられる。よって、もし製品の総数を Σn とすると、ガウス関数としては

$$f(x) = A e^{-ax^2}$$

を考え

$$\int_{-\infty}^{+\infty} A e^{-ax^2} dx = A\sqrt{\frac{\pi}{a}} = \Sigma n$$

を満足するように、定数を決めればよいことになる。ここで、定数 a は分布の拡がりに対応した定数であった。したがって

$$A = \frac{\Sigma n \sqrt{a}}{\sqrt{\pi}}$$

と置けば、製品総数 Σn に対応したガウス関数が得られる。つまり

$$n(x) = \frac{\Sigma n \sqrt{a}}{\sqrt{\pi}} e^{-ax^2}$$

となる。

2.3. 正規分布に対応した関数

ガウス関数を利用すると、総数が Σn の製品に現れる誤差の分布を表現することができる。誤差の分布は正規分布に従うので、前節で求めた関数は、正規分布を表す表現ということになる。もう一度書くと

$$n(x) = \frac{\Sigma n \sqrt{a}}{\sqrt{\pi}} e^{-ax^2}$$

である。しかし、このままでは定数 a の値が未定である。すでに見たように、この定数は分布の拡がりに対応した値である。分布の分散に関係したパラメータとしては第1章で見たように、標準偏差 (standard deviation: σ) がある。それならば、この指標を利用して、分散を示す定数 a を表現することができないであろうか。

そこで、まず定性的な関係を調べてみよう。標準偏差はデータのばらつきを示す指標である。そして、標準偏差が大きければ大きいほど、データのばらつきは大きい。つまり、標準偏差が大きい分布では a が小さくなることを示している。とすれば、単純に

$$a \propto \frac{1}{\sigma}$$

という関係にあるのであろうか。実は、定数 a は、つぎの式で与えられることが知られている[1]。

---

[1] この証明は第3章の演習3-9で行う。

$$a = \frac{1}{2\sigma^2}$$

つまり、標準偏差の平方の逆数に比例するのである。実は、正規分布を数学的に取り扱う場合には、標準偏差よりも、その平方 (σ^2) の方が頻繁に使われる。この指標は**分散** (variance) と呼んでおり、V と表記する。よって、正規分布に対応した関数は

$$n(x) = \frac{\Sigma n}{\sqrt{2\pi}\sigma} e^{\frac{-x^2}{2\sigma^2}} = \frac{\Sigma n}{\sqrt{2\pi V}} e^{\frac{-x^2}{2V}}$$

と与えられる。これが、データ総数が Σn の正規分布を示す関数である。ただし、このままでは中心が $x = 0$ である。実際の分布においては、その中心は、データの平均値であるべきである。よって、この関数の中心をデータの平均値に変換する必要がある。この操作は簡単で、平均値を μ とすれば

$$x \to x - \mu$$

という変換をすれば、$x = \mu$ に中心が移動する。結局、平均値にピークを持つ正規分布を示す関数は

$$g(x) = \frac{\Sigma n}{\sqrt{2\pi}\sigma} e^{\frac{-(x-\mu)^2}{2\sigma^2}}$$

と与えられることになる。この関数をいきなり見せられると、複雑すぎて怖気づくが、ガウス関数から始まって、順序だてて導出すれば、その意味がよく分かる。あるいは、指数関数のべきが煩雑なので、

$$g(x) = \frac{\Sigma n}{\sqrt{2\pi}\sigma} \exp\left(\frac{-(x-\mu)^2}{2\sigma^2}\right)$$

のように表記した方が見やすい。

さて、この分布関数を見て気づくのは、データ総数 Σn は、必ずしもなくともよいという事実である。つまり、正規分布の分布そのものを決定づけ

る関数は

$$f(x) = \frac{1}{\sqrt{2\pi}\sigma} \exp\left(\frac{-(x-\mu)^2}{2\sigma^2}\right)$$

であることが分かる。このグラフは図 2-5 のように $x = \mu$ を中心にして左右対称となる。この関数を $-\infty \leq x \leq +\infty$ の範囲で積分すれば、その値は1となる。もちろん、Σn をかければ、データの総数が得られる。つまり、ある範囲で、関数 $f(x)$ を積分すれば、その区間に存在するデータの数の全体に対する割合が得られることになる。このように、正規分布を決定するには、その平均値 (μ) と、標準偏差 (σ)、(あるいは分散 (σ^2)) の 2 個のパラメータが分かれば良いことになる。

実際に正規分布を表現するときには、normal distribution の頭文字である N を使って

$$N(\mu, \sigma^2)$$

のように表記する。これら 2 つの値が分かれば、どのような正規分布であるかが分かるのである。

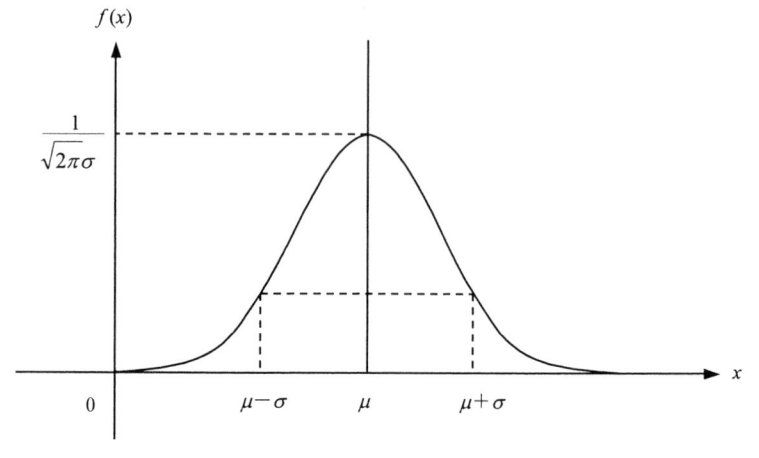

図 2-5　正規分布に対応したグラフ。$x = \mu$ に関して左右対称のグラフとなる。

それでは、実際にどれくらいの割合のデータが、ある区間に存在するかを求める方法を考えてみよう。まず、例として、平均から標準偏差だけ離れた範囲 ($\mu-\sigma \leq x \leq \mu+\sigma$) にどの程度のデータが含まれるかを計算する操作を考える。この関数は $x = \mu$ に関して左右対称であるから、右半分だけ考える。すると、求める値は

$$2\int_{\mu}^{\mu+\sigma} \frac{1}{\sqrt{2\pi}\sigma} \exp\left(\frac{-(x-\mu)^2}{2\sigma^2}\right) dx$$

という積分で表されることになる。ここで $t = x - \mu$ という変数変換を行うと、$dt = dx$ であるから

$$2\int_{0}^{\sigma} \frac{1}{\sqrt{2\pi}\sigma} \exp\left(\frac{-t^2}{2\sigma^2}\right) dt$$

と簡単化できる。先ほど、原点に関して対称な分布を、中心が平均値になるように変換したにもかかわらず、実際に計算するときには、中心が $t = 0$ になるように変数変換したのでは、順序が逆転しているように感じるかもしれないが、同じ値が得られるのであるから、この方がはるかに便利である。ただし、実際の分布では、平均値 μ を中心に分布しているという事実を忘れてはならない。

実は、平均を移すだけでなく、さらなる変換をすると、この積分はもっと簡単化できる。それは

$$z = \frac{t}{\sigma}$$

という変数変換である。こうすると、

$$dz = \frac{dt}{\sigma} \quad \text{であり} \quad t = \sigma \;\rightarrow\; z = 1$$

となるから、$0 \leq t \leq \sigma$ の積分範囲は $0 \leq z \leq 1$ に変わるので、先ほどの積分は

$$2\int_0^1 \frac{1}{\sqrt{2\pi}} \exp\left(\frac{-z^2}{2}\right) dz$$

のように、非常に簡単なかたちに変形できる。つまり、適当な変数変換によって

$$\int_\mu^{\mu+\sigma} \frac{1}{\sqrt{2\pi}\sigma} \exp\left(\frac{-(x-\mu)^2}{2\sigma^2}\right) dx \quad \rightarrow \quad \int_0^1 \frac{1}{\sqrt{2\pi}} \exp\left(\frac{-z^2}{2}\right) dz$$

という変換が可能であることを示している。2段の変換を行ったが、まず、最初の変数変換は分布の中心を平均値である $x=\mu$ から $t=0$ に移動したものであった。つぎの変数変換は、標準偏差 σ を1とした変換に対応する。これら2段の変換をひとつにまとめれば

$$z = \frac{x-\mu}{\sigma}$$

という変数変換に対応する。この変数に対応した分布関数は

$$f(z) = \frac{1}{\sqrt{2\pi}} \exp\left(\frac{-z^2}{2}\right)$$

となるが、これは平均が0で標準偏差が1の正規分布に相当する(図2-6参照)。つまり

$$N(0, 1^2)$$

と書くことができる。このような正規分布を特に**標準正規分布** (standard normal distribution) と呼んでいる。実際のデータ解析を行う場合には、この標準正規分布が基本となっている。そして、この単純な分布式で計算したのち

$$z = \frac{x-\mu}{\sigma} \quad \rightarrow \quad x = \sigma z + \mu$$

第 2 章　正規分布とガウス関数

$$z = \frac{x-\mu}{\sigma}$$

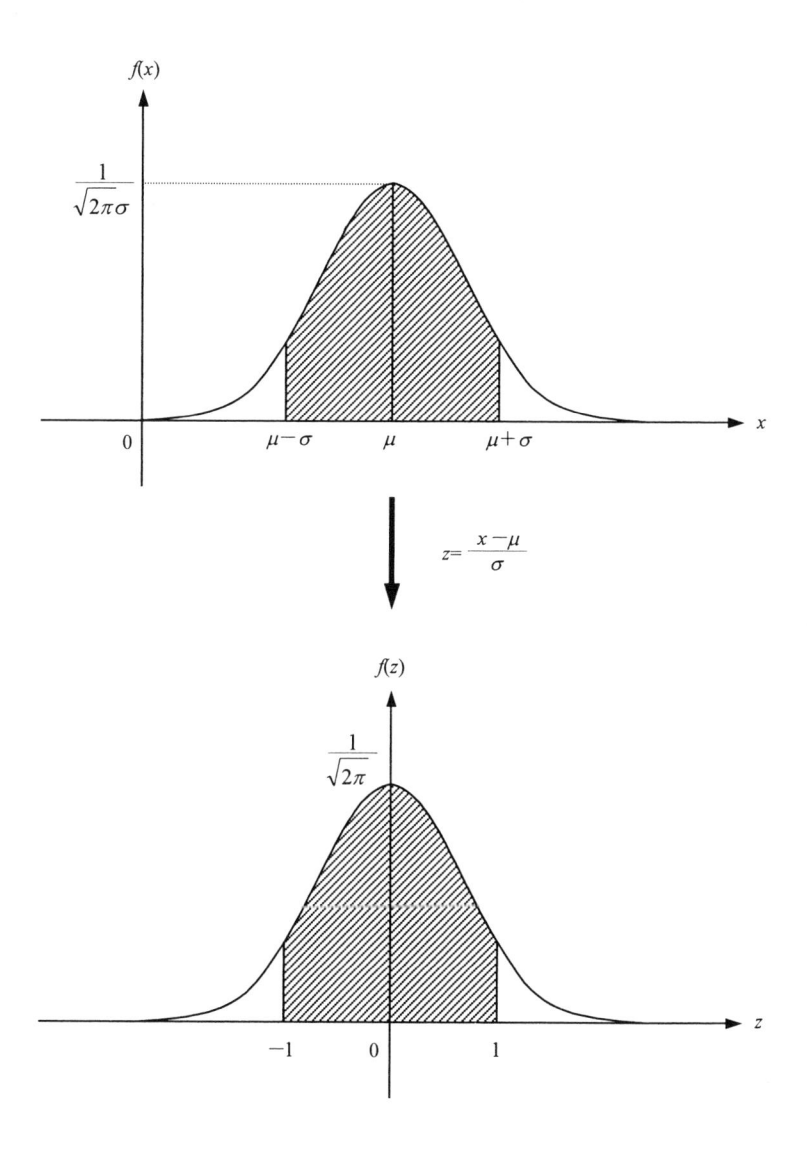

図 2-6　一般の正規分布から標準正規分布への変換。

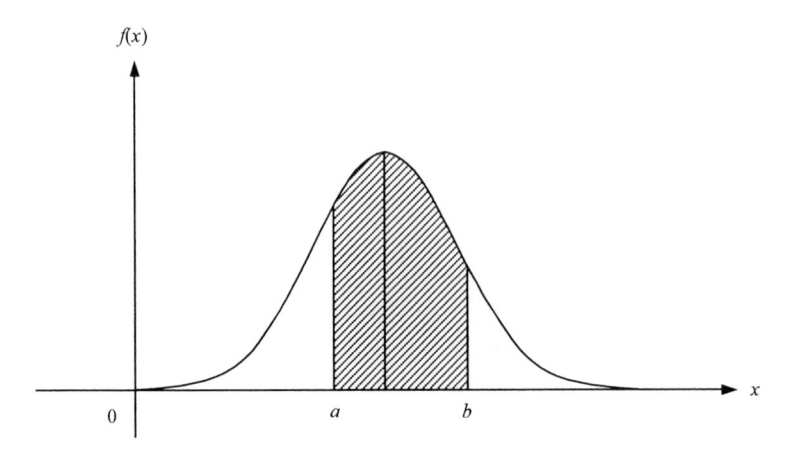

図 2-7　正規分布関数を $a \leq x \leq b$ の範囲で積分すると、図の斜線の面積が得られる。この面積は、この区間にデータがどの程度の割合含まれるかを示す確率を与える。

という逆の変数変換を行う。そうすると、一般の正規分布　$N(\mu,\sigma^2)$ に変換することが可能となる。一般の正規分布関数において

$$\int_a^b \frac{1}{\sqrt{2\pi}\sigma} \exp\left(\frac{-(x-\mu)^2}{2\sigma^2}\right) dx$$

というかたちをした積分を計算すれば、データがこの区間 ($a \leq x \leq b$) にどの程度の割合存在するかという確率を計算することができる(図 2-7 参照)。しかし、この積分計算は煩雑であり、普通の**初等関数** (elementary function) を利用して解析的に解くことができないのである。それではどうすればよいか。

実は、この積分はすでにくわしく研究されており、正規分布表という表が用意されていて、統計を利用するときには、その表を見れば、この積分の値が計算できるようになっている。ただし、正規分布表に載っているのは

第 2 章　正規分布とガウス関数

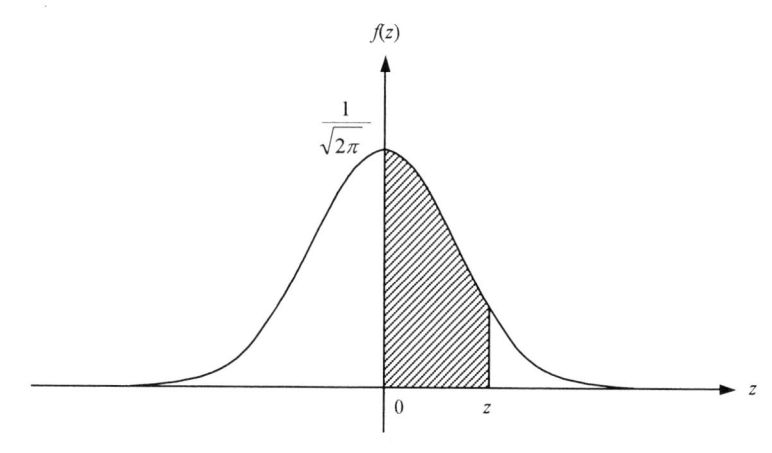

図 2-8　正規分布表では、z という値に対応した数値は、図に斜線で示した部分の面積を与える。

$$I(z) = \int_0^z \frac{1}{\sqrt{2\pi}} \exp\left(\frac{-z^2}{2}\right) dz$$

の計算結果である。図 2-8 では、斜線を引いた部分の面積に相当する。表 2-1 に正規分布表の一例を示す。（実際の表では、別の範囲 $z \to \infty$ の積分結果が載っているものもある。）

表 2-1　正規分布表の一例。

z	0	1.0	2.0	3.0
$I(z)$	0	0.3413	0.4773	0.4987

この表を使えば、すべての正規分布に対応した積分の計算結果を得ることができる。例えば

$$I = \int_a^b \frac{1}{\sqrt{2\pi}\sigma} \exp\left(\frac{-(x-\mu)^2}{2\sigma^2}\right) dx \qquad (a < \mu < b)$$

という積分結果を得たいとしよう。まず平均を境にして、この積分範囲を

ふたつに分ける。

$$I = \int_a^\mu \frac{1}{\sqrt{2\pi}\sigma} \exp\left(\frac{-(x-\mu)^2}{2\sigma^2}\right) dx + \int_\mu^b \frac{1}{\sqrt{2\pi}\sigma} \exp\left(\frac{-(x-\mu)^2}{2\sigma^2}\right) dx$$

さらに、$z = \dfrac{x-\mu}{\sigma}$ という変数変換を行うと

$$I = \int_{-\alpha}^0 \frac{1}{\sqrt{2\pi}} \exp\left(\frac{-z^2}{2}\right) dz + \int_0^\beta \frac{1}{\sqrt{2\pi}} \exp\left(\frac{-z^2}{2}\right) dz$$

と変換できる。ただし、$-\alpha = \dfrac{a-\mu}{\sigma}$、$\beta = \dfrac{b-\mu}{\sigma}$ である。この積分をさらに変形すると

$$I = \int_0^\alpha \frac{1}{\sqrt{2\pi}} \exp\left(\frac{-z^2}{2}\right) dz + \int_0^\beta \frac{1}{\sqrt{2\pi}} \exp\left(\frac{-z^2}{2}\right) dz$$

となって、正規分布表を使って値を読み取れるかたちになった。ここで表から $z = \alpha$、$z = \beta$ となる点を読み取れば、積分の値は

$$I = I(\alpha) + I(\beta)$$

と与えられることになる（図2-9 参照）。

　例えば、正規分布表から

$$I(1) = \int_0^1 \frac{1}{\sqrt{2\pi}} \exp\left(\frac{-z^2}{2}\right) dz = 0.3413$$

と値を得ることができるが、この結果を一般の正規分布の場合に適用できるように変数変換すると

$$\int_\mu^{\mu+\sigma} \frac{1}{\sqrt{2\pi}\sigma} \exp\left(\frac{-(x-\mu)^2}{2\sigma^2}\right) dx = 0.3413$$

となる。あるいは

第 2 章　正規分布とガウス関数

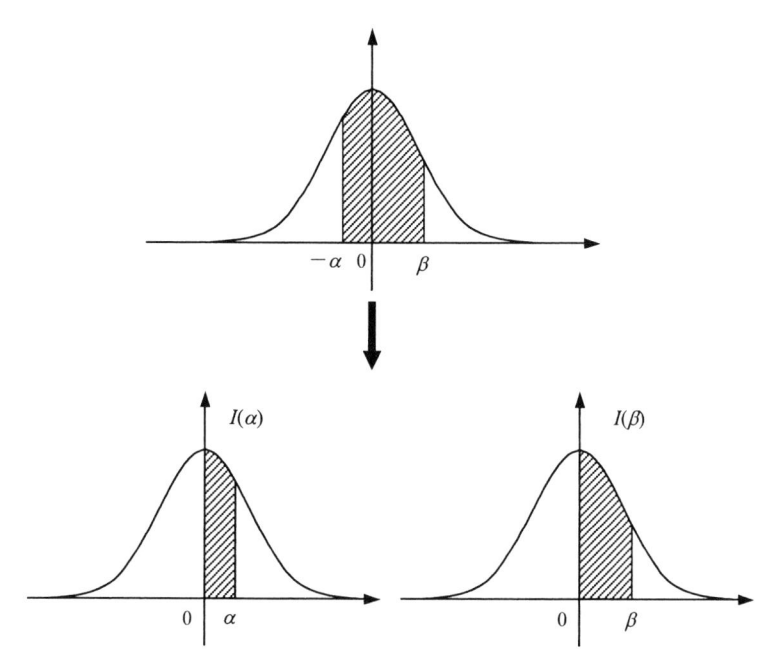

図 2-9　正規分布表を利用すれば、一般の正規分布における任意の範囲の積分値を求めることができる。

$$\int_{\mu-\sigma}^{\mu+\sigma} \frac{1}{\sqrt{2\pi}\sigma} \exp\left(\frac{-(x-\mu)^2}{2\sigma^2}\right) dx = 0.6826$$

と書くこともできる。

　この結果より、正規分布であればその種類に関係なく、平均から標準偏差だけ離れた範囲内 ($\mu-\sigma \leq x \leq \mu+\sigma$) には、データの 0.6826、つまり約 68%のデータが集まることになる。さらに、表 2-1 を使うと、$\mu-2\sigma \leq x \leq \mu+2\sigma$ の範囲に至っては、総データの 0.9546、つまり 95%以上が存在することが分かる（図 2-10 参照）。

　つまり、正規分布表を使うと、正規分布の場合

○$\mu-\sigma \sim \mu+\sigma$の割合(面積)は、約68.3%(0.683)である。

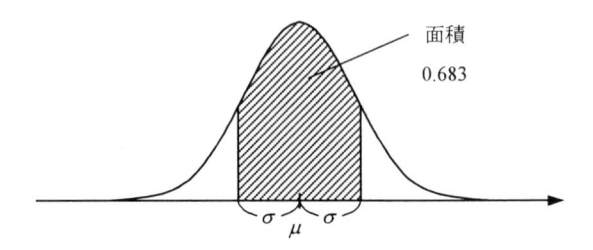

面積 0.683

○$\mu-2\sigma \sim \mu+2\sigma$の割合(面積)は、約95.5%(0.955)である。

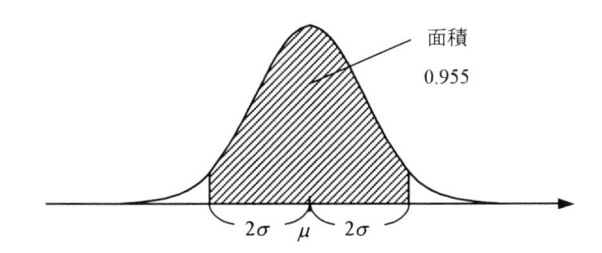

面積 0.955

○$\mu-3\sigma \sim \mu+3\sigma$の割合(面積)は、約99.7%(0.997)である。

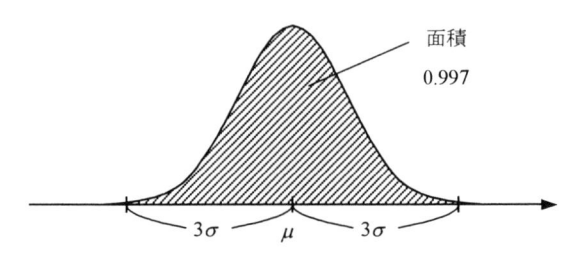

面積 0.997

図2-10 正規分布表を利用すれば、ある区間にデータが存在する確率が求められる。

第 2 章　正規分布とガウス関数

$\mu \pm \sigma$ 　　の範囲には全体の 68.26%
$\mu \pm 2\sigma$ 　　の範囲には全体の 95.46%
$\mu \pm 3\sigma$ 　　の範囲には全体の 99.74%

が存在し、それ以外の範囲にはたったの 0.26% しか存在しないことになる。
　ここで、全国大学入試模擬試験の結果が正規分布に従うとすると、その平均点が 60 点で、標準偏差が 10 点の試験では、90 点以上の高得点をとる生徒の割合は全体のわずか 0.26% の半分の 0.13% ということが分かる。

演習 2-2　分布関数 $f(x) = \dfrac{1}{\sqrt{2\pi}\sigma} \exp\left(\dfrac{-x^2}{2\sigma^2}\right)$ の変曲点 (inflection point) を求めよ。

解）　この分布関数は、平均（中心）が $x = 0$ で標準偏差が σ の分布関数である。つまり、正規分布 $N(0, \sigma^2)$ に対応する。ここで

$$t = \frac{-x^2}{2\sigma^2} \text{ とおくと } f(x) = \frac{1}{\sqrt{2\pi}\sigma}\exp(t) \text{ であり、} \frac{dt}{dx} = \frac{-x}{\sigma^2} \text{ であるから}$$

$$\frac{df(x)}{dx} = \frac{df(x)}{dt}\frac{dt}{dx} = \frac{1}{\sqrt{2\pi}\sigma}\exp(t)\frac{-x}{\sigma^2} = \frac{-x}{\sqrt{2\pi}\sigma^3}\exp\left(\frac{-x^2}{2\sigma^2}\right)$$

となる。さらに、2 階導関数を求めると

$$\frac{d^2 f(x)}{dx^2} = \frac{d}{dx}\left\{\frac{-x}{\sqrt{2\pi}\sigma^3}\exp\left(\frac{-x^2}{2\sigma^2}\right)\right\}$$

$$\frac{d^2 f(x)}{dx^2} = \frac{-1}{\sqrt{2\pi}\sigma^3}\exp\left(\frac{-x^2}{2\sigma^2}\right) + \frac{-x}{\sqrt{2\pi}\sigma^3}\frac{-x}{\sigma^2}\exp\left(\frac{-x^2}{2\sigma^2}\right)$$

$$= \frac{-1}{\sqrt{2\pi}\sigma^3}\left(1 - \frac{x^2}{\sigma^2}\right)\exp\left(\frac{-x^2}{2\sigma^2}\right)$$

となる。ここで、変曲点は $d^2 f(x)/dx^2 = 0$ を満足する点であるから

$$x = \pm\sigma$$

となる。つまり、正規分布においては、中心から標準偏差σだけ離れた点が変曲点となる。

このように、正規分布では中心から標準偏差σだけ離れた点で上に凸のグラフから、下に凸のグラフに変化する。

> **演習 2-3**　正規分布表を利用して、つぎの積分の値を求めよ。
>
> $$\int_3^6 \frac{1}{3\sqrt{2\pi}} \exp\left(\frac{-(x-3)^2}{18}\right) dx$$

解）　これは一般式

$$\int_a^b \frac{1}{\sqrt{2\pi}\sigma} \exp\left(\frac{-(x-\mu)^2}{2\sigma^2}\right) dx$$

において、$\mu = 3, \sigma = 3$ とした積分である。そこで、つぎの変数変換をする。

$$z = \frac{x-\mu}{\sigma} = \frac{x-3}{3}$$

すると、積分範囲は

$$a = 3 \quad \rightarrow \quad z = 0 \qquad b = 6 \quad \rightarrow \quad z = 1$$

となる。

よって、求める積分は

$$I(z) = \int_0^1 \frac{1}{\sqrt{2\pi}} \exp\left(\frac{-z^2}{2}\right) dz = I(1)$$

正規分布表で $z = 1$ の値を読むと $I(1) = 0.3413$ であり

$$\int_0^1 \frac{1}{\sqrt{2\pi}} \exp\left(\frac{-z^2}{2}\right) dz = 0.3413$$

ということが分かる。結局

$$\int_3^6 \frac{1}{3\sqrt{2\pi}} \exp\left(\frac{-(x-3)^2}{18}\right) dx = 0.3413$$

が解となる。これは、統計的には、平均が 3 で標準偏差が 3 の正規分布では、$3 \leq x \leq 6$ の範囲に全体の 34.13%が存在するということを示している。

演習 2-4　正規分布表を利用して、つぎの積分の値を求めよ。

$$\int_2^8 \frac{1}{5\sqrt{2\pi}} \exp\left(\frac{-(x-4)^2}{50}\right) dx$$

解）　これは一般式

$$\int_a^b \frac{1}{\sqrt{2\pi}\sigma} \exp\left(\frac{-(x-\mu)^2}{2\sigma^2}\right) dx$$

において、$\mu = 4, \sigma = 5$ とした積分である。そこで、つぎの変数変換をする。

$$z = \frac{x-\mu}{\sigma} = \frac{x-4}{5}$$

すると、積分範囲は

$$a = 2 \quad \rightarrow \quad z = -0.4 \qquad b = 8 \quad \rightarrow \quad z = 0.8$$

となる。
　よって、求める積分は

$$\int_{-0.4}^{0.8} \frac{1}{\sqrt{2\pi}} \exp\left(\frac{-z^2}{2}\right) dz = \int_{-0.4}^{0} \frac{1}{\sqrt{2\pi}} \exp\left(\frac{-z^2}{2}\right) dz + \int_{0}^{0.8} \frac{1}{\sqrt{2\pi}} \exp\left(\frac{-z^2}{2}\right) dz$$

$$= \int_{0}^{0.4} \frac{1}{\sqrt{2\pi}} \exp\left(\frac{-z^2}{2}\right) dz + \int_{0}^{0.8} \frac{1}{\sqrt{2\pi}} \exp\left(\frac{-z^2}{2}\right) dz$$

正規分布表(付表1参照)で z が 0.4 および 0.8 の値を読むと 0.1554 および 0.2881 であるから

$$\int_{-0.4}^{0.8} \frac{1}{\sqrt{2\pi}} \exp\left(\frac{-z^2}{2}\right) dz = 0.1554 + 0.2881 = 0.4435$$

ということが分かる。結局

$$\int_{2}^{8} \frac{1}{5\sqrt{2\pi}} \exp\left(\frac{-(x-4)^2}{50}\right) dx = 0.4435$$

が解となる。

演習 2-5 全国大学模擬試験において、数学の平均点が 50 点、その標準偏差が 10 点という結果が得られた。その得点分布が正規分布に従うとして、得点が 40 点から 70 点の範囲に入る生徒数が全生徒数に占める割合を求めよ。

解) この得点範囲に入る生徒の割合は

$$\int_{a}^{b} \frac{1}{\sqrt{2\pi}\sigma} \exp\left(\frac{-(x-\mu)^2}{2\sigma^2}\right) dx$$

において、$\mu = 50$, $\sigma = 10$, $a = 40$, $b = 70$ とした積分

$$\int_{40}^{70} \frac{1}{10\sqrt{2\pi}} \exp\left(\frac{-(x-50)^2}{200}\right) dx$$

で与えられる。ここで、つぎの変数変換をする。

$$z = \frac{x-\mu}{\sigma} = \frac{x-50}{10}$$

すると、積分範囲は

$$a = 40 \rightarrow z = -1 \qquad b = 70 \rightarrow z = 2$$

となる。

よって、求める積分は

$$\int_{-1}^{2} \frac{1}{\sqrt{2\pi}} \exp\left(\frac{-z^2}{2}\right) dz = \int_{-1}^{0} \frac{1}{\sqrt{2\pi}} \exp\left(\frac{-z^2}{2}\right) dz + \int_{0}^{2} \frac{1}{\sqrt{2\pi}} \exp\left(\frac{-z^2}{2}\right) dz$$

$$= \int_{0}^{1} \frac{1}{\sqrt{2\pi}} \exp\left(\frac{-z^2}{2}\right) dz + \int_{0}^{2} \frac{1}{\sqrt{2\pi}} \exp\left(\frac{-z^2}{2}\right) dz$$

正規分布表で z が 1 および 2 の値を読むと 0.3413 および 0.4773 であるから

$$\int_{-1}^{2} \frac{1}{\sqrt{2\pi}} \exp\left(\frac{-z^2}{2}\right) dz = 0.3413 + 0.4773 = 0.8186$$

ということが分かる。結局

$$\int_{40}^{70} \frac{1}{10\sqrt{2\pi}} \exp\left(\frac{-(x-50)^2}{200}\right) dx = 0.8186$$

となって、この得点範囲には全体の 81.86%の生徒が入ることになる。

以上のように、正規分布がガウス関数で表現できると、その分布を数量的に解析することができるようになる。世の中の多くの分布は正規分布に従うから、その効用は計り知れない。さらに、後ほど紹介するように、その分布が正規分布に従わない場合でも、適当な分布関数を用いることで、同様の手法を適用することができる。

最近では、パーソナルコンピュータの性能が飛躍的に向上したおかげで、

正規分布表を参照する必要もなく、たちどころにガウス分布の計算結果が得られるようになっている。

しかし、ブラックボックス的な統計処理ばかりを行っていると、その基本を忘れてしまい、思わぬ失敗をする場合もある。つい最近も、教育度国際比較の統計処理で単純なミスを犯したという話を聞いた。これも、基本をおろそかにして、数値計算に頼った結果であろう。

ところで、ブラックボックス的な処理を非難しながら、ふと考えてみると、正規分布表を利用してガウス積分を解くという手法も、いわばブラックボックスである。分布表そのものを自分でつくらなくとも、どのようにして正規分布表がつくられたかの手法を理解しておくことも重要である。

それでは、正規分布表はどのようにしてつくられたのであろうか。まず、普通の正規分布表に載っているのは

$$I(z) = \int_0^z \frac{1}{\sqrt{2\pi}} \exp\left(\frac{-z^2}{2}\right) dz$$

の値である。よって、われわれが求める必要があるのは

$$\int_0^a \exp(-x^2) dx$$

というかたちをした積分である。このかたちの積分の積分範囲が無限大のものはガウス積分として知られており、本章でもその導出方法を紹介した。

それでは、上の定積分はどのようにして求めたら良いのであろうか。実は、このような積分を求める場合の常套手段として、級数展開を利用する方法がある。ここで補遺1に示すように、指数関数は

$$\exp(x) = 1 + \frac{1}{1!}x + \frac{1}{2!}x^2 + \frac{1}{3!}x^3 + \frac{1}{4!}x^4 + \ldots + \frac{1}{n!}x^n + \ldots$$

というべき級数に展開することができる。この展開式を利用すると

第2章　正規分布とガウス関数

$$\exp(-x^2) = 1 + \frac{1}{1!}(-x^2) + \frac{1}{2!}(-x^2)^2 + \frac{1}{3!}(-x^2)^3 + \frac{1}{4!}(-x^2)^4 + \ldots$$

となり、整理すると

$$\exp(-x^2) = 1 - \frac{1}{1!}x^2 + \frac{1}{2!}x^4 - \frac{1}{3!}x^6 + \frac{1}{4!}x^8 + \ldots$$

という級数に展開することができる。この関係を利用すると

$$\int \exp(-x^2)dx = x - \frac{1}{3 \cdot 1!}x^3 + \frac{1}{5 \cdot 2!}x^5 - \frac{1}{7 \cdot 3!}x^7 + \frac{1}{9 \cdot 4!}x^9 + \ldots + const.$$

という積分結果が得られる。これを利用すると

$$\int_0^a \exp(-x^2)dx = a - \frac{1}{3 \cdot 1!}a^3 + \frac{1}{5 \cdot 2!}a^5 - \frac{1}{7 \cdot 3!}a^7 + \frac{1}{9 \cdot 4!}a^9 + \ldots$$

という級数で積分の値を得ることができる。この式に従って、地道に計算していけば、正規分布表を計算することができる。

ただし、a の値が大きくなると、この展開式では、計算に時間がかかるので、過去の数学者や統計学者は、他にもいろいろ工夫を施しながら、この積分値を求めている。その集大成が正規分布表である。

第 3 章　推測統計

3.1.　記述統計と推測統計

　序章や第 1 章では、A 君のクラスの成績や体重、身長など、データがすべてそろっている場合の解析手法を紹介した。これを専門的には**記述統計** (descriptive statistics) と呼んでおり、いかに数値データを加工処理するかに重点が置かれる。この場合、統計処理の道具としては、**算術平均** (arithmetic mean)、**標準偏差** (standard deviation)、**偏差値** (deviation score) などがあり、これらを利用することでデータ解析が可能となる。

　しかし、場合によっては、すべてのデータを揃えることが困難であったり、実質的に不可能である場合もある。例えば、全世界の A 君と同い年の生徒の身長のデータを集めるのは理論的には可能であっても、それを実行するのは不可能である。また、ある会社が工場の製造ラインの製品を検査する場合、すべての製品を分解して検査したのでは、何のための工場か意味がなくなる。このような場合、全データを解析するのではなく、その中から一部、**標本** (sample) と呼ばれるデータを取り出し、それを解析することでデータ全体の特徴を解析する（あるいは推定する）という手法が頻繁に利用される。このような統計の手法を **推測統計** (statistical estimate/statistical inference) と呼んでいる。また、解析しようとしているデータの全体を**母集団** (population) と呼ぶ。母集団に対応した英語は "population" つまり「人口」のことである[1]。

　さて、このような標本データから、母集団の特徴を推測しようとする場

---

[1] population の和訳を母集団としたのは、専門用語の和訳に誤訳や迷訳が多いなかで、名訳であると考えている。

合、母集団の特徴がある程度分かっているのと、そうでないのとでは大きな違いがある。幸いにして、数多くのデータがあるとき、意図的に何か加工を施したものでなければ、そのデータは**正規分布** (normal distribution) と呼ばれる分布に従うことが知られている。この分布の特徴は、平均値を中心にして左右対称であり、データの値が平均値からずれるにしたがって、その数が減るというものである。

少し考えれば、このような分布がごく普通の分布であることは容易に想像できよう。実際に、数多くの現象が正規分布に従うことが知られている。さらに好都合なことに、正規分布を数学的に解析する場合、正規分布を表現する関数がある。

3.2. 正規分布の確率密度関数

第2章で求めたように、**正規分布**に対応したガウス関数は

$$f(x) = \frac{1}{\sqrt{2\pi}\sigma} \exp\left(\frac{-(x-\mu)^2}{2\sigma^2}\right)$$

となる。ここで、σ は標準偏差、μ は平均値である。係数 $\frac{1}{\sqrt{2\pi}\sigma}$ はこの関数を $-\infty \leq x \leq +\infty$ の範囲で積分したときに 1 となるように規格化したものである。つまり

$$\int_{-\infty}^{+\infty} \frac{1}{\sqrt{2\pi}\sigma} \exp\left(\frac{-(x-\mu)^2}{2\sigma^2}\right) dx = 1$$

この操作で、関数 $f(x)$ は確率密度 (probability density) に対応したものとなる。つまり、ある範囲で、関数 $f(x)$ を積分すれば、その区間に存在するデータ数の全体に対する割合が得られることになる。

また、正規分布を決定するには、その平均値 (μ) と、標準偏差 (σ)（あるいは分散 (σ^2)）の 2 個のパラメータが分かれば良いことになる。実際に

正規分布を表現するときには、normal distribution の頭文字である N を使って

$$N(\mu, \sigma^2)$$

のように表記することも紹介した。たった 2 つの変数で、どのような正規分布であるかがすべて分かるのである。この事実は、標本データから母集団の特徴を引き出す推測統計学にとっては非常に重要である。なぜなら、母集団を特徴づけるパラメータが多いと、解析もそれだけ難しくなるからである。

このような関数が与えられると、データのある区間 ($a \leq x \leq b$) にどの程度の割合のデータが含まれるかを計算することができる。つまり

（区間 $a \leq x \leq b$ のデータ数）を（全データ数）で割った値

であり、ちょうどこの区間にデータが存在する**確率** (probability) を与えることから、頭文字の P をとって、$P(a \leq x \leq b)$ と表記する。よって

$$P(a \leq x \leq b) = \int_a^b \frac{1}{\sqrt{2\pi}\sigma} \exp\left(\frac{-(x-\mu)^2}{2\sigma^2}\right) dx$$

という関係が得られる。つまり、この関数は**確率密度**がどのように分布しているかを示したものであり、専門的には**確率密度関数** (probability density function) と呼ばれている。統計を数学的に処理しようとする**数理統計学** (mathematical statistics) においては、分布が関数で表現できるという事実がその基礎となっている。

また、第 2 章で紹介した正規分布の特徴を確率の記号で示せば

$$P(\mu - \sigma \leq x \leq \mu + \sigma) = 0.6826$$
$$P(\mu - 2\sigma \leq x \leq \mu + 2\sigma) = 0.9546$$
$$P(\mu - 3\sigma \leq x \leq \mu + 3\sigma) = 0.9974$$

と書ける。

第 3 章　推測統計

それでは、これら道具を利用して、標本データから母集団の特徴を推測する作業を実際に行ってみよう。

3.3. 母平均の推定──母標準偏差が分かる場合

ある母集団から、標本データを取り出してその平均を推定することを考えてみよう。一番簡単な方法は、第 1 章で行ったように、標本データの平均値（標本平均）: $\bar{x}$ を求め、この値をそのまま母集団の平均値（母平均）: μ として採用する方法である。これを専門的には点推定 (point estimation) と呼んでいる[2]。これならば、簡単にデータを解析することができるし、処理もあっという間に終わってしまう。

残念ながら、この方法は信頼性のある推定手法としては、あまり奨められない。それを簡単な例で確かめてみよう。いま母集団として

$$(2, 3, 4)$$

という 3 個のデータからなるグループを考える。ここから、2 個のデータを標本として選び、その解析を行ってみよう。標本データとして考えられるのは

$$(2, 3) \quad (3, 4) \quad (4, 2)$$

の 3 種類である。

まず、母平均は

$$\mu = \frac{2+3+4}{3} = 3$$

となる。ここで、標本データの平均値（標本平均）を調べてみよう。すると

$$\bar{x}_1 = 2.5, \quad \bar{x}_2 = 3.5, \quad \bar{x}_3 = 3$$

---

[2] 点推定に関しては 3.10 項で詳細に説明する。

となって、当たり前のことではあるが、標本平均はそれぞれの標本データで違っており、どのような標本を持ってくるかで誤差が生じてしまう。それでは、もっと良い対処方法はないのであろうか。ここからが推測統計学の真骨頂である。

母集団から 2 個の標本をとってきて、そのデータの和で新たな分布をつくった場合、当然、平均値は 2 倍になる。これを今の例で確かめると（もちろん正規分布ではないが原理的には同じことになる）

$$(2+3, 3+4, 2+4) \quad (5, 7, 6)$$

という集団ができる。この平均値は 6 で、母平均 3 のちょうど 2 倍となっている。一般に、同じ正規分布 ($N(\mu, \sigma^2)$) に従う集団から、2 個のデータを標本として取り出し、その和を新たな集団とすると、その集団の平均値はもとの集団の 2 倍 (2μ) となる。

それでは、次に正規分布に従う集団について、それを特徴づけるもう 1 個のパラメータである分散はどうであろうか。同じ正規分布の成分どうしの和をとって、新たな分布をつくると

$$N(\mu, \sigma^2) + N(\mu, \sigma^2) \rightarrow N(2\mu, 2\sigma^2)$$

という関係が成立する。これは、ある正規分布($N(\mu, \sigma^2)$) に従う集団から 2 個の成分を取り出して、その和からつくった新たな集団は

$$N(2\mu, 2\sigma^2)$$

という正規分布に従うことを示している。（この加法性が成立するのは、分散であり標準偏差ではない。これが統計学で分散の方が重用される理由のひとつである。）

実は、この加法性はふたつの異なる正規分布集団の足し算にも適用できる。このとき

第 3 章　推測統計

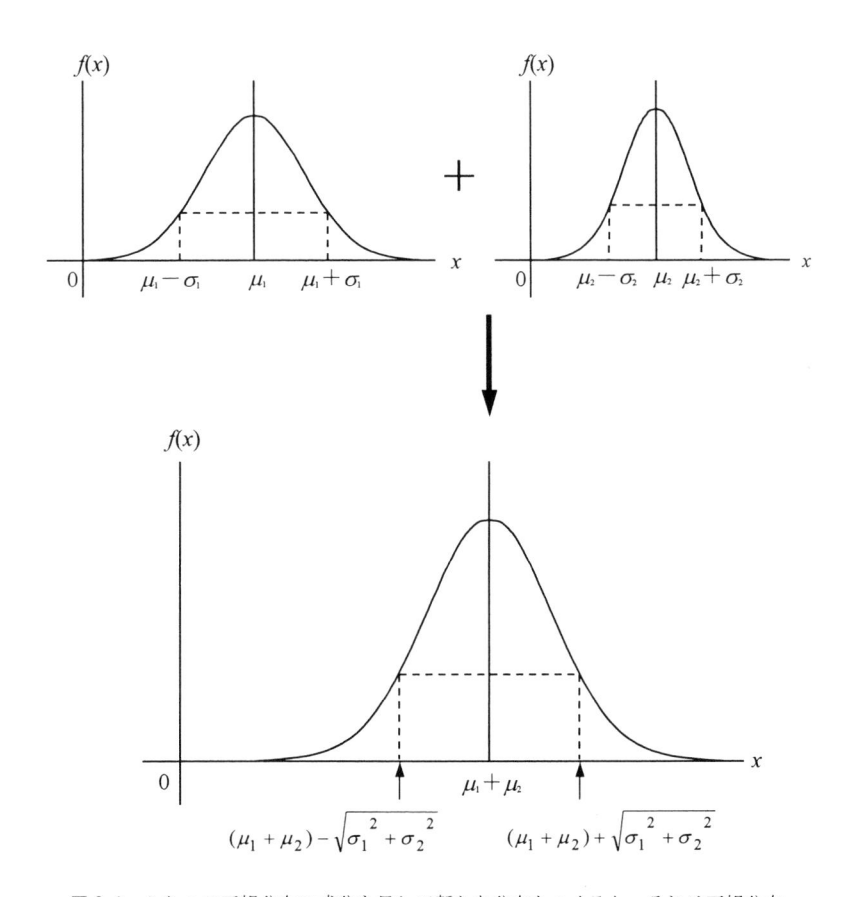

図 3-1　ふたつの正規分布の成分を足して新たな分布をつくると、それは正規分布になる。

$$N(\mu_1, \sigma_1^2) + N(\mu_2, \sigma_2^2) \to N(\mu_1 + \mu_2, \sigma_1^2 + \sigma_2^2)$$

という関係が成立する[3]。これを図で示せば、図 3-1 のようになる。これは、**正規分布の加法性** (additivity) と呼ばれている。このように、正規分布の足

---

[3] 正規分布の加法性に関する証明は第 7 章で行う。

し算も正規分布になるという事実は、世の中の多くの分布が正規分布になることの裏づけとなっている。

ただし、誤解を生じることがあるので、ひとつだけ注意しておく。それは、正規分布の足し算とは、単にふたつのグループを一緒にすることではない。例えば、日本人成人男性と成人女性の身長の分布は、それぞれ平均値と分散の異なる正規分布に従う。この分布のデータをひとつのグラフにしただけでは、単にふた山の分布になるだけである。

ここで言う足し算とは、例えば、夫婦の身長を足した合計で新たな分布をつくるという意味である。こうすると、できた分布が上のような関係を満たす。

具体例として、全国模擬試験の結果について見てみよう。この模擬試験において、数学と国語の全生徒の得点が正規分布に従うとする。この試験における平均点と標準偏差が、数学ではそれぞれ55点と15点、国語では60点と10点であった場合を考える。つまり、これら教科の得点分布は、それぞれ

$$N(55, 15^2) \quad および \quad N(60, 10^2)$$

の正規分布に従うことを示している。すると、これら2科目の合計点も正規分布に従い、その平均点は

$$55 + 60 = 115$$

となり、その標準偏差は

$$\sqrt{15^2 + 10^2} = \sqrt{325} \cong 18$$

ということになる。つまり数学と国語の合計点は

$$N(115, 18^2)$$

という正規分布に従うことになる。

それでは、ある正規分布 ($N(\mu, \sigma^2)$) から2個の成分ではなく、3個の標本を取り出して、その和をつくり新たな集団をつくったらどうなるであろ

第3章 推測統計

うか。

この場合は、2個取り出した分布に、さらに1個を足せばよいので

$$N(\mu, \sigma^2) + N(2\mu, 2\sigma^2) \to N(\mu+2\mu, \sigma^2+2\sigma^2)$$
$$\to N(3\mu, 3\sigma^2)$$

つまり、ある正規分布 ($N(\mu, \sigma^2)$) に従う集団から3個の標本を取り出して、その和からつくった新たな集団は

$$N(3\mu, 3\sigma^2)$$

という正規分布に従うことを示している。よって、もし n 個の標本を取り出して、その和で集団をつくったら、それは

$$N(n\mu, n\sigma^2)$$

という正規分布に従うことになる。

ここで、我々が求めようとしているのは、標本平均の分布である。そして、それが、母平均および母標準偏差とどのような関係にあるかを導出することである。いま、標本2個の和からなる集団は

$$N(2\mu, 2\sigma^2)$$

という正規分布に従う。これを書きかえると

$$N\left(2\mu, (\sqrt{2}\sigma)^2\right)$$

となって、標準偏差は $\sqrt{2}\sigma$ となっている。2個の標本の平均からなる集団の標準偏差 $\sigma(\bar{x})$ を出すためには、この正規分布の成分を2で割る必要がある。この場合、分布の幅が 1/2 になるので

$$\sigma(\bar{x}) = \frac{\sqrt{2}\sigma}{2} = \frac{\sigma}{\sqrt{2}}$$

となる。このように、標本データを取り出してきて、その標本平均で集団

をつくれば、その標準偏差は母標準偏差より小さくなる。これが3個のデータの標本平均の場合は

$$\sigma(\bar{x}) = \frac{\sqrt{3}\sigma}{3} = \frac{\sigma}{\sqrt{3}}$$

のように、さらに小さくなる。そして、n個の標本平均の標準偏差は

$$\sigma(\bar{x}) = \frac{\sigma}{\sqrt{n}}$$

となって、標本データの数が増えるにしたがって、図3-2に示すようにその標本平均の標準偏差は母標準偏差 (σ) よりもどんどん小さくなっていくことが分かる。よって、n個の標本平均 ($\bar{x}$) は

$$N\left(\mu, \frac{\sigma^2}{n}\right) \quad \text{あるいは} \quad N\left(\mu, \left(\frac{\sigma}{\sqrt{n}}\right)^2\right)$$

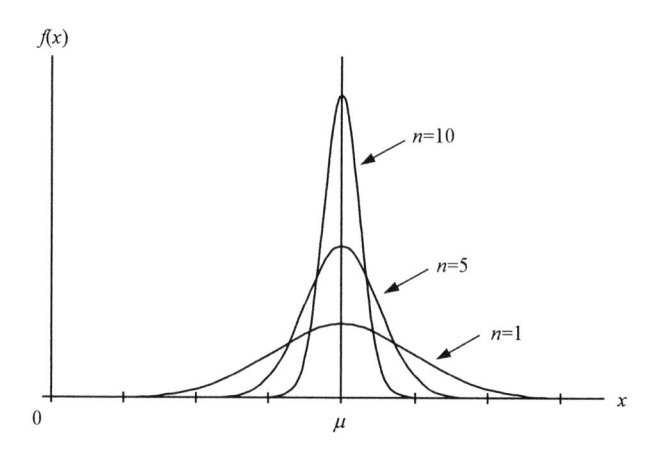

図3-2 正規分布から成分を取り出し、その平均で分布をつくると、図のように分散が標本の数の逆数に比例しながら小さくなっていく。

という正規分布に従うことが分かる。これを**中心極限定理** (central limit theorem) と呼んでいる。つまり、標本数をどんどん増やしていけば、その標本平均は次第に母平均に近づいていくということを意味しているのである。

　例えば、母集団の標準偏差を $\sigma = 3$ とすれば、100個のデータを集めて、その標本平均を求めれば、その集団の平均値は母平均 μ と同じ平均値を有し、その標準偏差が $\sigma/10 = 0.3$ という新たな正規分布に従うことになる。ここで、正規分布の性質を思い出して欲しい。それは母平均が μ で標準偏差が σ の正規分布の場合

$$\mu \pm \sigma \quad \text{の範囲には全体の } 68.26\%$$
$$\mu \pm 2\sigma \quad \text{の範囲には全体の } 95.46\%$$
$$\mu \pm 3\sigma \quad \text{の範囲には全体の } 99.74\%$$

のデータが存在するという性質であった。よって、100個の標本平均 ($\bar{x}$) が

$$\mu \pm \frac{\sigma}{10} \text{の範囲にある確率は } 68.26\%$$

ということが言える。いまの場合は $\sigma = 3$ であるから、$\bar{x}$ が

$$\mu \pm 0.3 \text{の範囲} \quad \text{つまり} \quad \mu - 0.3 \leq \bar{x} \leq \mu + 0.3$$

にある確率が 68.26%ということになる。ただし、実際には母平均の μ が求めたい未知数であり、標本平均 $\bar{x}$ の方が、実際の統計データとして与えられる。よって、この関係を変形して、母平均 μ の範囲を求めると

$$\bar{x} - 0.3 \leq \mu \leq \bar{x} + 0.3$$

の範囲にある確率が 68.26%と推定できる。ここで、100個の標本平均が 10 であったとすると

$$10 - 0.3 \leq \mu \leq 10 + 0.3 \quad \text{から} \quad 9.7 \leq \mu \leq 10.3$$

となり、母平均がこの範囲にある確率が 68.26% であると推定できることになる。あるいは、母平均は信頼度 68.26% で 9.7〜10.3 の範囲にあると言えるのである。同様にして、母平均が

10 ± 0.6　つまり　9.4〜10.6 の範囲にある信頼度は 95.46%
10 ± 0.9　つまり　9.1〜10.9 の範囲にある信頼度は 99.74%

ということが言える。このように、母平均そのものを求めることはできないが、その値がある区間にどの程度の確率で存在するかということを推定できる。上の例では、9.4〜10.6 の範囲にあると考えてほぼ問題がないことになる。あるいは、「母平均 μ の 95.46% の信頼区間（confidence interval）は 9.4〜10.6 である」と言うことができる。ここで、95.46% は信頼水準あるいは信頼係数（confidence coefficient）と呼ばれる。また、このように、区間を定めて、その信頼度を示す手法を統計学では、区間推定（interval estimation）と呼ぶ。

　信頼係数を自由に選んで、母平均を区間推定するためには

$$z = \frac{\bar{x} - \mu}{\sigma / \sqrt{n}}$$

という変数変換を行えば、z は

$$N(0, 1^2)$$

の標準正規分布に従うから、正規分布表を使って、区間推定を行うことができることになる。

演習 3-1 全国模擬試験を行ったところ、20 人の生徒の平均点が 1000 点満点で 540 点であったとする。この時、点数分布が正規分布に従い、その標準偏差が 100 点ということが分かっているときに、その平均点を 90%の信頼係数で区間推定せよ。

解) この模擬試験の平均点を μ とすると

$$z = \frac{\bar{x} - \mu}{\frac{\sigma}{\sqrt{n}}} = \frac{540 - \mu}{\frac{100}{\sqrt{20}}} \cong \frac{540 - \mu}{22}$$

という変数変換を行えば、z は

$$N(0, 1^2)$$

の標準正規分布に従う。ここで、90%の信頼区間とは、図 3-3 に示すように、上側と下側のすその面積がそれぞれ 5%となる領域を除いた部分の面積である。よって、正規分布表では

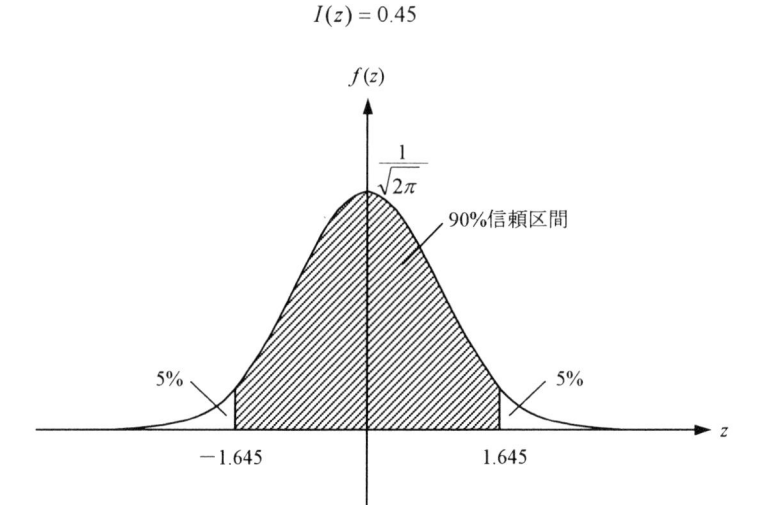

$$I(z) = 0.45$$

図 3-3 正規分布における 90%信頼区間。上側と下側のすその面積がそれぞれ 5%になる領域を除いた部分の領域が 90%信頼区間である。

となる点を求めればよいことになる。この値は

$$z = \pm 1.645$$

となる。よって

$$z = \frac{540 - \mu}{22} = \pm 1.645 \qquad \mu = 540 - (\pm 1.645) \times 22$$

となり、平均点の90%信頼区間は

$$504 \leq \mu \leq 576$$

の範囲にあると推定できる。つまり、全国模擬試験の平均点は90%の信頼度で504点から576点の間にあると結論することができる。

3.4. 標本標準偏差と母標準偏差の関係

標本平均という手がかりをもとに、母平均を推定する手法を前節で紹介したが、実は、この方法には問題がある。それは、実質的に、われわれが手にできるのは標本データだけであり、本来は**母平均だけではなく、その標準偏差も分からない**という事実である。

しかし、それでも手がないわけではない。その手法を紹介する前に、整理の意味で、これから使う用語とその記号を**表3-1**にまとめた。

表 3-1

既知	記号	未知	記号
標本平均	$\bar{x}$	母平均	μ
標本分散	s^2	母分散	σ^2
標本標準偏差	s	母標準偏差	σ

いま、われわれが目指しているのは、既知のデータである標本平均 ($\bar{x}$) や標本分散 (s^2) から、未知の値である母平均 (μ) や母分散 (σ^2) を推定するという作業である。

そこで、まず簡単な例で考えてみよう。いま、われわれが得ている情報は、母集団が正規分布に従うということである。この集団から任意の 2 個の標本を抽出したところ、その値が

$$(x_1, x_2)$$

であったとしよう。まず、標本平均は

$$\bar{x} = \frac{x_1 + x_2}{2}$$

となる。前節で紹介したように、母標準偏差 σ が分かっていれば、この値をもとに母平均の区間推定をすることができる。しかし、残念ながらσ の値が分かっていない。すると、残りの手がかりは、標本分散 s^2 と標本標準偏差 s しかない。それは

$$s^2 = \frac{(x_1 - \bar{x})^2 + (x_2 - \bar{x})^2}{2} \qquad s = \sqrt{\frac{(x_1 - \bar{x})^2 + (x_2 - \bar{x})^2}{2}}$$

となる。

　問題は、これら既知の値から未知の値である母分散や母標準偏差をいかに推定するかにある。ここで、先ほど、標本平均と母平均との関係を調べる時に使った手法を復習してみよう。

　それは、母集団から抽出した n 個のデータの標本平均を求め、その平均値や分散を考えるという手法であった。標準偏差にも類似の手法が使えないであろうか。

　ここで、ある母集団から抽出した標本として

$$(2, 4)$$

を考える。この標本平均は

$$\bar{x} = \frac{2+4}{2} = 3$$

であり、標本標準偏差は

$$s = \sqrt{\frac{(2-3)^2 + (4-3)^2}{2}} = \sqrt{\frac{2}{2}} = 1$$

となる。ところで、この標準偏差は、2個のデータの標本平均を基準にして求めたものであるが、当然のことながら母平均 μ は、よほどの偶然がない限り、この値とは一致しない。そこで、仮に本来の母平均が 3 よりも大きい 4 であったとしたらどうであろうか。すると

$$s = \sqrt{\frac{(2-4)^2 + (4-4)^2}{2}} = \sqrt{\frac{4}{2}} = \sqrt{2} \cong 1.414$$

となって、標準偏差は大きくなる。それならば、母平均が 3 より小さく 1 であったとしたらどうであろうか。すると

$$s = \sqrt{\frac{(2-1)^2 + (4-1)^2}{2}} = \sqrt{\frac{10}{2}} = \sqrt{5} \cong 2.236$$

となって、この場合も大きくなる。実は、ある標本データがあった場合、その標本平均を使って標準偏差を計算した場合に、その値が最も小さくなるのである。

これを一般式で確かめてみよう。n 個のデータの標本標準偏差は

$$s = \sqrt{\frac{(x_1 - \bar{x})^2 + (x_2 - \bar{x})^2 + (x_3 - \bar{x})^2 + ... + (x_n - \bar{x})^2}{n}}$$

であった。ここで、標本平均を変数 (x) として

$$s(x) = \sqrt{\frac{(x_1 - x)^2 + (x_2 - x)^2 + (x_3 - x)^2 + ... + (x_n - x)^2}{n}}$$

のように書く。この関数が x に関して、最小値(正確には極値である)をとるのは、この微分が 0 になるときである。ここで、同じことであるので $\sqrt{}$ をはずして、分散 $s^2(x)$ で考えてみる。

$$s^2(x) = \frac{(x_1-x)^2 + (x_2-x)^2 + (x_3-x)^2 + ... + (x_n-x)^2}{n}$$

x で微分すると

$$\frac{d}{dx}[s^2(x)] = -\frac{2(x_1-x) + 2(x_2-x) + 2(x_3-x) + ... + 2(x_n-x))}{n}$$
$$= -\frac{2}{n}(x_1 + x_2 + x_3 + ... + x_n - nx)$$

これが 0 になるのは

$$x_1 + x_2 + x_3 + ... + x_n - nx = 0$$

の時である。変形すると

$$x = \frac{x_1 + x_2 + x_3 + ... + x_n}{n} = \bar{x}$$

となって、x が標本平均のときに最小になることが分かる。つまり、母平均 (μ) が標本平均 ($\bar{x}$) と違っていれば、それが大きくても、小さくても、$\bar{x}$ を使って計算した s はつねに σ よりも小さくなることになる。よって、何らかの補正を加えなければ、標本データから計算した s は常に小さいので使えないということになる。それでは、この問題に対処する方法が何かあるのであろうか。

まず、標本分散 (s^2) は

$$s^2 = \frac{(x_1-\bar{x})^2 + (x_2-\bar{x})^2 + (x_3-\bar{x})^2 + ... + (x_n-\bar{x})^2}{n}$$

であるが、本来、平均値は母平均 μ を採用すべきであり

$$\sigma^2 = \frac{(x_1-\mu)^2 + (x_2-\mu)^2 + (x_3-\mu)^2 + ... + (x_n-\mu)^2}{n}$$

となるべきである。ここで、これらふたつの標準偏差の関係を調べるために

$$\sigma^2 = \frac{(x_1 - \bar{x} + \bar{x} - \mu)^2 + (x_2 - \bar{x} + \bar{x} - \mu)^2 + \ldots + (x_n - \bar{x} + \bar{x} - \mu)^2}{n}$$

のように変形する。すると

$$\sigma^2 = \frac{(x_1 - \bar{x})^2 + \ldots + (x_n - \bar{x})^2}{n} + \frac{2(x_1 - \bar{x}) + \ldots + 2(x_n - \bar{x})}{n}(\bar{x} - \mu) + (\bar{x} - \mu)^2$$

とさらに変形できる。ここで、右辺の第1項は、まさに標本分散 s^2 そのものである。第2項は

$$2(x_1 - \bar{x}) + \ldots + 2(x_n - \bar{x}) = 2(x_1 + x_2 + \ldots + x_n - n\bar{x}) = 0$$

であるから0となる。結局

$$\sigma^2 = s^2 + (\bar{x} - \mu)^2$$

と変形できる。

　ここで最後の項は、標本平均と母平均との差の平方であるが、これは標本平均の母平均のまわりの分散に相当する。これは、すでに紹介したように σ^2/n であった (70頁参照)。よって

$$\sigma^2 = s^2 + \frac{\sigma^2}{n}$$

となり、n 個の標本データから求めた分散は

$$\sigma^2 = \frac{n}{n-1}s^2$$

のように補正すれば良いことが分かる。

　ただし、母集団の分散 σ^2 は、必ずこの値と一致するわけではなく、あく

第 3 章　推測統計

までも推定値である。そこで、この値を母分散の**不偏推定値** (unbiased estimate) と呼び、$\hat{\sigma}^2$ と表記する。＾はハット（hat：帽子）と呼ばれる記号である。ここで、unbiased という英語は「偏見のない」という意味である。Bias には偏見（日本語でも英語を使ってバイアスと言う場合がある）という意味があるが、unbiased とはその否定形である。つまり、正確には

$$\hat{\sigma}^2 = \frac{n}{n-1} s^2$$

となる。

　実は、いままで紹介してこなかったが、標本平均の方は、母平均の不偏推定値として使うことができるのである。これは、少し考えれば当たり前で、母集団から、作為なく抽出したデータであれば、その標本平均は母平均を中心に分布する。正式には、**n 個の標本の標本平均は、μ のまわりに標準偏差 $\sigma/\sqrt{n}$ で分布する。**すでに示したように、標本平均で集団をつくれば、その平均値は母平均になる。よってハットという記号を使えば

$$\bar{x} = \hat{\mu}$$

と書くことができる。

　ここで、不偏推定値の不偏 (un-biased) という用語について考えてみよう。まず、標本分散 (s^2) が母分散 (σ^2) の不偏推定値として使えない理由は、それは必ず、母分散よりも小さくなるからである。つまり、不偏ではなく、偏りがあることが明らかであり、不偏推定値として使えないのである[4]。

　つぎに、標本平均の方を考えてみよう。こちらの場合は、標本が無作為に抽出されたものでは、その値は母平均よりも大きいかもしれないし、小さいかもしれない。その偏りの度合いは、どちらにも同程度である。よって（偏りのない）不偏推定値として使えることになる。ただし、標本平均といっても不偏推定値として使ってはいけない場合もあるので注意を要す

---

[4] のちほど紹介するように、不偏推定値として採用するには、その期待値が母数と一致することが正式な条件となる。

る。

　例として、全国模擬試験を考えてみる。ある高校の生徒 300 人が、この模擬試験に参加したものとしよう。その平均値を日本の高校生の母平均の不偏推定値として使えるであろうか。もちろん答えはノーである。なぜなら、この標本は無作為に抽出されたものではないからである。この高校が、全国屈指の進学校であれば、その平均値は全国平均よりもかなり高くなるのは明らかであろう。つまり、**標本は無作為抽出** (random sampling) するという条件が必要となるのである。

　ここで、多くの統計の解説書において、標本分散の表式として、本書とは異なる表記が頻繁に使われるので、それを紹介しておく。n 個の標本分散は

$$s^2 = \frac{(x_1-\bar{x})^2 + (x_2-\bar{x})^2 + (x_3-\bar{x})^2 + ... + (x_n-\bar{x})^2}{n}$$

であった。これを先ほどの分散の不偏推定値の式に代入すると

$$\hat{\sigma}^2 = \frac{n}{n-1} \frac{(x_1-\bar{x})^2 + (x_2-\bar{x})^2 + (x_3-\bar{x})^2 + ... + (x_n-\bar{x})^2}{n}$$

$$= \frac{(x_1-\bar{x})^2 + (x_2-\bar{x})^2 + (x_3-\bar{x})^2 + ... + (x_n-\bar{x})^2}{n-1}$$

と変形できる。よって

$$\hat{\sigma} = \sqrt{\frac{(x_1-\bar{x})^2 + (x_2-\bar{x})^2 + (x_3-\bar{x})^2 + ... + (x_n-\bar{x})^2}{n-1}}$$

となる。シグマ記号（Σ）を使って表記すれば

$$\hat{\sigma} = \sqrt{\frac{\sum (x_i-\bar{x})^2}{n-1}}$$

となる[5]。

---

[5] 便宜的に、この値を標準偏差の不偏推定値として採用する場合が多いが、厳密には、この値は標準偏差の不偏推定値ではない。それは、分散を平方に開く操作で分布が変わるためである。

これは、普通の標準偏差と違って、偏差の平方和を n ではなく、$n-1$ で割ったかたちとなっている。これを便宜上、標本標準偏差と定義する教科書もあるが、本書で行った導出が基本であり、本来は、標本分散に補正係数 ($n/(n-1)$) を乗じた**母分散の不偏推定値**であることを忘れてはならない。

3.5. 母平均の推定——母標準偏差が分からない場合

これでようやく、母平均も母標準偏差も分からない母集団から抽出した標本データを使って、母平均の解析を行う準備ができた。ここで、復習の意味で母標準偏差 (σ) が分かっている場合に、標本平均 ($\bar{x}$) から母平均 (μ) を区間推定する手法をもう一度振り返ってみよう。

母標準偏差が σ の正規母集団から n 個の標本を抽出し、その標本平均を $\bar{x}$ とすると、この値は母平均 μ のまわりに標準偏差 $\sigma/\sqrt{n}$ で分布する。つまり、$\bar{x}$ の分布は、中心極限定理より、

$$N\left(\mu, \left(\frac{\sigma}{\sqrt{n}}\right)^2\right)$$

の正規分布に従うことになる。

この事実が分かれば、

$$z = \frac{\bar{x} - \mu}{\frac{\sigma}{\sqrt{n}}}$$

という変数変換を行えば z は

$$N(0, 1^2)$$

の標準正規分布に従うから、母平均の区間推定を正規分布表を使って計算することができる。しかし、本節の冒頭で紹介したように、母標準偏差 σ は分からないのがより一般的である。そこで、母標準偏差を推定する必要が

ある。すでに紹介したように、手に入るデータである標本分散を補正すれば、母分散の不偏推定値 ($\hat{\sigma}^2$) として使える。それは

$$\hat{\sigma}^2 = \frac{n}{n-1}s^2 \qquad \hat{\sigma} = \sqrt{\frac{n}{n-1}}s$$

という補正であった。このうえで

$$t = \frac{\bar{x} - \mu}{\frac{\hat{\sigma}}{\sqrt{n}}}$$

という変数変換を行った変数 t を使えば、この変数は標準正規分布に従うことになる。つまり

$$t = \frac{\bar{x} - \mu}{\frac{\hat{\sigma}}{\sqrt{n}}} = \frac{\bar{x} - \mu}{\frac{1}{\sqrt{n}}\sqrt{\frac{n}{n-1}}s} = \frac{\bar{x} - \mu}{\frac{s}{\sqrt{n-1}}}$$

という変数を使えば、標本平均と、標本標準偏差という入手可能なデータを使って、母平均の区間推定を行うことができるのである。

では、実際に具体例で見てみよう。いま、正規母集団から、標本データを抽出したところ

$$(2, 3, 5, 6)$$

であった。まず、この標本平均は

$$\bar{x} = \frac{2+3+5+6}{4} = 4$$

である。つぎに標本分散は

$$s^2 = \frac{(2-4)^2 + (3-4)^2 + (5-4)^2 + (6-4)^2}{4} = \frac{10}{4} = 2.5$$

標本標準偏差は

$$s = \sqrt{\frac{(2-4)^2 + (3-4)^2 + (5-4)^2 + (6-4)^2}{4}} = \sqrt{\frac{10}{4}} \cong 1.58$$

となるが、母集団の不偏推定値として使うためには補正が必要であり

$$\hat{\sigma} = \sqrt{\frac{n}{n-1}} s = \sqrt{\frac{4}{4-1}} \sqrt{\frac{10}{4}} = \sqrt{\frac{10}{3}} \cong 1.83$$

となる。よって母平均が

$4 \pm \dfrac{1.83}{\sqrt{4}}$ つまり 3.09～4.92 の範囲にある信頼度は 68.26%

$4 \pm \dfrac{3.66}{\sqrt{4}}$ つまり 2.17～5.83 の範囲にある信頼度は 95.46%

ということが言える。もちろん、信頼係数を任意に設定したい場合には

$$t = \frac{\bar{x} - \mu}{\dfrac{s}{\sqrt{n-1}}} = \frac{4 - \mu}{\dfrac{1.58}{\sqrt{4-1}}} = \frac{4 - \mu}{0.91}$$

という変数変換を行い、正規分布表を利用して、t の範囲を求めたうえで

$$\mu = 4 - 0.91t$$

と変換することで、区間推定することが可能となる。

演習 3-2 製靴工場の検査で、プロバスケット選手用のシューズ 300 足の寸法を測定したところ、その標本平均として 30cm、標準偏差として 2cm という値が得られた。ここで、この工場で製造される全製品の寸法の分布が正規分布に従うものとして、その母平均の範囲を 90%の信頼係数で推定せよ。

解) この工場で生産される製品の標本平均は

$$\bar{x} = 30 (\text{cm})$$

であり、標本標準偏差 (s) は 2cm である。

いま信頼度として 90%が与えられているので正規分布表を使って範囲を推定する。まず

$$t = \frac{\bar{x} - \mu}{\frac{s}{\sqrt{n-1}}} = \frac{30 - \mu}{\frac{2}{\sqrt{300-1}}} = \frac{30 - \mu}{0.116}$$

という変数変換を行う。すると、この変数は $N(0, 1^2)$ の標準正規分布に従う。そこで、正規分布表で積分値が 0.45（90%であるから、積分値あるいは面積が 0.9 となる値であるが、表ではその半分の面積の 0.45 となる値を探す）となる t の値を読み取ると

$$t = \pm 1.645$$

となっている。これをもとに、信頼区間を求めると

$$\mu = 30 - 0.166 \times (\pm 1.645) \cong 30 \pm 0.27$$

となって、全製品の母平均は、90%の信頼度で 29.73cm から 30.27cm の間にあると言うことが言える。

3.6. t 分布による母平均の推定

以上のように、標本標準偏差に補正を加えることによって、それを母集団の標準偏差の不偏推定値として利用することで、母平均を区間推定できるようになった。あとは、いままで培ってきた手法で解析を進めればよい。

これで準備万端と言いたいところであるが、残念ながら、統計はそれほどあまくはないのである。それは、前節で求めた

$$t = \frac{\bar{x} - \mu}{\frac{s}{\sqrt{n-1}}}$$

という変数である。これが、標準正規分布 $N(0, 1^2)$ に従うものとして、正規分布表を使うという手法を紹介した。ところが、この変数 t が正規分布に従うという保証がないのである。実は、標本の数 n が多ければ正規分布とみなして問題ないが、その数が小さいと正規分布には従わないことが分かっている。標本数がいくつから正規分布とみなしてよいかという明確な基準はないが、見当として標本数が約 30 個以上であれば、正規分布と考えて良いと言われている。これならば、何とか対処できそうである。

しかし、検査によっては、これだけの数をそろえることができないこともある。例えば、ある食品に含まれる栄養素の量が表示通りかということを検査する場合には、1個の検査に時間がかかるので、あまり多くのデータを集めることはできない。限られた人員ですばやい検査が必要な場合にも標本数は限られることになる。このような場合に、標本データが正規分布に従うものと仮定して結果を出したのでは誤差が生じることになる。よって、正規分布からのずれをきちんと修正しなければならない。

それでは、標本数の少ない場合の標本データは、どのような分布に従うのであろうか。それは、**t 分布** (t distribution) と呼ばれる分布である。Student の t 分布と呼ぶ場合もある[6]。

この分布を数学的に取り扱うには、**ガンマ関数** (Gamma function) の知識が必要になるので、後ほど詳しく紹介するが、ここでは、標本数が少ない時の標本平均の分布は、正規分布には似ているが、正規分布とは異なる分布になるという事実をまず認識して欲しい。数学に力点を置かない教科書では、t 分布そのものについては定性的な説明で終わり、そのかわり、正規分布表と同様に t 分布表を利用して結果を得るという機械的な手法のみを紹介している。実用的にはこれで十分であるが、t 分布表を使うときに注意すべき点がある。それは、**t 分布が標本のデータ数によって変化する**という事実である（図 3-4 参照）。

この時、標本数ではなく**自由度** (degrees of freedom) という指標を使う。

---

[6] 少しまぎらわしいが、Student は「学生」という意味ではなく、この分布を発見した数学者の名前にちなんでいる。ただし、実名は W. S. Gosset という数学者で Student というのは彼が論文を発表したときのペンネームである。

○自由度 1 の t 分布

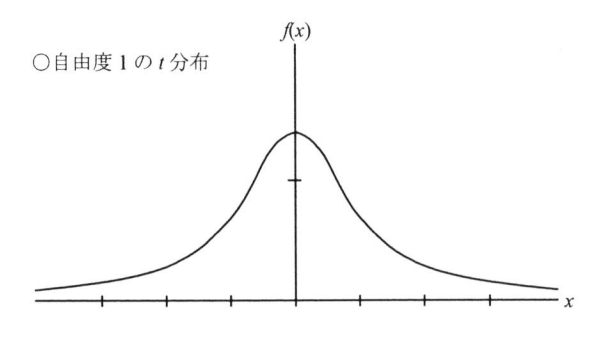

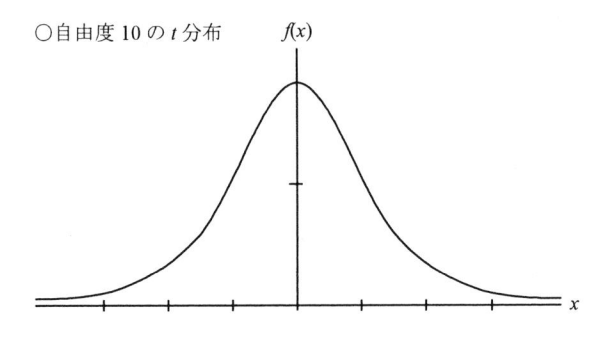

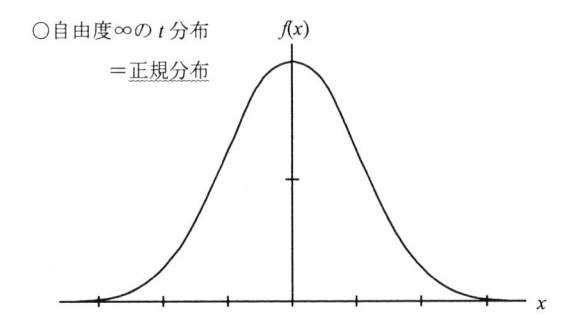

○自由度 10 の t 分布

○自由度 ∞ の t 分布
　＝正規分布

図 3-4　自由度の変化による t 分布の変化。

あくまで実用性を重視するならば、(つまり t 分布の数学的な取り扱いをあきらめるならば)、自由度ではなく、標本データ数で表示すればよいと考えるひとも多かろう。なぜなら、自由度は標本のデータ数 n から 1 を引いただけの値であるからである。普通自由度は、ギリシャ文字の f (freedom) の頭文字に相当する ϕ で表記される。つまり

$$\phi = n-1$$

が自由度である。例えば、標本データ数が 5 個なら t 分布の自由度は 4、標本データ数が 100 ならば自由度は 99 となる。これならば標本データ数を指標として使っても良さそうであるが、なぜ自由度などという面倒な指標をわざわざ使うのであろうか。実は、t 分布だけであれば、標本数だけで十分であるが、統計の他の分野への拡がりを考えると自由度という概念が重要となる。

そこで、t 分布の自由度がどうして $n-1$ かを簡単に考えてみよう。いま、標本データの数は n 個あるのであるから、自由度としては n あると考えても良さそうである。実際に、標本数がそのまま自由度になる場合もある。

それが、なぜ t 分布の場合は、$n-1$ となるのであろうか。これは、われわれが標本平均を使っているからである。いま、n 個のデータを使って標本平均を計算しているが、その値が求まれば、$n-1$ 個のデータが揃うと、残りの 1 個のデータは自動的に決まってしまう。つまり、$n-1$ 個のデータは自由に選定できるが、残り 1 個は自由に選定できないことになる。このため、ϕ は $n-1$ となるのである。

t 分布は、自由度に依存してかたちが変わるので、その表も表 3-2 に示すように、自由度ごとに表示するのが一般である。しかも、分布表では図 3-5 に示したように、分布のすそ (tail) の面積を表示するのが一般的である。これは、後ほど紹介する**検定** (test) という作業に、この表を使うためであるが、原理的には、すそ面積が分かれば、残りの面積がすぐ計算できるので問題はない。

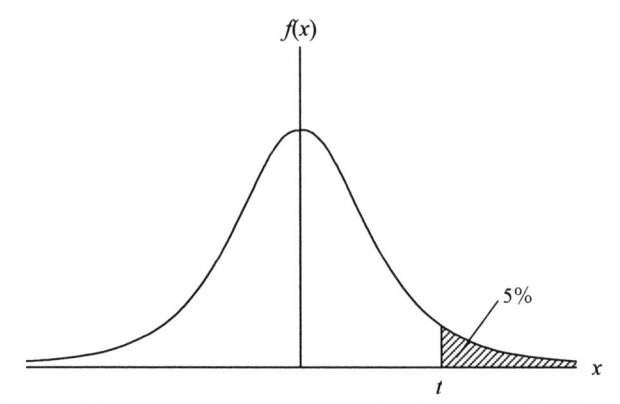

図3-5　t分布表には、図の影の部分の面積がある値になるxの値が載っている。

表 3-2　t分布表。

φ＼P	0.2	0.15	0.1	0.05	0.025	0.01
1	1.376	1.963	3.078	6.314	12.706	31.821
2	1.061	1.386	1.886	2.920	4.303	6.965
3	0.978	1.250	1.638	2.353	3.182	4.541
4	0.941	1.190	1.533	2.132	2.776	3.747
5	0.920	1.156	1.476	2.015	2.571	3.365
6	0.906	1.134	1.440	1.943	2.447	3.143
7	0.896	1.119	1.415	1.895	2.365	2.998
8	0.889	1.108	1.397	1.860	2.306	2.896
9	0.883	1.100	1.383	1.833	2.262	2.821
10	0.879	1.093	1.372	1.812	2.228	2.764
11	0.876	1.088	1.363	1.793	2.201	2.718
12	0.873	1.083	1.356	1.782	2.179	2.681
13	0.870	1.079	1.350	1.771	2.160	2.650
14	0.868	1.076	1.345	1.761	2.145	2.624
15	0.866	1.074	1.341	1.753	2.131	2.602
16	0.865	1.071	1.337	1.746	2.120	2.583
17	0.863	1.069	1.333	1.740	2.110	2.567
18	0.862	1.067	1.330	1.734	2.101	2.552
19	0.861	1.066	1.328	1.729	2.093	2.539
20	0.860	1.064	1.325	1.725	2.086	2.528

第 3 章　推測統計

> **演習 3-3**　ある製靴工場に、シューズを注文していたプロバスケットチームの監督がおとずれ、30cm と表示されている選手用シューズ 6 足の寸法の抜き打ち検査を行った。選手からサイズがあわないという苦情が出たからだ。そこで、測定したところ、その標本平均として 29cm、標本標準偏差として 2cm という値が得られた。ここで、この工場で製造される全製品の寸法の分布が正規分布に従うものとして、その母平均の範囲を 90%の信頼係数で推定せよ。

解）　この工場で生産される製品の標本平均は

$$\bar{x} = 29 \text{(cm)}$$

であり、標本標準偏差 (s) は 2cm である。
まず

$$t = \frac{\bar{x} - \mu}{\frac{s}{\sqrt{n-1}}} = \frac{29 - \mu}{\frac{2}{\sqrt{6-1}}} \cong \frac{29 - \mu}{0.9}$$

という変数変換を行う。この変数は標本数が多ければ $N(0, 1^2)$ の標準正規分布に従うが、いまの場合標本数はたったの 6 個であるから、t 分布表を使わなければならない。ここでは自由度が 5 の分布表を使う。ここで t 分布における 90%信頼区間は図 3-6 のように正規分布の場合と同様に、両すその面積があわせて 10%になるような範囲を除いた領域を選ぶ。t 分布表ですその面積が 0.05（つまり 5%）となる t の値を読み取ると

$$t = \pm 2.015$$

となっている。t 分布は左右対称であるから、この値をもとに、信頼区間を求めると

$$\mu = 29 - 0.9t = 29 - 0.9 \times (\pm 2.015) \cong 29 \pm 1.8$$

となって、全製品の平均（母平均）は、90%の信頼度で 27.2cm から 30.8cm の間にあると言うことが言える。よって、母平均が 30cm からずれていると

○自由度5

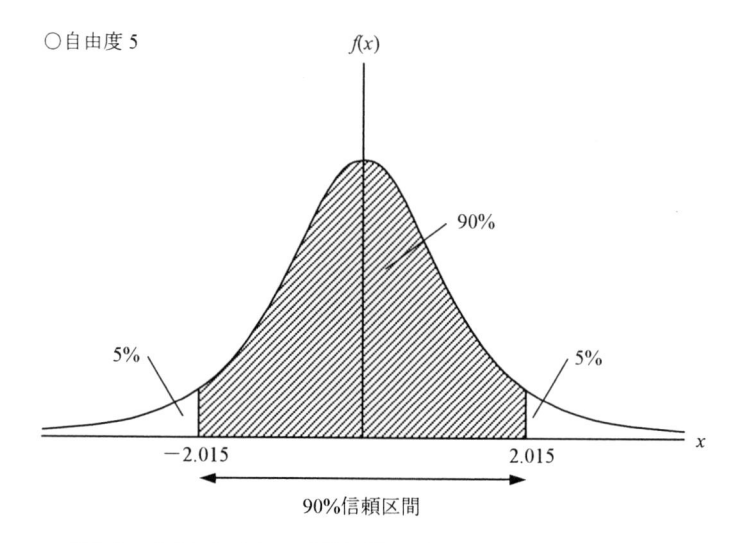

図3-6 t分布における90%信頼区間。正規分布の場合と同様に両側のすその面積が、それぞれ5%となる領域を除いた部分が90%信頼区間となる。

は、必ずしも文句を言えないことになる。

　ちなみに、この分布がt分布ではなく、正規分布と仮定して、同様の区間を求めると、正規分布表で片すその面積が5%となる点が$z = \pm 1.645$であるから

$$\mu = 29 - 0.9 \times (\pm 1.645) \cong 29 \pm 1.5$$

となって、90%の信頼区間を27.5cmから30.5cmの間というように、小さく見積もってしまうのである。
　以上のように、標本データの数が小さい場合には、t分布表を利用して、母平均の区間推定をある信頼度のもとに行うことが可能である。しかし、よく考えてみると、この検査で分かったのは全製品の母平均がどれくらいの信頼度である範囲に入るかということである。

調査におとずれた監督が知りたいのは、全製品の母平均がどうかという問題ではなく、30cm のサイズと表示しながら、サイズの違う製品をどの程度売っているかどうかである。つまり、バラツキの指標である偏差の方を知りたいのである。それでは、母標準偏差を推定するにはどうしたら良いのであろうか。このためには、分散の分布を利用して区間推定を行う必要がある。

3.7. χ^2 分布による母分散の推定

われわれは正規母集団から抽出した標本データのみを利用して、母集団の平均値（母平均）を推定する手法を学んだ。その際

$$t = \frac{\bar{x} - \mu}{\frac{s}{\sqrt{n-1}}}$$

という変数変換を行えば、この変数 t が自由度 $\phi = n-1$ の t 分布に従うことから、t 分布表を使って、ある信頼区間に対応した数値データを読み取り

$$\mu = \bar{x} - \frac{s}{\sqrt{n-1}} t$$

の逆変換を行えば、区間推定することが可能になる。

以上が、標本データから母平均を探る手法である。しかし、大事なことを忘れている。それは、母分散の不偏推定値として

$$\hat{\sigma}^2 = \frac{n}{n-1} s^2$$

という値を採用しているが、本来、統計的な考えでは、この値がどの程度信頼度があるかを判定することも必要となる。このままでは、標本平均を母平均として済ましているのと同じことになる。

つまり、母平均と同じように母分散の区間推定ができなければ、まだ統

計的手法としては不十分であり、母分散を区間推定する方法が必要になる。演習3-3の例ではt分布を利用して、全製品の母平均を区間推定したがそれでは、肝心のバラツキが分からない。よって、製品に表示とサイズが違うという苦情をつけられない。つまり、母分散の推定が必要となるのである。

それでは、どのようにして標本データから母分散を区間推定したらよいのであろうか。当然のことながら、母平均を求める場合と同様に、まず母集団から標本を抽出する作業が必要である。そのうえで、その標準偏差を計算し、それがどのような分布に従うかを決めれば良いことになる。

例として、母集団から任意の2個の標本を抽出した場合を考えてみよう。標本データの値が

$$(x_1, x_2)$$

であったとしよう。すると、標本平均は $\bar{x} = \dfrac{x_1 + x_2}{2}$ となる。よって、標本分散 s^2 は

$$s^2 = \frac{(x_1 - \bar{x})^2 + (x_2 - \bar{x})^2}{2}$$

となる。この分布を考えよう。ただし、分散の統計的処理を行う場合には

$$(x_1 - \bar{x})^2 + (x_2 - \bar{x})^2$$

を使う。これは偏差の平方和である。さらに、偏差の平方和を母分散で割る。つまり標本2個の場合は

$$\frac{(x_1 - \bar{x})^2 + (x_2 - \bar{x})^2}{\sigma^2}$$

である。こうすれば、われわれが推定したい母分散 (σ^2) が入った値となる。標本数が増えて3個の場合は

$$\frac{(x_1 - \bar{x})^2 + (x_2 - \bar{x})^2 + (x_3 - \bar{x})^2}{\sigma^2}$$

となり、標本数 n 個の場合は

$$\frac{(x_1 - \bar{x})^2 + (x_2 - \bar{x})^2 + \ldots + (x_n - \bar{x})^2}{\sigma^2}$$

となる。後は、この分布が分かれば、σ^2 の分布も分かることになる。
これを少し書き換えると

$$\frac{(x_1 - \bar{x})^2}{\sigma^2} + \frac{(x_2 - \bar{x})^2}{\sigma^2} + \ldots + \frac{(x_n - \bar{x})^2}{\sigma^2} = \sum_{i=1}^{n} \frac{(x_i - \bar{x})^2}{\sigma^2} = \sum_{i=1}^{n} \left(\frac{x_i - \bar{x}}{\sigma}\right)^2$$

のような和のかたちに書くことができる。この和のことを、統計では χ^2 (chi square) と呼んでいる。日本語読みではカイ2乗と読む。なぜ、この和を標本数 n で割らないのであろうかという疑問もあるが、数学的に扱う場合には、この方が便利という理由から、このパラメータを使う。

実は、この和は χ^2 分布と呼ばれる分布に従うことが知られており、この分布もすでによく調べられており、統計を利用する場合には、それを利用すればすむようになっている。

当然のことながら、その分布は標本数に依存して変化する。また、χ^2 分布の場合も t 分布と同様に、自由度 ($\phi = n-1$) をパラメータとして表がつくられている。このような自由度になるのは、標本平均 ($\bar{x}$) を使っているため、自由に選べる標本の数が $n-1$ 個だからである。図3-7に、代表的な χ^2 分布のグラフを示す。χ^2 分布は、正規分布や t 分布と異なり、左右対称とはならない。また、定義式から明らかなように、正の値しかとらないという特徴がある。

この場合も、解析的にこの分布関数の積分値を求めるのは簡単ではない。よって、多くの統計の教科書では、その分布表が載っており、利用する側は、その表をもとに求めたい値を計算すればよい。

それでは、具体例で計算してみよう。いま、母集団から取り出した標本2個が

$$(2, 4)$$

図3-7 χ^2 分布の形。

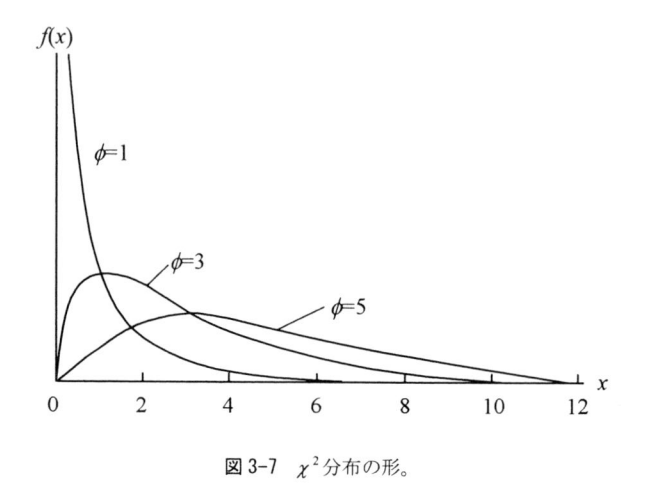

であったとする。この標本平均は3であり、χ^2は

$$\chi^2 = \frac{(2-3)^2 + (4-3)^2}{\sigma^2} = \frac{2}{\sigma^2}$$

となる。これは、自由度が 1 の χ^2 分布に従う。ここで、母分散の信頼係数90%の信頼区間を求めてみよう（図3-8参照）。χ^2 分布表（付表2参照）において、自由度1の欄で、両すその面積が 0.05 に対応する点を読み取ると、χ^2の値は下側が 0.0039、上側が 3.84 となる。このように、左右対称ではないから、それぞれの値が異なることに注意する必要がある。よって

$$0.0039 \leq \frac{2}{\sigma^2} \leq 3.84$$

の範囲が信頼度90%の信頼区間となる。したがって

$$\frac{1}{3.84} \leq \frac{\sigma^2}{2} \leq \frac{1}{0.0039} \qquad 0.52 \leq \sigma^2 \leq 513$$

となり、結局、信頼度90%の母標準偏差の信頼区間は

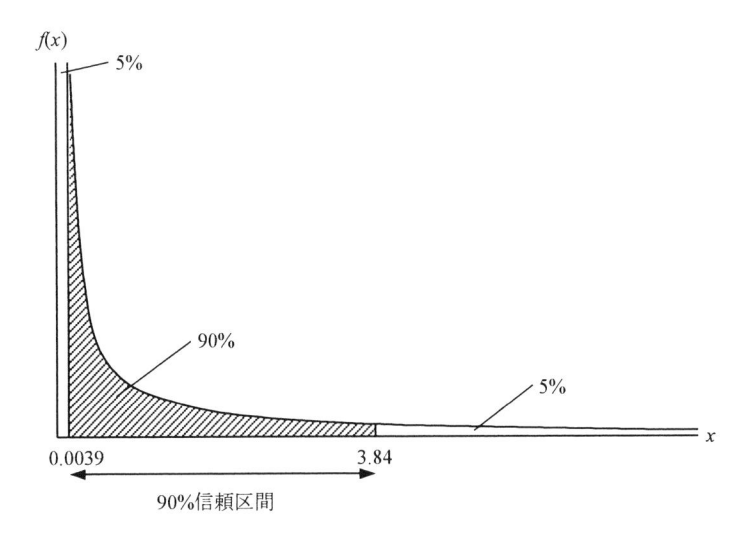

図 3-8 　自由度 1 の χ^2 分布における 90%信頼区間。

$$0.72 \leq \sigma \leq 22.6$$

となる。

　このように、χ^2 分布表があれば、標本標準偏差から、母標準偏差の区間推定ができるようになる。しかし、これでは区間の幅が大きすぎて、あまり使い物にならない。この理由は簡単で、標本の数が少なすぎるからである。そこで、もう少し標本数を増やして、6 個にしたら

$$(2, 2, 3, 3, 4, 4)$$

となったとしよう。この場合の母標準偏差を区間推定してみよう。まず、標本平均は

$$\bar{x} = \frac{2+2+3+3+4+4}{6} = 3$$

となる。よって

$$\chi^2 = \frac{(2-3)^2 + (2-3)^2 + (3-3)^2 + (3-3)^2 + (4-3)^2 + (4-3)^2}{\sigma^2} = \frac{4}{\sigma^2}$$

となる。これは、自由度が5のχ^2分布に従う。ここで、母分散の信頼係数90%の信頼区間を求めてみる。χ^2分布表において、自由度5の欄で、両すその面積が0.05に対応する点を読み取ると、χ^2の値は1.145と11.07となる。よって

$$1.145 \leq \frac{4}{\sigma^2} \leq 11.07$$

の範囲が信頼度90%の信頼区間となる。よって

$$\frac{1}{11.07} \leq \frac{\sigma^2}{4} \leq \frac{1}{1.145} \qquad 0.36 \leq \sigma^2 \leq 3.49$$

となり、結局、信頼度90%の母標準偏差の信頼区間は

$$0.60 \leq \sigma \leq 1.87$$

となって、標本数が少し増えただけ信頼区間をかなり狭くできることが分かる。

演習 3-4 ある製靴工場に、30cmのシューズを注文していたプロバスケットチームの監督がおとずれ、選手用のシューズ6足の寸法の抜き打ち検査を行った。選手からサイズがあわないという苦情が出たからだ。そこで、測定したところ、その標本平均として29cm、標本標準偏差として2cmという値が得られた。ここで、この工場で製造される全製品の寸法の分布が正規分布に従うものとして、この工場の全製品の標準偏差を95%の信頼係数で推定せよ。

解) この工場で生産される製品の標本平均は

$$\bar{x} = 29 \text{(cm)}$$

であり、標本標準偏差 (s) は 2cm である。

$$\chi^2 = \sum_{i=1}^{n} \frac{(x_i - \bar{x})^2}{\sigma^2}$$

であるから、6 個の標本の場合

$$6s^2 = \sum_{i=1}^{6}(x_i - \bar{x})^2 = 6 \cdot 2^2 = 24$$

となり

$$\chi^2 = \frac{24}{\sigma^2}$$

と与えられる。これは、自由度が 5 の χ^2 分布に従う (図 3-9 参照)。そこで、母分散の信頼係数 95%の信頼区間を求めてみよう。そこで、χ^2 分布表において、自由度 5 の欄で、両すその面積が 0.025 に対応する点を読み取ると、χ^2 の値は下側の限界が 0.831、上側の限界が 12.83 となる。よって

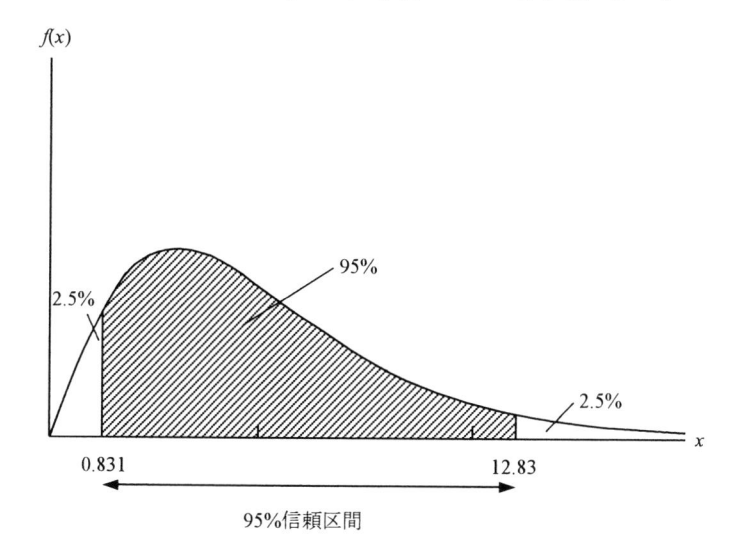

図 3-9　χ^2 分布における 95%信頼区間。

$$0.831 \leq \frac{24}{\sigma^2} \leq 12.83$$

の範囲が信頼度 95%の信頼区間となる。したがって

$$\frac{1}{12.83} \leq \frac{\sigma^2}{24} \leq \frac{1}{0.831} \qquad 1.87 \leq \sigma^2 \leq 28.9$$

となり、結局、信頼度 95%の母標準偏差の信頼区間は

$$1.37 \leq \sigma \leq 5.38$$

となる。

標本平均が 29cm であったうえ、これだけ標準偏差が大きいと、製品として 30cm の表示を満足しないものがかなり含まれるから、監督のクレームは妥当ということがいえる。しかし、これだけの情報で相手を納得させるようなクレームをつけることができるであろうか。

演習 3-5 靴のサイズが不当であると訴えられた製靴工場は、30cm と表示しているプロバスケット選手用のシューズ 20 足の検査を行った。測定したところ、その標本平均として 30cm、標本標準偏差として 1cm という値が得られた。ここで、この工場で製造される全製品の寸法の分布が正規分布に従うものとして、この工場の全製品の標準偏差を 95%の信頼係数で推定せよ。

解) この工場で生産される製品の標本平均は

$$\bar{x} = 30 \text{(cm)}$$

であり、標本標準偏差 (s) は 1cm である。ここで

$$\chi^2 = \sum_{i=1}^{n} \frac{(x_i - \bar{x})^2}{\sigma^2}$$

ここで、20 個の標本の場合

$$20s^2 = \sum_{i=1}^{20} (x_i - \bar{x})^2 = 20 \times 1^2 = 20$$

であるから

$$\chi^2 = \frac{20}{\sigma^2}$$

となる。これは、自由度が 19 の χ^2 分布に従う。そこで、母分散の信頼係数 95%の信頼区間を求めてみよう。そこで、χ^2 分布表において、自由度 19 の欄で、両すその面積が 0.025 に対応する点を読み取ると、χ^2 の値は 8.91 と 32.9 となる。よって

$$8.91 \leq \frac{20}{\sigma^2} \leq 32.9$$

の範囲が信頼度 95%の信頼区間となる。よって

$$\frac{1}{32.9} \leq \frac{\sigma^2}{20} \leq \frac{1}{8.91} \qquad 0.608 \leq \sigma^2 \leq 2.24$$

となり、結局、信頼度 95%の母標準偏差の信頼区間は

$$0.78 \leq \sigma \leq 1.50$$

となる。

　工場側の検査結果では、製品の標準偏差は約 1cm 程度となった。これを大きいと見るかどうかは、シューズを履く側の感覚にもよるが、これでは大きな顔で文句をつける訳にはいかないような気もする。この問題に決着をつけるには、後ほど紹介する**検定** (test) という作業が必要になる。

最後に、χ^2分布では混同しやすい別なものがあるので、断っておく。それは

$$\left(\frac{x_1-\mu}{\sigma}\right)^2+\left(\frac{x_2-\mu}{\sigma}\right)^2+\ldots+\left(\frac{x_n-\mu}{\sigma}\right)^2=\sum_{i=1}^{n}\left(\frac{x_i-\mu}{\sigma}\right)^2$$

という和であり、これもχ^2と呼ばれる。これは、平均値として標本平均ではなく、母平均を使った和である。この場合の自由度は$\phi=n$となる。なぜなら、母平均を使っているため、n個の標本は自由に選ぶことができるからである。

この和の成分は

$$z=\frac{x-\mu}{\sigma}$$

であり、標準正規分布 $N(0, 1^2)$ に従う母集団の標本であることが分かる。つまり、ここでいうχ^2とは、標準正規分布からn個の標本を抽出して、その平方和を求めた値ということが言える。

3.8. F分布による母分散の比の推定

本章で、標本データから母集団の母平均および母標準偏差（分散）を区間推定する手法を学んできた。これで基本は終わりであるが、統計の基礎としてもうひとつ重要な分布がある。その前に具体例で考えてみよう。

ある町工場の社長が、技能オリンピックに従業員をひとり派遣しようと考えている。20人以上いる工員の中から最後の2人A, Bまで絞ったのであるが、この2人が甲乙つけがたい技能の持ち主である。2人に同じ仕事をさせて決着をつけられればよいが、何しろ忙しい町工場であり、そんな余裕はない。そこで、最近の仕事ぶりから2人の技能を評価しようとした。

彼らは旋盤工であり、いま直径30(mm)のパイプ加工を担当している。ところが、工員Aは他の仕事もしていたので、4個のパイプしか加工できなかったが、Bは10個のパイプ加工をした。製品検査をしたところ、さすがにふたりとも平均値は30(mm)であったが、わずかながらバラツキがあり、

標準偏差は、それぞれ 2(mm)と 3(mm)であった[7]（表 3-3 参照）。

表 3-3　工具 A, B の技能比較。

	A	B
標本数	4	10
平均値(mm)	30	30
標準偏差	2	3

標準偏差をみると、工具 B の方が 3 (mm) と大きな値を出している。これから見ると、工具 A の方が優秀だと思われるが、さて、この判定は正しいのであろうか。

まず、考えられるのは、前節で行った χ^2 分布を利用して、それぞれの母集団の標準偏差（つまり、それぞれの工具が本来有している能力）を区間推定し、それを比較する手法である。それをまず実施してみよう。

標本平均は

$$A: \bar{x} = 30(\text{mm}) \qquad B: \bar{x} = 30(\text{mm})$$

であり、標本標準偏差 (s) はそれぞれ 2mm と 3mm である。

$$\chi^2 = \sum_{i=1}^{n} \frac{(x_i - \bar{x})^2}{\sigma^2}$$

ここで、A の場合

$$4s^2 = \sum_{i=1}^{4}(x_i - \bar{x})^2 = 4 \cdot 2^2 = 16$$

また B の場合

$$10s^2 = \sum_{i=1}^{10}(x_i - \bar{x})^2 = 10 \cdot 3^2 = 90$$

---

[7] 腕のいい旋盤工ならば、こんな誤差が生じることなどありえないが、話を簡単にするためのデータとしてご勘弁願いたい。

であるから

$$A: \chi_A^2 = \frac{16}{\sigma_A^2} \qquad B: \chi_B^2 = \frac{90}{\sigma_B^2}$$

となる。これらは、それぞれ自由度が3および9のχ^2分布に従う。

ここで、母分散の信頼係数90%の信頼区間を求めてみよう。χ^2分布表において、自由度3および9の欄で、両すその面積が0.05に対応する点を読み取ると、χ^2の値は自由度3では0.352と7.82、自由度9では3.33と16.92となる。よって

$$A: \quad 0.352 \leq \frac{16}{\sigma_A^2} \leq 7.82 \qquad B: \quad 3.33 \leq \frac{90}{\sigma_B^2} \leq 16.92$$

したがって、分散は

$$A: \quad 2.05 \leq \sigma_A^2 \leq 45.5 \qquad B: \quad 5.32 \leq \sigma_B^2 \leq 27.03$$

標準偏差では

$$A: \quad 1.43 \leq \sigma_A \leq 6.75 \qquad B: \quad 2.31 \leq \sigma_B \leq 5.20$$

という結果になり、この範囲だけからは、どちらが優秀かの判断がつかない。

それならば、いっそのこと、最初から分散の比をとって、その値を区間推定したらどうかと考えたひとがいる。つまり

$$\frac{s_A^2}{s_B^2}$$

の比の分布を考える。ここで、少し前の議論を思い出して欲しい。この分子分母はそれぞれ、標本分散であり、母分散の不偏推定値 ($\hat{\sigma}^2$) とは成り得ない。そして

$$\hat{\sigma}^2 = \frac{n}{n-1} s^2$$

という補正を施すことで、母分散の不偏推定値となる。よって、われわれは、つぎの分散を考える必要がある。

$$\hat{\sigma}_A^{\,2} = \frac{n_A}{n_A - 1} s_A^{\,2} \qquad \hat{\sigma}_B^{\,2} = \frac{n_B}{n_B - 1} s_B^{\,2}$$

ここでn_Aおよびn_Bは、それぞれの標本数である。よって、比としては

$$\frac{\hat{\sigma}_A^{\,2}}{\hat{\sigma}_B^{\,2}} = \frac{n_A}{n_A - 1} s_A^{\,2} \left/ \frac{n_B}{n_B - 1} s_B^{\,2} \right.$$

となる。これは

$$\frac{\text{工員Aが加工した製品の母分散の不偏推定値}}{\text{工員Bが加工した製品の母分散の不偏推定値}}$$

という比である。

　しかし、これだけでは、まだ足りない。それは、われわれが知りたいのは母分散の不偏推定値の比ではなく、母分散そのものの比だからである。このままでは、それが分からない。しかし、それを取り込むのは、簡単で、つぎのような比を考えれば良い。

$$F = \frac{\hat{\sigma}_A^{\,2} / \sigma_A^{\,2}}{\hat{\sigma}_B^{\,2} / \sigma_B^{\,2}}$$

これは、それぞれの母分散の不偏推定値を、その母分散で規格化したものの比である。この比をFと呼んでいる。

　この比の分布がどのようになるかも、すでに詳細に研究されており、**F分布**（F distribution）と呼ばれる分布[8]に従うことが知られている。しかし、この分布を解析するのは大変そうである。何しろ、パラメータとしてふたつの分布の標本数が含まれるのである。統計を利用する立場から有り難いことに、ちゃんとそういう表が準備されているのである。ただし、その表

---

[8] F分布のFはイギリスの統計学者 R. A. Fischer にちなんでいる。

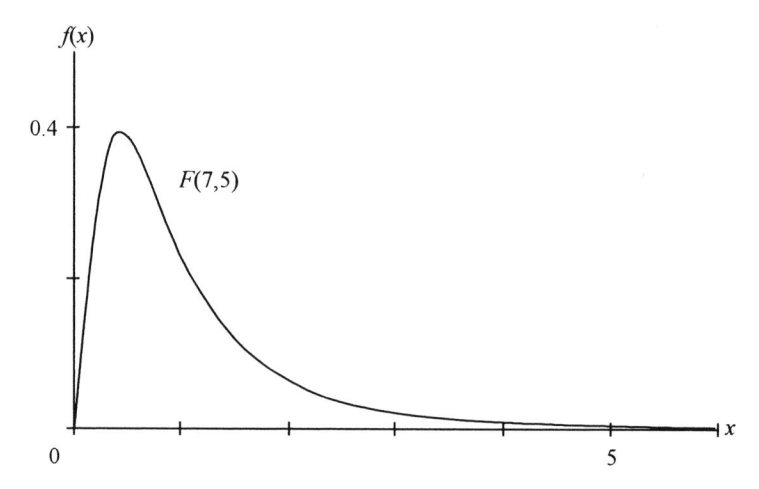

図3-10 代表的な F 分布のグラフ。自由度が2個ついており、最初の自由度が分子の、つぎの自由度が分母の自由度に対応する。

では、標本数ではなく、再び自由度で表示される。しかも2種類の集団があるので、自由度も2個使うことになる。図3-10に代表的な F 分布のグラフを示した。この場合も左右対称ではなく、その値は正の値しかとらない。また、自由度が2個あるので、それによってグラフのかたちが変化する。

ここで、F 分布表の使い方を紹介する前に F のかたちを少し変形してみよう。

$$F = \frac{\hat{\sigma}_A^2 / \sigma_A^2}{\hat{\sigma}_B^2 / \sigma_B^2} = \frac{n_A}{n_A - 1} \frac{s_A^2}{\sigma_A^2} \bigg/ \frac{n_B}{n_B - 1} \frac{s_B^2}{\sigma_B^2}$$

である。ここで、前節で扱った

$$\chi^2 = \sum_{i=1}^{n} \frac{(x_i - \bar{x})^2}{\sigma^2}$$

を、標本分散で書き換えると

$$\chi^2 = \frac{ns^2}{\sigma^2}$$

よって、F は

$$F = \frac{\dfrac{n_A}{n_A - 1} \dfrac{s_A^2}{\sigma_A^2}}{\dfrac{n_B}{n_B - 1} \dfrac{s_B^2}{\sigma_B^2}} = \frac{\dfrac{\chi_A^2}{n_A - 1}}{\dfrac{\chi_B^2}{n_B - 1}}$$

と書き換えることができる。ここで自由度は

$$\phi_A = n_A - 1 \qquad \phi_B = n_B - 1$$

の関係にあるから

$$F = \left. \frac{\chi_A^2}{\phi_A} \middle/ \frac{\chi_B^2}{\phi_B} \right.$$

と変形できる。つまり、χ^2 の比を自由度で規格化したものが F であると考えられる。これは自由度 (ϕ_A, ϕ_B) の F 分布に従う。よって、$F(\phi_A, \phi_B)$ のように表記する場合もある。つまり

$$F(\phi_A, \phi_B) = \left. \frac{\chi_A^2}{\phi_A} \middle/ \frac{\chi_B^2}{\phi_B} \right.$$

と表記する。このとき、ϕ_A は分子の自由度、ϕ_B は分母の自由度である。ところで、この比をとる時に、どちらの集団の χ^2 を分子に選んで良いのか迷ってしまう。実は、分子、分母どちらでも良いのである。ただし、分子と分母を変えると、当然分布も変わってくる。この時

$$F(\phi_B, \phi_A) = \left. \frac{\chi_B^2}{\phi_B} \middle/ \frac{\chi_A^2}{\phi_A} \right. = \frac{1}{F(\phi_A, \phi_B)}$$

という関係にある。具体的な数値で示せば

$$F(9,3) = 1/F(3,9)$$

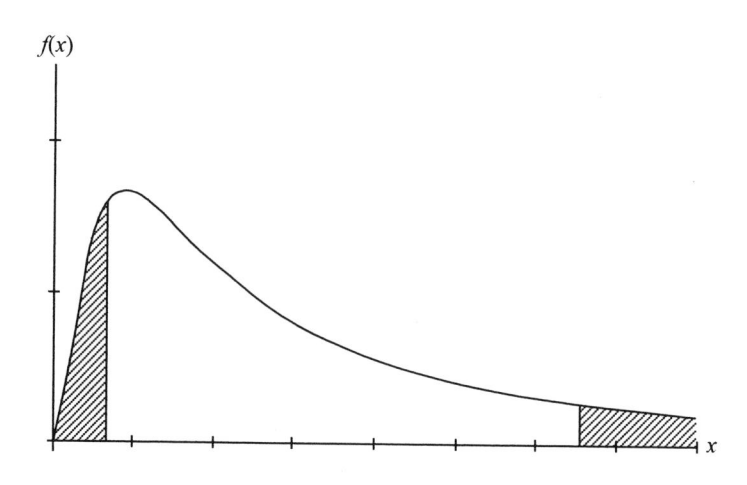

図 3-11　F 分布においても、他の分布と同じように、適当な信頼係数に対応した区間を求めることで、区間推定が可能となる。

という関係となる。

　F 分布の場合にも、すでにその分布が詳細に研究されており、F 分布を利用して標準偏差の比（分散の比）の区間推定を行う場合には、t 分布や χ^2 分布の場合と同じように、図 3-11 に示したように、この分布において、ある信頼係数に対応した領域を求めればよい。この信頼区間の限界は、t 分布や χ^2 分布と同様に、F 分布表（付表 3 参照）を参照すれば値が得られるようになっている。

　ただし、F 分布では自由度がふたつもあるので、表としては、横軸に分子の自由度、たて軸に分母の自由度を示して上側の面積が α になる点を表示している。上側の面積が 0.05 となる F 分布表の例を表 3-4 に示す。

表 3-4　F 分布表の例。

ϕ	1	2	3	4	5
1	161.446	199.499	215.707	224.583	230.160
2	18.513	19.000	19.164	19.247	19.296
3	10.128	9.552	9.277	9.117	9.013
4	7.709	6.944	6.591	6.388	6.256
5	6.608	5.786	5.409	5.192	5.050

この表を使うと、自由度 (4, 3) の F 分布で、上側の面積が 0.05 となる点は、表から 9.117 となることが読みとれる。

それでは、F 分布を利用して、先ほどの町工場の工員の例で実際にバラツキの比を考えてみよう。表 3-3 のデータから工員 A, B の製品の χ^2 を求めると

$$\text{A}: \chi_A^2 = \frac{n_A s^2}{\sigma_A^2} = \frac{16}{\sigma_A^2} \qquad \text{B}: \chi_B^2 = \frac{n_B s^2}{\sigma_B^2} = \frac{90}{\sigma_B^2}$$

であり、$\phi_A = n_A - 1 = 3$ $\phi_B = n_B - 1 = 9$ であるから

$$F = \frac{\dfrac{\chi_A^2}{\phi_A}}{\dfrac{\chi_B^2}{\phi_B}} = \frac{\dfrac{16}{3\sigma_A^2}}{\dfrac{90}{9\sigma_B^2}}$$

となり、さらに変形すると

$$F = 0.533 \frac{\sigma_B^2}{\sigma_A^2}$$

となる。ここで、上側の面積が 0.05 となる点を表示している F 分布表で自由度 (3, 9) の点を求める。

表 3-5　上側の面積が 0.05 を与える点を表示した F 分布表の抜粋。ここで上の行の自由度が分子の自由度、左側の自由度 9 が分母の自由度である。

ϕ	1	2	3	4
9	5.117	4.256	3.863	3.633

表 3-5 からその値は 3.863 であることが分かる。また、下側の面積が 0.05 になる点はと探すと、残念ながら、普通の F 分布表にはこの値が載っていない。実は、ほとんどの F 分布表には上側の面積に対応した値しか載せていないのが通例である。それではどうしたらよいか。この場合は、まず上側の面積が 0.05 となる点を表示している F 分布表で自由度 (9, 3) の点を求

め、その逆数をとれば、それが求める点となる[9]。

整理すると

> $F(9, 3)$ で上側面積がαとなる点がaのとき
> $F(3, 9)$ で下側面積がαとなる点は$1/a$となる。

そこで、再びF分布表をみると自由度$(9, 3)$で上側の面積が0.05となる点は

表 3-6 上側の面積が0.05を与える点を表示したF分布表の抜粋。

ϕ	7	8	9	10
3	8.887	8.845	8.812	8.785

表3-6から8.812となっている。よって、自由度$(3, 9)$で上側の面積が0.05となる点は、その逆数の0.114となる。

したがって、信頼係数90%の信頼区間は

$$0.114 \leq 0.533 \frac{\sigma_B^2}{\sigma_A^2} \leq 3.86 \qquad 0.214 \leq \frac{\sigma_B^2}{\sigma_A^2} \leq 7.24$$

であるので

$$0.46 \leq \frac{\sigma_B}{\sigma_A} \leq 2.69$$

となる。

$1 \leq \dfrac{\sigma_B}{\sigma_A}$ ならば、Aの製品のバラツキが小さいのでAの方が優秀

$\dfrac{\sigma_B}{\sigma_A} \leq 1$ ならば、その逆でBの方が優秀

と判定できるのであるが、この比の区間推定をすると、90%の信頼区間では、どちらが優れているかはよく分からないということになってしまう。ここ

---

[9] この数学的な証明は第6章で行う。

まで面倒な計算をしてきて、優劣を判定できないという結論では申し訳ないが、2人の優劣を判断するためには、もう少しデータを集めるのが賢明であるということになる。

演習 3-6 くだんの町工場の社長が、過去のデータを調べたところ、ふたりの旋盤工が、直径 20(mm) のパイプ加工をしていることが分かった。工員 A は 16 個のパイプ加工を、B は 12 個のパイプ加工をした。製品検査をしたところ、さすがにふたりとも平均値は 20(mm) であったが、標準偏差は、それぞれ 1.5(mm) と 0.5(mm) であった (表 3-7 参照)。

標準偏差をみると、工員 A の加工品のバラツキの平均が 1.5 (mm) と大きな値を出している。これから見ると、工員 B の方が優秀だと思われるが、さて、この判定は正しいのであろうか。

表 3-7 工員 A, B の技能比較。

	A	B
標本数	16	12
平均(mm)	20	20
標準偏差	1.5	0.5

解) 実際にバラツキの比を考えてみよう。

A: $\chi_A^2 = \dfrac{n_A s_A^2}{\sigma_A^2} = \dfrac{16(1.5)^2}{\sigma_A^2} = \dfrac{36}{\sigma_A^2}$ B: $\chi_B^2 = \dfrac{n_B s_B^2}{\sigma_B^2} = \dfrac{12(0.5)^2}{\sigma_B^2} = \dfrac{3}{\sigma_B^2}$

であり、$\phi_A = n_A - 1 = 15$, $\phi_B = n_B - 1 = 11$ であるから

$$F = \dfrac{\chi_A^2}{\phi_A} \bigg/ \dfrac{\chi_B^2}{\phi_B} = \dfrac{36}{15\sigma_A^2} \bigg/ \dfrac{3}{11\sigma_B^2}$$

となる。これを変形すると

$$F = 8.8 \frac{\sigma_B^2}{\sigma_A^2}$$

となる。この値の 90%信頼区間を推定してみよう。すると、ここで、自由度 (15, 11) の F 分布表（付表 3-2 参照）で、上側の面積が 0.05 になる点は 2.719 であり、下側の面積が 0.05 になる点は 0.399 である。よって信頼係数 90%の信頼区間は

$$0.399 \leq 8.8 \frac{\sigma_B^2}{\sigma_A^2} \leq 2.72 \qquad 0.045 \leq \frac{\sigma_B^2}{\sigma_A^2} \leq 0.309$$

であるので

$$0.212 \leq \frac{\sigma_B}{\sigma_A} \leq 0.556$$

となる。

よって、90%の信頼係数で $\frac{\sigma_B}{\sigma_A} \leq 1$ となっているから、工員 B の製品のバラツキが小さいという判定が下せる。

このようにデータ数が増えれば、より正確な判定が下せるようになる。そして、90%の信頼区間では、明らかに工員 B が優れているという判断を下すことができる。めでたく、この社長は工員 B を会社の代表として技能オリンピックに送り出すことになる。

3.9. 点推定

いままで統計手法を使って、母数を区間推定する手法を紹介してきたが、場合によっては区間ではなく、ある数値を推定したい場合がある。冒頭でも紹介したが、世の中に出回っている数字は統計量であるが、その場合、内閣支持率やテレビ番組の視聴率などは、すべて 1 点の推定値で報道され

ている。このような推定を**点推定** (point estimation) と呼んでいる。

 それでは、点推定するにはどうすれば良いのであろうか。いろいろな手法があるが、一番簡単な方法は、この章の冒頭で紹介したように、標本を抽出して、その標本平均や標本分散を、そのまま母数の点推定値として採用する方法である。ただし、標本平均は母平均の不偏推定値であるが、標本分散は母分散の不偏推定値とはならないことに注意する必要がある。よって、母分散の点推定には

$$\hat{\sigma}^2 = \frac{\sum (x_i - \bar{x})^2}{n-1}$$

のように、標本分散を標本数 n ではなく $n-1$ で除した値を使う方が賢明である。しかし、すでに紹介したように、母数は適当な信頼係数のもとで区間推定することが必要であり、それを 1 点で推定するということは、それだけ大きな誤差を含んでいる可能性を無視してはならない。

 ここで、推定したい母集団が従う分布が分かっている場合に使える点推定の手法として、**最尤法** (maximum-likelihood method) と呼ばれるものを紹介しておく。これは「さいゆうほう」と読む。最も、尤も（もっとも）らしい値を求める方法という意味である。英語では「尤も」という語に対応させて "likely" の名詞形の "likelihood" を使う。最も「ふさわしい」値という意味である。

 それでは、正規分布の場合の最尤法を紹介する。いま、母分散が σ^2 ということが分かっている正規分布において、標本から母平均を点推定する方法を考えてみる。いま、母集団から抽出した標本データが n 個あるとする。

$$x_1, x_2, x_3, ..., x_n$$

これら標本が属する母集団が従う分布に対応した密度関数は

$$f(x) = \frac{1}{\sigma\sqrt{2\pi}} \exp\left(-\frac{(x-\mu)^2}{2\sigma^2}\right)$$

であった。この関数は x を変数とする関数であるが、これは μ を変数とす

る関数とみなすこともできる。そこで、この関数を$f(x, \mu)$のように表記する場合もある。実際に点推定するためには、まず

$$f(x_1) = \frac{1}{\sigma\sqrt{2\pi}} \exp\left(-\frac{(x_1-\mu)^2}{2\sigma^2}\right), \quad f(x_2) = \frac{1}{\sigma\sqrt{2\pi}} \exp\left(-\frac{(x_2-\mu)^2}{2\sigma^2}\right),$$

$$\ldots, f(x_n) = \frac{1}{\sigma\sqrt{2\pi}} \exp\left(-\frac{(x_n-\mu)^2}{2\sigma^2}\right)$$

というように、標本データを確率密度関数に代入したものを用意する。そのうえで、これら関数の積をつくり、その積からなる関数をμの関数とみなす。すると

$$L(\mu) = \left(\frac{1}{\sigma\sqrt{2\pi}}\right)^n \exp\left(-\frac{(x_1-\mu)^2}{2\sigma^2}\right) \cdot \exp\left(-\frac{(x_2-\mu)^2}{2\sigma^2}\right) \cdots \exp\left(-\frac{(x_n-\mu)^2}{2\sigma^2}\right)$$

$$= \left(\frac{1}{\sigma\sqrt{2\pi}}\right)^n \exp\left(-\frac{(x_1-\mu)^2+(x_2-\mu)^2+\ldots+(x_n-\mu)^2}{2\sigma^2}\right)$$

というμに関する関数をつくることができる。この積は、μが母平均の場合に最大となるはずである。なぜなら、正規分布のかたちを見れば分かるように、その母平均を中心からずれたところと仮定してしまうと、確率密度は小さい方にしかずれないからである。この関数を**尤度関数** (likelihood function) と呼んでいる。

そして、この関数が最大となるμの値が**最尤推定量** (maximum-likelihood estimator) という、われわれが求めたい点推定量となる。この値を求めるには

$$\frac{dL(\mu)}{d\mu} = 0$$

を満足するμを求めればよい。尤度関数の導関数は

$$\frac{dL(\mu)}{d\mu} = \left(\frac{1}{\sigma\sqrt{2\pi}}\right)^n \exp\left(-\frac{(x_1-\mu)^2+\ldots+(x_n-\mu)^2}{2\sigma^2}\right)\frac{(x_1-\mu)+\ldots+(x_n-\mu)}{\sigma^2}$$

第3章 推測統計

で与えられる。この関数が0になるのは

$$\frac{(x_1 - \mu) + (x_2 - \mu) \dots + (x_n - \mu)}{\sigma^2} = 0$$

の時である。よって

$$x_1 + x_2 + \dots + x_n - n\mu = 0$$

となり、結局

$$\mu = \frac{x_1 + x_2 + \dots + x_n}{n} = \bar{x}$$

という値が得られる。つまり、標本平均が最尤推定量となることが分かる。

演習3-7 母集団が正規分布に従い、その分散が5である集団から、2個の標本を抽出したところ、4と6という値が得られた。母平均の最尤推定量を求めよ。

解) この母集団の確率密度関数は

$$f(x) = \frac{1}{\sqrt{5}\sqrt{2\pi}} \exp\left(-\frac{(x-\mu)^2}{2 \times 5}\right) = \frac{1}{\sqrt{10\pi}} \exp\left(-\frac{(x-\mu)^2}{10}\right)$$

となる。よって尤度関数は

$$L(\mu) = \left(\frac{1}{\sqrt{10\pi}}\right)^2 \exp\left(-\frac{(4-\mu)^2}{10}\right) \cdot \exp\left(-\frac{(6-\mu)^2}{10}\right)$$

$$= \frac{1}{10\pi} \exp\left(-\frac{(4-\mu)^2 + (6-\mu)^2}{10}\right)$$

と与えられる。この導関数を計算すると

$$\frac{dL(\mu)}{d\mu} = \frac{1}{10\pi}\exp\left(-\frac{(4-\mu)^2+(6-\mu)^2}{10}\right)\left(\frac{2(4-\mu)+2(6-\mu)}{10}\right)$$

$$= \frac{1}{10\pi}\exp\left(-\frac{(4-\mu)^2+(6-\mu)^2}{10}\right)\left(\frac{20-4\mu}{10}\right)$$

となり、これが 0 となるのは $\mu = 5$ であり、これが最尤推定量となる。

演習 3-8 母集団が正規分布に従い、その母平均が 5 である集団から、2 個の標本を抽出したところ、4 と 6 という値が得られた。母分散の最尤推定量を求めよ。

解） この母集団の確率密度関数は

$$f(x) = \frac{1}{\sigma\sqrt{2\pi}}\exp\left(-\frac{(x-5)^2}{2\sigma^2}\right)$$

となる。ここで分散を V と表記すると

$$f(x) = \frac{1}{\sqrt{2\pi V}}\exp\left(-\frac{(x-5)^2}{2V}\right)$$

よって尤度関数は

$$L(V) = \left(\frac{1}{\sqrt{2\pi V}}\right)^2 \exp\left(-\frac{(4-5)^2}{2V}\right)\cdot\exp\left(-\frac{(6-5)^2}{2V}\right)$$

$$= \frac{1}{2\pi V}\exp\left(-\frac{1}{V}\right)$$

と与えられる。この導関数を計算すると

$$\frac{dL(V)}{dV} = -\frac{1}{2\pi V^2}\exp\left(-\frac{1}{V}\right) + \frac{1}{2\pi V}\exp\left(-\frac{1}{V}\right)\frac{1}{V^2}$$

$$= -\frac{1}{2\pi}\exp\left(-\frac{1}{V}\right)\left(\frac{1}{V^2}-\frac{1}{V^3}\right)$$

となり、これが0となるのは $V=1$ であり、これが最尤推定量となる。

演習 3-9 母集団が正規分布に従い、その母平均が μ である集団から、n 個の標本を抽出したところ、$x_1, x_2, ..., x_n$ という値が得られた。このとき、母分散 $V(\sigma^2)$ の最尤推定量を求めよ。

解） 一般の正規分布に対応した確率密度関数は

$$f(x) = \frac{1}{\sqrt{2\pi V}}\exp\left(\frac{-(x-\mu)^2}{2V}\right)$$

である。ここで x に $x_1, x_2, ..., x_n$ を代入し

$$f(x_1) = \frac{1}{\sqrt{2\pi V}}\exp\left(\frac{-(x_1-\mu)^2}{2V}\right) \quad,..., \quad f(x_n) = \frac{1}{\sqrt{2\pi V}}\exp\left(\frac{-(x_n-\mu)^2}{2V}\right)$$

これら関数の積で、新たに V を変数とする尤度関数 $L(V)$ をつくる。

$$L(V) = f(x_1) \cdot f(x_2) \cdots f(x_n)$$

具体的には

$$L(V) = \frac{1}{\sqrt{2\pi V}}\exp\left(\frac{-(x_1-\mu)^2}{2V}\right) \times \frac{1}{\sqrt{2\pi V}}\exp\left(\frac{-(x_2-\mu)^2}{2V}\right) \times \cdots$$

$$\times \frac{1}{\sqrt{2\pi V}}\exp\left(\frac{-(x_n-\mu)^2}{2V}\right)$$

という関数となる。これを整理すると

$$L(V) = \left(\frac{1}{\sqrt{2\pi V}}\right)^n \exp\left(-\frac{(x_1-\mu)^2+(x_2-\mu)^2+\cdots+(x_n-\mu)^2}{2V}\right)$$

$$= \left(\frac{1}{\sqrt{2\pi}}\right)^n V^{-\frac{n}{2}} \exp\left(-\frac{(x_1-\mu)^2+(x_2-\mu)^2+\cdots+(x_n-\mu)^2}{2V}\right)$$

この関数を微分したものが0となるようなVの値が分散ということになる。

この関数をVで微分すると

$$\frac{dL(V)}{dV} = \left(\frac{1}{\sqrt{2\pi}}\right)^n \left(-\frac{n}{2}\right) V^{-\frac{n}{2}-1} \exp\left(-\frac{(x_1-\mu)^2+(x_2-\mu)^2+\cdots+(x_n-\mu)^2}{2V}\right)$$

$$+ \left(\frac{1}{\sqrt{2\pi}}\right)^n V^{-\frac{n}{2}} \left(\frac{(x_1-\mu)^2+\cdots+(x_n-\mu)^2}{2V^2}\right) \times \exp\left(-\frac{(x_1-\mu)^2+\cdots+(x_n-\mu)^2}{2V}\right)$$

これを整理すると

$$\frac{dL(V)}{dV}$$

$$= \left(\frac{1}{\sqrt{2\pi}}\right)^n V^{-\frac{n}{2}} \exp\left(-\frac{(x_1-\mu)^2+\cdots+(x_n-\mu)^2}{2V}\right)\left(\frac{(x_1-\mu)^2+\cdots+(x_n-\mu)^2}{2V^2} - \frac{n}{2V}\right)$$

この値が0になるのは

$$\frac{(x_1-\mu)^2+(x_2-\mu)^2+\cdots+(x_n-\mu)^2}{2V^2} - \frac{n}{2V} = 0$$

のときである。結局

$$V = \frac{(x_1-\mu)^2+(x_2-\mu)^2+\cdots+(x_n-\mu)^2}{n}$$

と与えられることになる。

以上のように、正規分布に従うと考えられる分布において、この分布から、n個のデータ $x_1, x_2, ..., x_n$ が抽出された時にはVの値として

$$V = \frac{(x_1 - \mu)^2 + (x_2 - \mu)^2 + \cdots + (x_n - \mu)^2}{n}$$

が最も尤もらしい値ということになる。第2章において、正規分布に対応するガウス関数において、定数の値が

$$a = \frac{1}{2V} = \frac{1}{2\sigma^2}$$

となることを紹介したが、それは以上の計算結果に基づいているのである。

第 4 章　統計的検定

4.1.　推測統計と検定

　第 3 章で標本データの平均値と標準偏差から、母集団の平均値と標準偏差、および標準偏差の比を区間推定する手法を紹介した。ところで、統計を利用する場合、このような区間推定だけではなく、ある**仮説** (hypothesis) が正しいかどうかの判定が必要となる場合もある。

　例えば、日本人女性の平均身長は年々増加しているが、まわりの女性をみると、どうやら平均は、すでに 160cm に達したと思われる。これを確かめるために、日本人の 20 歳以上の成人女性からランダムに標本データを集めて、そのデータから、この仮説が正しいかどうかを調べたいとする。この場合に**仮説検定** (test of hypothesis) という作業が必要となる。

　ただし、検定は考え方の違いだけで、基本的には区間推定の手法と同じものを使う。日本人女性 10 人の身長を測ったところ、表 4-1 のような結果が得られたとする。

表 4-1　日本人女性の身長。

標本	1	2	3	4	5	6	7	8	9	10
身長	150	165	155	170	150	145	175	160	165	140

　まず、標本データの平均を求めると

$$\bar{x} = \frac{150+165+155+170+150+145+175+160+165+140}{10} = \frac{1575}{10} = 157.5$$

となって、平均身長は 157.5cm ということになる。160cm 程度と思っていたが、この仮説は間違いであったと引き下がっていいのであろうか。

第4章　統計的検定

そこで、まず身長の標本データから必要な情報を集めてみよう。身長の偏差および偏差の平方を求めると

表 4-2　表 4-1 の標本データの偏差と偏差の平方和。

標本	1	2	3	4	5	6	7	8	9	10
$x - \bar{x}$	-7.5	7.5	-2.5	12.5	-7.5	-12.5	17.5	2.5	7.5	-17.5
$(x - \bar{x})^2$	56.25	56.25	6.25	156.25	56.25	156.25	306.25	6.25	56.25	306.25

となり、身長の分布の標本分散は

$$s^2 = \frac{\sum (x_i - \bar{x})^2}{N} = \frac{1162.5}{10} = 116.25$$

となる。ここで

$$t = \frac{\bar{x} - \mu}{\frac{s}{\sqrt{n-1}}}$$

という変数を使うと、これが t 分布と呼ばれる分布に従うことが分かっている。今回の場合は

$$t = \frac{\bar{x} - \mu}{\frac{s}{\sqrt{n-1}}} = \frac{\bar{x} - \mu}{\frac{10.78}{\sqrt{9}}} = \frac{\bar{x} - \mu}{3.59}$$

という変数となる。

　ここからが検定作業である。われわれの仮説は、母平均が μ =160 cm というものである。もし、標本平均が母平均を 160cm と仮定した t 分布の中で大きく中心からはずれた位置にあるとすると、いまたてた仮説は間違いと判定されることになる。ただし、ここで問題が生じる。原理的には、その確率が 0 になることがないのである。限りなく 0 に近くとも、（統計計算では）0 になることはない。そこで、どの程度ずれていたら、その仮説が間違いかという範囲を決める必要がある。例えば、それを 95%の範囲とすると、

棄却域（5%） 　　　　　採択域（95%）

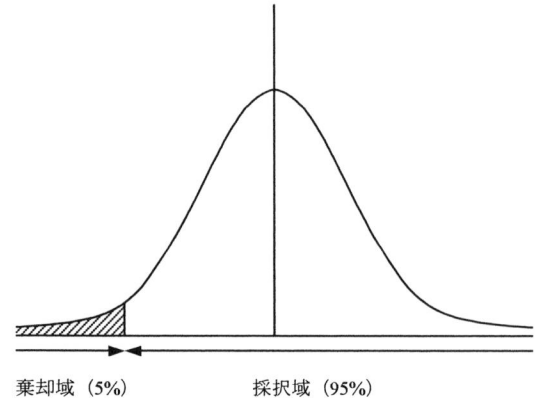

図 4-1 統計検定における採択域と棄却域。

157.5cm という値が平均を 160cm とした t 分布のすその面積 5% の中に入った時、仮説を棄てることになる。そこで、このような領域のことを**棄却域** (rejection region) あるいは**臨界域** (critical region) と呼んでいる（図 4-1 参照）。一方、残りの 95% の領域を**採択域** (region of acceptance) と呼ぶ[1]。

そこで、自由度が 9 の t 分布表（表 4-3）において、すその面積が 0.05 と

表 4-3 自由度 9 の t 分布表（片すそ面積と t の値）。

n	ϕ	0.1	0.05	0.01
10	9	1.383	1.833	2.821

なる値をみると $t = 1.833$ となっているが、ここでは、下側のすその面積を棄却域とするので、$t = -1.833$ である。変数 t は

$$t = \frac{\bar{x} - \mu}{\frac{s}{\sqrt{n-1}}} = \frac{\bar{x} - 160}{3.59}$$

であるから、標本平均が母平均よりも低い方向での棄却域の臨界値は

---

[1] ただし、採択域にあるからといって、その仮説が正しいという証明にはならないことに注意する必要がある。

$$\bar{x} = 160 + 3.59t = 160 + 3.59 \times (-1.833) = 153.4$$

と与えられる。つまり

採択域　$\bar{x} > 153.4$　　　棄却域　$\bar{x} \leq 153.4$

となり、標本の平均身長が 153.4cm 以下であれば日本の成人女性の平均身長が 160cm であるという**仮説を棄却** (rejection of hypothesis) する必要がある。今回の場合は標本平均が 157.5cm であるので棄却域にはない。つまり μ = 160 cm を否定するだけの根拠はないということになる。

この例のように、統計検定では、ある**仮説** (hypothesis) をたて、それを統計的に処理して、その仮説を判定する作業を行う。

4.2. 統計における仮説検定

統計における検定では、まず仮説を立てる必要がある。その後、統計処理を施して、その仮説が採択あるいは棄却できる限界域を決める。この時、どの程度の範囲に入っていれば、その仮説を棄てるかという判断は、ケースバイケースである。

一般には、t 分布で 95% の信頼区間からはずれていれば、その仮説は棄却するという条件を採用している。ただし、本当に重要な案件であれば、条件をもっと厳しくして信頼区間の幅を 99% にしたり、あるいはそれ以上にする必要もある。

日本人の平均身長を検定するならば、95% の信頼区間で十分だろうが、警察が犯人を逮捕するのに、この棄却域を使ったのでは、20 人にひとりは誤認逮捕という由々しき事態になってしまう。さらに、工場などで製品の検定を行う場合に、棄却域を 30%（つまり信頼区間を 70%）などと大きくしてしまうと、かなりの製品を棄てなければならず商売にはならない。

すでに紹介したように、一般的には、ある仮説の起こる確率が 5% 以下であれば、それは十分小さいとみなしている。それでも、この仮説を棄てたときに、まだ 5% だけその仮説が正しいという可能性が残ることになる。つまり、5% の可能性を無視して判断したわけで、それだけ危険を冒している

とみることもできる。そこで、統計では、この 5%のことを**危険率 (risk)** と呼んでいる。あるいは、それを超えると意味がなく、それを超えなければ意味があるという意味で**有意水準 (significance level)** と呼ぶ場合もある。例えば、**5%有意水準で仮説検定する**と表現する。

5%の危険率が大きすぎると思われる場合には、1%の危険率（1%有意水準）を採用する。この方が間違いを侵す危険は小さくなる。ただし、危険率を下げれば、正しい判断を下すための標本データの数が必要となり、検定という観点では、それだけ作業量や検定に要する時間、コストが増えるという問題も生じる。本書の冒頭で紹介した選挙速報で、どの時点で当選確実を出すかという判断が、まさにこれに相当する。

4.3. 帰無仮説と対立仮説

統計において仮説をたてる場合には、互いに対立する二つの仮説をたてるのが通常である。例えば、日本人男性の平均身長が170cmと考えたとき、仮説として

仮説1 「日本人男性の平均身長は170cmである」
仮説2 「日本人男性の平均身長は170cmではない」

という 2 つの仮説をたてることができる。これらの仮説は一方が正しければ、他方は間違いであるという関係にある。

この時、仮説 1 を統計的に検定した時に、その起こる確率が棄却域にあれば、この仮説は棄却される。それでは、それが棄却域になければどういう結論になるであろうか。その場合は、その仮説を棄却することはできないが、かと言って、**その結果から仮説 1 が正しいという結論を出すことはできない。**

どうもあいまいな結果で困ってしまうが、実は統計では、このような仮説の立て方をする。そして、逆説的な言いまわしであるが、**仮説 1 は棄却されてはじめて意味を持つ**のである。つまり、それが棄却されれば、われわれは、「日本人男性の平均身長は170cmではない」という結論を得ること

ができる。言い換えれば、仮説 1 は無に帰してはじめて意味を持つことになる。よって、このような仮説を**帰無仮説** (null hypothesis) と呼んでいる。"null" という英語はゼロあるいは無という意味である。

帰無仮説とは、いかにも否定的な表現であるが、実際に、仮説検定においては、帰無仮説が棄却されることを半ば期待しているのである。そして、仮説 2 は仮説 1 と対立関係にあるので、仮説 1 が棄却された場合に、それが正しいことが証明される。よって、この仮説を**対立仮説** (alternative hypothesis) と呼んでいる。つまり、検定の本意は**対立仮説の証明**にある。

これら仮説は hypothesis の頭文字をとって、H と表記される。そして、帰無仮説は null hypothesis の null が 0 という意味であるので、H_0 と表記される。これに対し、対立仮説は 0 か 1 かという対立関係から H_1 と表記する。そして、今の平均身長の例を表記すると

$$H_0 : \mu = 170 \text{(cm)}$$
$$H_1 : \mu \neq 170 \text{(cm)}$$

となる。ここで、アメリカ人男性であれば平均身長は 170cm 以上と考えられるので

仮説 1 「アメリカ人男性の平均身長は 170cm である」
仮説 2 「アメリカ人男性の平均身長は 170cm より大きい」

という帰無仮説と対立仮説をたてることができる。この場合は

$$H_0 : \mu = 170 \text{(cm)}$$
$$H_1 : \mu > 170 \text{(cm)}$$

と書くことができる。

さて、以上の仮説を検定する場合、日本人男性の場合は 170cm が平均より大きいか小さいか分からないでの、信頼区間としては、分布の中心から 95％の範囲を選ぶことになる。よって、5％危険率 (5％有意水準) としては、分布の両すそ (tail) の面積が併せて 0.05 (つまり、それぞれのすその面積

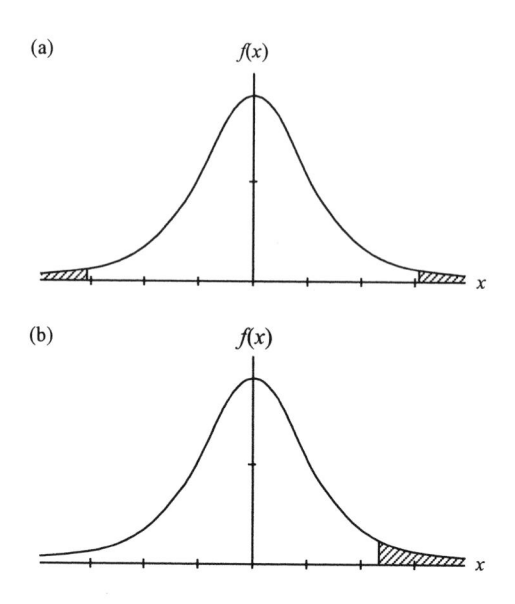

図4-2 t分布における両側検定と片側検定。斜線部が棄却域となる。

が 0.025)の値を採用する必要があり、このような検定を**両側検定** (two-tailed test) と呼んでいる（図 4-2(a)参照）。

一方、アメリカ人男性の場合、平均身長がはずれるとしたら 170cm よりも大きい側にしかはずれることがないと予想されるので、信頼区間としては分布全体の片側の 95%の範囲を選ぶ。よって、5%有意水準は、片側（つまり、この場合は平均身長が 170cm よりも高い側）のすその面積が 0.05 の値を採用する。このような検定を**片側検定** (one-tailed test) と呼んでいる（図4-2(b)参照）。

4.4. t検定——母平均の検定

平均身長の検定の例は、母平均の検定である。推測統計の章で紹介したように、母平均の場合は、標準正規分布あるいは t 分布に従う。よって、これら分布を利用して検定を行う。この場合も標本数が 30 個程度以上であれ

ば正規分布とみなせるが、それ以下ではt分布表を使うことになる。

すでに第3章で学んだ推測統計の手法でバックグラウンドは用意されているので、ここでは具体例を挙げながら、検定を行ってみよう。

いまでは、計り売りという方法はほとんど見なくなったが、昔は米やお酒やみそなどを買うのはみんな計り売りであった。この時、枡（ます）と呼ばれる一種の計器があって、これが何杯で一升というような売り方をしていたのである。すると、当然のことながら誤差が生じるが、店によっては、客をごまかすところもあったと聞いている。

ある酒屋が表示よりも少ない量でごまかしているという評判がたった。そこで、主婦が集まって、その検定を行うことにした。1合というのは180ccである。そこで、この店が1合として売っている酒の量を測ったところ

$$175, 180, 165, 170, 170 \quad (\text{cc})$$

という結果が得られた。この平均をとると

$$\bar{x} = \frac{175+180+165+170+170}{5} = 172$$

となって、表示の180ccよりも8ccも足りない。主婦のひとりが、やはりあの店はごまかしているといきまいたが、果たして、この店を不当表示で訴えられるのであろうか。

もちろん、平均値だけで店を訴えるわけにはいかない。ここで、統計的な検定方法が重要になる。いまの場合、危険率として5%をとれば十分根拠があるとして訴えられるであろう。そこで仮説として

仮説1　「1合として売られている酒の平均量は180ccである」

仮説2　「1合として売られている酒の平均量は180ccより少ない」

の2つを選択する。すると、帰無仮説（H_0）と対立仮説（H_1）は

$$H_0 : \mu = 180(\text{cc})$$
$$H_1 : \mu < 180(\text{cc})$$

ということになる。よって、この検定は片側検定となる。標本数は5個しかないから、t分布表を使う。自由度が4のt分布表において、片すその面積が0.05となる値は（表4-4参照）、

表4-4 自由度4のt分布表片すそ面積とtの値の対応。

n	ϕ	0.1	0.05	0.01
5	4	1.533	2.132	3.747

$$t = \pm 2.132$$

である。この場合、下側のすその面積を棄却域とするので、$t = -2.132$を採用する。また、標本分散を求めると

$$s^2 = \frac{(175-172)^2 + (180-172)^2 + (165-172)^2 + (170-172)^2 + (170-172)^2}{5} = 26$$

となる。よって

$$t = \frac{\bar{x} - \mu}{\frac{s}{\sqrt{n-1}}} = \frac{\bar{x} - 180}{2.55}$$

であるから、棄却域の限界値は

$$\bar{x} = 180 + 2.55t = 180 + 2.55 \times (-2.132) = 174.6$$

となり、棄却域は

$$\bar{x} \leq 174.6$$

と与えられる。したがって、標本平均の172ccは母平均が180ccと仮定したt分布の95%の信頼区間（採択域）の外、つまり棄却域に入っている。この検定結果を見た主婦達は自信を持って、この酒屋を不当表示で訴えることができると判断した。

この結果を携えて、主婦達が酒屋に赴くと、その主人ではなく、顧問弁護士が待ち構えていた。そして、なんと彼女らの訴えの方が不当であると反論してきた。このような重要な案件では、5%の危険率ではなく 1%の危険率を採用すべきだというのである。そこで、表4-4より、自由度4で下側のすその面積が0.01となる点は、$t=-3.747$であるから

$$\bar{x} = 180 + 2.55t = 180 + 2.55 \times (-3.747) = 170.4$$

と計算され、棄却域は

$$\bar{x} \leq 170.4$$

となる。あろうことか標本平均の172ccは採択域に入ってしまう。つまり、標本平均が172ccだからといって、母平均が180ccである可能性を否定できないという先ほどとは違う結論になるのである（図4-3参照）。

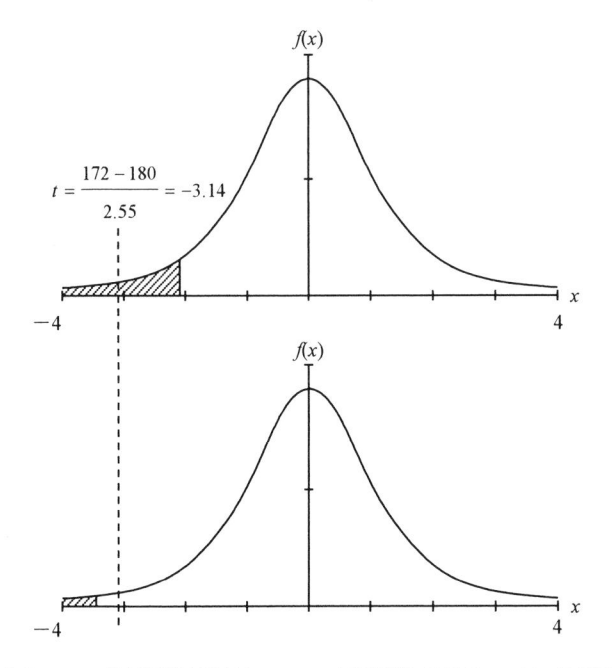

図 4-3　95%の信頼区間を選ぶと、172ccは棄却域に入るが、99%の信頼区間を選ぶと、採択域に入ってしまう。

よって1%有意水準で検定を行うと、主婦達が持参した標本データから酒屋が不当な商売をしているとは言えなくなってしまうのである。顧問弁護士は、あなた方の買った1合のお酒の量がたまたまいつもより少なかっただけで、これで訴えられたのではたまらないと反論した。たった1%の可能性では、正当性がないと主婦達も再反論したが、どうやら訴えを引き下げざるを得ない状況になってしまった。

この例のように、統計検定では、危険率のとり方によって、判定結果はちがったものとなる。よって残念ながら、統計で裁判を争うことはできないのである。

後日談であるが、この酒屋は訴えは免れたものの、すぐにつぶれてしまった。いくら正当性があるとはいえ、標本平均が5%の棄却域に入っていたのでは、多くの賢い消費者は、この店は信用できないと判断したのである。

演習 4-1 ある合金 10g を鉄 1kg に添加すると、その強度が平均として 10kg/mm^2 だけ上昇することが知られている。ところが、同じ実験を4回行ったところ、強度の上昇が

$$7, 9, 9, 11 \ (\text{kg/mm}^2)$$

という結果が得られた。この添加した合金は、いつも使っている合金と同じものと考えてよいのであろうか。5%有意水準で検定せよ。

解) この合金の添加効果がどちらに振れるかは分からないので、つぎのような仮説を立てる。

H_0: この合金添加による強度上昇は 10kg/mm^2 である。 ($\mu = 10$)
H_1: この合金添加による強度上昇は 10kg/mm^2 ではない。 ($\mu \neq 10$)

よって、両側検定が必要となる。ここで、標本データの平均および分散は

$$\bar{x} = \frac{7+9+9+11}{4} = 9$$

第 4 章 統計的検定

$$s^2 = \frac{(7-9)^2 + (9-9)^2 + (9-9)^2 + (11-9)^2}{4} = 2$$

となる。ここで

$$t = \frac{\bar{x} - \mu}{\frac{s}{\sqrt{n-1}}} = \frac{\bar{x} - 10}{\frac{\sqrt{2}}{\sqrt{3}}} = \frac{\bar{x} - 10}{0.816}$$

と変形し、自由度 3 の t 分布表(表 3-2 参照)を使って、両側検定で有意水準が 5%ということは、両すその面積が 0.05 であるから、片すその面積は 0.025 である。ここで自由度 3 で、片すその面積が 0.025 になる点は

$$t = \pm 3.182$$

であるから、標本平均の 95%の信頼区間（採択域）は

$$\bar{x} = 10 + 0.816t = 10 \pm 0.816 \times 3.182$$

から

$$7.40 \leq \bar{x} \leq 12.60$$

となるので、標本平均 9 は採択域に入っている。よって、本検定からは、添加した合金がいつもと違う合金であるという結論は出せないことになる。

演習 4-2　ある合金 10g を鉄 1kg に添加すると、その強度が平均として 10kg/mm^2 だけ上昇することが知られている。ところが、同じ実験を 4 回行ったところ、強度の上昇が

6, 7, 7, 8 (kg/mm^2)

という結果が得られた。この添加した合金は、いつも使っている合金と同じものと考えてよいのであろうか。5%有意水準で検定せよ。

解)　ふたたび、つぎのような仮説を立て

H_0: この合金添加による強度上昇は 10kg/mm^2 である。（$\mu = 10$）
H_1: この合金添加による強度上昇は 10kg/mm^2 ではない。（$\mu \neq 10$）

両側検定を行ってみよう。ここで、標本データの平均および分散は

$$\bar{x} = \frac{6+7+7+8}{4} = 7$$

$$s^2 = \frac{(6-7)^2 + (7-7)^2 + (7-7)^2 + (8-7)^2}{4} = 0.5$$

となる。つぎに

$$t = \frac{\bar{x} - \mu}{\frac{s}{\sqrt{n-1}}} = \frac{\bar{x} - 10}{\frac{\sqrt{0.5}}{\sqrt{3}}} = \frac{\bar{x} - 10}{0.408}$$

と変形し、自由度 3 の t 分布表を使って棄却域を調べてみよう。両側検定で有意水準が 5%ということは、両すその面積が 0.05 であるから、片すその面積は 0.025 である。ここで自由度 3 で、片すその面積が 0.025 になる点は

$$t = \pm 3.182$$

であるから、標本平均の 95%の信頼区間（採択域）は

$$\bar{x} = 10 + 0.408\,t = 10 \pm 0.408 \times 3.182$$

$$8.7 < \bar{x} < 11.3$$

となるので、標本平均（$\bar{x} = 7$）は棄却域（$\bar{x} \leq 8.7$）に存在する。よって帰無仮説は棄却され、本実験で添加した合金は、いつも使っている合金とは組成がちがうものであるという結論が出せる。

　実際の製造現場において、このような検定結果が出たならば、すぐに納入業者に問題を呈示して、対処する必要がある。
　ところで、標本データをみるとすべてが平均よりも下の値になっている

ので、両側検定ではなく、片側検定をしたらどうなるであろうか。そこで

> H_0: この合金添加による強度上昇は10kg/mm^{2}である（$\mu = 10$）
> H_1: この合金添加による強度上昇は10kg/mm^{2}より小さい（$\mu < 10$）

という仮説をたてて、片側検定をしてみよう。ここで、標本データの平均および分散は

$$\bar{x} = 7 \quad s^2 = 0.5$$

であり

$$t = \frac{\bar{x} - 10}{0.408}$$

と変形し、自由度3のt分布表を使って、片側検定で有意水準が5%ということは、片すその面積は0.05である。ここで自由度3で、片すその面積が0.05になる点は

$$t = \pm 2.353$$

である。この場合、下側のすその面積を棄却域とするので、$t = -2.353$を採用する。よって標本平均の95%の信頼区間（採択域）は

$$\bar{x} = 10 + 0.408\,t = 10 + 0.408 \times (-2.353)$$

より$\bar{x} > 9.04$ となる。また棄却域は $\bar{x} \leq 9.04$ となるので、片側検定を行った場合にも標本平均は棄却域に存在する。このように、同じ有意水準で検定した場合、（すその面積は大きくなるから）片側検定の方が条件は甘くなる。

4.5. χ^2検定——母分散の検定

t分布に従う標本平均から母平均の検定をおこなう方法を紹介した。それならば、χ^2分布に従うことが知られている標本分散を利用することで、母分散の検定を行うことができるのであろうか。答えはイエスである。そして、χ^2分布を利用して母分散の検定を行う作業をχ^2**検定** (chi squared test)

と呼んでいる。実際に、この検定を具体例で考えてみよう。

　ある工場の製品検査で、目標重量が 25kg の製品の重量にバラツキが大きいことが分かったので、製造装置を修理に出した。修理後、5個の標本を無作為に抽出し、その重量測定をしたところ

$$24, 26, 27, 22, 26 \text{ (kg)}$$

という測定結果が得られた。修理前の製品の分散は 9kg^2 であった。この修理によって製造装置の性能が向上したかどうか、90%の信頼係数で検定したい。

　この場合も、前節と同様に仮説をたてる。すると帰無仮説と対立仮説は、それぞれ

H_0: 修理後の分散は 9kg^2 である（$\sigma^2 = 9$）
H_1: 修理後の分散は 9kg^2 より小さい（$\sigma^2 < 9$）

となる。修理後の分散は当然小さいものと期待しているので、片側検定となる。ここで、χ^2 は、標本数を n、標本分散を s^2、母分散を σ^2 とすると

$$\chi^2 = \frac{ns^2}{\sigma^2} = \frac{(x_1 - \bar{x})^2 + (x_2 - \bar{x})^2 + \ldots + (x_n - \bar{x})^2}{\sigma^2}$$

という和であり、この和は自由度 $n-1$ の χ^2 分布と呼ばれる分布に従うことが知られている。ここで標本平均と標本分散は

$$\bar{x} = \frac{24 + 26 + 27 + 22 + 26}{5} = 25$$

$$s^2 = \frac{(24-25)^2 + (26-25)^2 + (27-25)^2 + (22-25)^2 + (26-25)^2}{5} = 3.2$$

ここで

$$\chi^2 = \frac{ns^2}{\sigma^2} = \frac{5 \times 3.2}{9} = 1.78$$

第4章 統計的検定

となるが、自由度4のχ^2分布

表4-5 χ^2分布（上の行は上側のすその面積）

ϕ	0.95	0.9	0.1	0.05
4	0.711	1.064	7.779	9.488

で下側のすその面積が0.1になる値（つまり、上側のすその面積では0.9になる値）は1.064となっており

$$\text{採択域は} \quad \chi^2 > 1.064 \qquad \text{棄却域は} \quad \chi^2 \leq 1.064$$

となる（図4-4参照）。よって、標本分散の値$\chi^2 = 1.78$は採択域に入っており、棄却域にはないので、帰無仮説を棄却することはできない。つまり、修理して装置がよくなったという結論を出せないのである。

しかし、せっかく修理をしたのに、装置がよくなったということが分からないのでは、何のための修理であったか分からない。そこで、さらに10個のデータを集めて合計15個としたところ、次のような結果が得られた。

22, 26, 24, 27, 26, 24, 26, 27, 22, 26, 27, 26, 26, 22, 24 (kg)

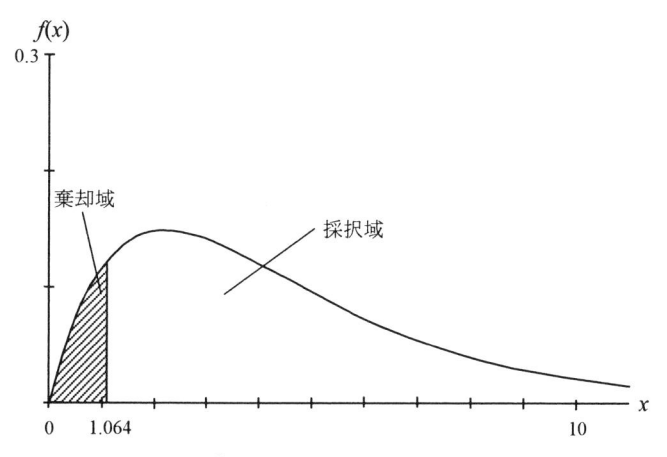

図4-4 自由度4のχ^2分布において、下側のすその面積が10%となる領域を斜線で示した。この境界はχ^2分布表によれば1.064と与えられる。

すると標本平均と標本分散は

$$\bar{x} = 25 \qquad s^2 = 3.2$$

となり、よって

$$\chi^2 = \frac{ns^2}{\sigma^2} = \frac{15 \times 3.2}{9} = 5.33$$

となる。自由度 14 の χ^2 分布

表 4-6　χ^2 分布表（上の行は上側のすその面積）

ϕ	0.95	0.9	0.1	0.05
14	6.57	7.79	21.1	23.7

で下側のすその面積が 0.1 になる値（つまり上側のすそからの面積で 0.9 となる値）は 7.79 となっており

採択域は　$\chi^2 > 7.79$　　　棄却域は　$\chi^2 \leq 7.79$

となる。よって標本分散の 5.33 という値は棄却域に入っている。つまり、帰無仮説を棄却できるので、修理の結果、装置の精度が向上したという結論を出せるのである。

演習 4-3　ある会社の組合で、社員の給料調査を行った。会社が組合との話し合いで、社員の給与格差をある範囲に抑えると約束していたからだ。社員 5 人の給与を標本として無作為に抽出したところ

16, 26, 25, 28, 15 (万円)

という結果が得られた。会社の基本方針として社員の給与のバラツキの平均、すなわち標準偏差は 10 万円としている。会社が組合との約束を守っているかどうか、5%の有意水準で検定せよ。

解）　この場合の帰無仮説と対立仮説は、それぞれ

H_0: 社員の給与の分散は 100 万円^2 である（$\sigma^2 = 100$）
H_1: 社員の給与の分散は 100 万円^2 より大きい（$\sigma^2 > 100$）

となる。組合側は分散が当然大きいものと疑っているので、片側検定となる。ここで、標本平均と標本分散は

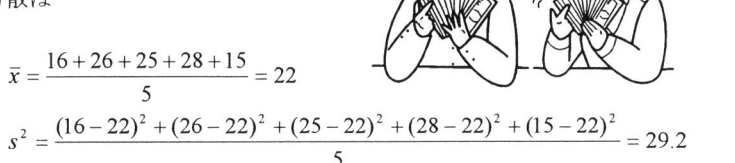

$$\bar{x} = \frac{16+26+25+28+15}{5} = 22$$

$$s^2 = \frac{(16-22)^2+(26-22)^2+(25-22)^2+(28-22)^2+(15-22)^2}{5} = 29.2$$

ここで

$$\chi^2 = \frac{ns^2}{\sigma^2} = \frac{5 \times 29.2}{100} = 1.46$$

となるが、自由度 4 の χ^2 分布で上側のすその面積が 0.05 になる値は表 4-5 の分布表から 9.488 となり

採択域は $\chi^2 < 9.488$　　棄却域は $\chi^2 \geq 9.488$

と与えられる。よって、標本分散の値 1.46 は採択域に入っており、棄却域にはないので、帰無仮説を棄却することはできない。つまり、会社が組合との約束に違反しているという結果にはならない。

演習 4-4 くだんの会社の組合では、データ数が少なすぎたことを反省し、今度は合計 10 人の給与調査を行ったところ、次のような結果が得られた。

12, 10, 25, 28, 15, 10, 30, 40, 50, 40 (万円)

給与の標準偏差が 10 万円かどうかを 5% 有意水準で検定せよ。

解） 標本平均と標本分散は

$$\bar{x} = \frac{12+10+25+28+15+10+30+40+50+40}{10} = 26$$

$$s^2 = \frac{14^2+16^2+1^2+2^2+11^2+16^2+4^2+14^2+24^2+14^2}{10} = 181.8$$

となり、よって

$$\chi^2 = \frac{ns^2}{\sigma^2} = \frac{10 \times 181.8}{100} = 18.18$$

となる。自由度9のχ^2分布（表4-7参照）で

表4-7　χ^2分布表（上の行は上側のすその面積）

ϕ	0.95	0.9	0.1	0.05
9	3.33	4.17	14.68	16.92

上側のすその面積が0.05になる値は16.92となっており

採択域は　$\chi^2 < 16.92$　　棄却域は　$\chi^2 \geq 16.92$

と与えられる。

よって標本分散の値18.18は棄却域に入っている。つまり、帰無仮説を棄却できるので、組合は会社側に改善を申し入れることができる。

しかし、会社側としては腕のいい工員に残業をお願いし、その分の報酬を払っていたから、このような差が生じたので、基本給だけならば基本ルールに法っていると反論した。そこで、基本給で調査しなおしたところ

12, 10, 25, 28, 15, 10, 30, 30, 40, 20 (万円)

第4章 統計的検定

と修正申告された。この標本平均と標本分散は

$$\bar{x} = \frac{12+10+25+28+15+10+30+30+40+20}{10} = 22$$

$$s^2 = \frac{10^2+12^2+3^2+6^2+7^2+12^2+8^2+8^2+18^2+2^2}{10} = 93.8$$

となり、よって

$$\chi^2 = \frac{ns^2}{\sigma^2} = \frac{10 \times 93.8}{100} = 9.38$$

となって、先ほどの自由度9のχ^2分布表で、上側のすその面積が0.05になる値は16.92となっており

採択域は $\chi^2 < 16.92$ 棄却域は $\chi^2 \geq 16.92$

と与えられる。

よって標本分散の値9.38は採択域に入っている。つまり、基本給でみれば会社の言い分は正しいことになる。

統計学的裏付けがあるからといって、このような微妙な問題に対処するのは難しい。組合としても、あまり無理な要求をすれば会社そのものがつぶれてしまう。それに、優秀な工員はより待遇のいい会社に移るおそれもある。よって、あくまで統計による解析結果は参考データであり、最終判断は人間が下すことが重要となる。それこそが経営者の腕の見せどころであろう。

4.6. F検定——分散の比の検定

第3章の区間推定では、t分布やχ^2分布とともに、分散のバラツキの比に対応したF分布も紹介した。いままで本章で紹介してきたのと同じ手法を使えば、標本分散の比を利用することで、母分散の比の検定を行うことも

できる。F 分布を利用して母分散の検定を行う作業を F 検定 (F test) と呼んでいる。実際に、この検定も具体例で紹介する。

いま、ある製麺工場にAとBの2つの製造ラインがあったとする。ラーメン1袋の目標重量は100gであるが、どうもラインBのバラツキが大きいのではないかと従業員から申し出があった。そこで、2つのラインから製品を抜き取り検査をして、重量の測定を行ってみた。ただし、納期の関係で、ラインAからは標本として10個抽出できたが、ラインBからは5個しか取り出すことができなかった。信頼係数95%で、これら2つのラインに差があるかどうかを検証することを考える。ここで、それぞれのラインの標本データは

A: 102, 98, 96, 103, 104, 97, 99, 101, 98, 102 (g)
B: 96, 103, 97, 104, 105 (g)

である。まず標本データの平均と分散を計算してみよう。

$$\bar{x}_A = \frac{102+98+96+103+104+97+99+101+98+102}{10} = 100$$

$$s_A^2 = \frac{2^2+2^2+4^2+3^2+4^2+3^2+1^2+1^2+2^2+2^2}{10} = 6.8$$

$$\bar{x}_B = \frac{96+103+97+104+105}{5} = 101$$

$$s_B^2 = \frac{5^2+2^2+4^2+3^2+4^2}{5} = 14$$

以上のデータをもとに、さっそく検定してみよう。ここで検定すべき帰無仮説と対立仮説は

H_0: ラインAとラインBの製品の分散は等しい。
H_1: ラインAの製品の分散はラインBの製品の分散よりも小さい。

これは、従業員からの申し出でBの分散が大きいと思われるからである。よって、片側検定ということになる。あるいは、これら仮説を記号で表記すると

第 4 章　統計的検定

$$H_0: \quad \sigma_A^2 = \sigma_B^2 \qquad\qquad H_1: \quad \sigma_A^2 < \sigma_B^2$$

となる。ここで、F 分布は

$$\chi^2 = \frac{ns^2}{\sigma^2}$$

の関係を使うと

$$F = \frac{\chi_A^2}{\phi_A} \bigg/ \frac{\chi_B^2}{\phi_B}$$

と与えられる。ここで、ϕ_A および ϕ_B は自由度である。つぎに

$$\chi_A^2 = \frac{ns_A^2}{\sigma_A^2} = \frac{10 \times 6.8}{\sigma_A^2} = \frac{68}{\sigma_A^2} \qquad \chi_B^2 = \frac{ns_B^2}{\sigma_B^2} = \frac{5 \times 14}{\sigma_B^2} = \frac{70}{\sigma_B^2}$$

であるから、F は

$$F = \frac{\dfrac{\chi_A^2}{\phi_A^2}}{\dfrac{\chi_B^2}{\phi_B^2}} = \frac{\dfrac{68}{9\sigma_A^2}}{\dfrac{70}{4\sigma_B^2}} = \frac{68}{9} \times \frac{4}{70} \times \frac{\sigma_B^2}{\sigma_A^2} = 0.43 \frac{\sigma_B^2}{\sigma_A^2}$$

と与えられるが、帰無仮説では $\sigma_A^2 = \sigma_B^2$ であるから

$$F = 0.43 \frac{\sigma_B^2}{\sigma_A^2} = 0.43$$

となる。この値が与えられた有意水準で、採択域あるいは棄却域のどちらかに入っているかを調べることで検定が行える。

　ここで、自由度 (9,4)（分子の自由度が 9 で、分母の自由度が 4）の F 分布表で下側面積が 0.05 に相当する点を求めればよい（図 4-5 参照）。ただし、このような値は通常の F 分布表には載っていない。かわりに上側面積が 0.05 に相当する値が載っている。

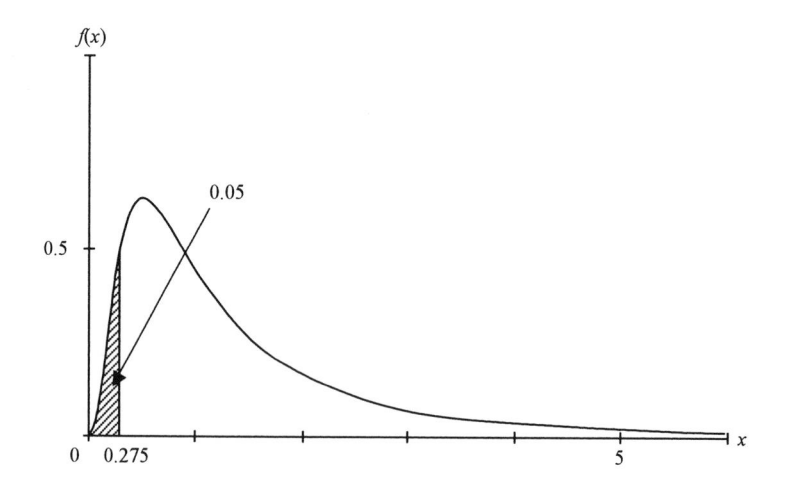

図4-5 自由度が(9,4)の F 分布。この分布において、図に示したような下側のすその面積が 0.05 になる点を求めればよい。ところが、F 分布表には、この点の値が載っていない。

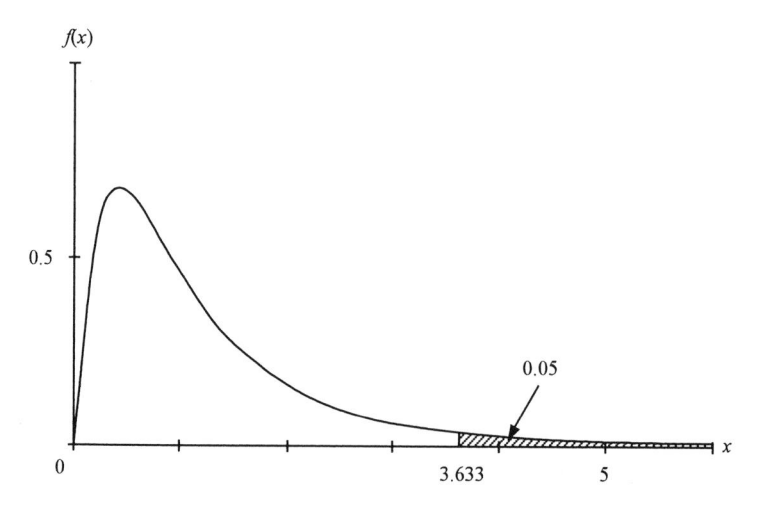

図4-6 $F(4,9)$分布において上側のすその面積が 0.05 になる点は 3.63 と F 分布表に載っている。

第 4 章 統計的検定

そこで、自由度 (4, 9) の F 分布表で上側面積が 0.05 になる値をまず求める（図 4-6 参照）。その上で、この値の逆数をとれば、それが自由度 (9, 4) の F 分布で下側面積が 0.05 に相当する点となる[2]。

表 4-8 上側面積 0.05 を与える分母の自由度 9 の F 分布表。上の行は分子の自由度である。

ϕ	1	2	3	4
9	5.12	4.26	3.86	3.63

ここで、表 4-8 を参照すると、自由度 (4, 9) において、上側面積が 0.05 に相当する値は 3.63 である。この値から、自由度 (9, 4) において下側面積が 0.05 に相当する点を求めると、0.275 (= 1/3.63) となる。したがって

$$\text{棄却域}: F \leq 0.275 \quad \text{採択域}: F > 0.275$$

と与えられる。本検定の標本分散の比の値 0.43 は採択域にあり棄却域に入っていない。よって、帰無仮説は棄却されず、今回の標本データからは、この工場のライン B の製品のバラツキがライン A より大きいということは言えないことになる。

演習 4-5　チョコレートメーカーの A 社と B 社が 100g と表示した板チョコを販売しているが、どうも B 社のバラツキが大きいのではないかと消費者から苦情が出た。そこで、2 社の製品を抜き取り検査をして、重量の測定を行ってみた。ただし、A 社の製品は 8 個抽出できたが、B 社からは 6 個しか取り出すことができなかった。それぞれの標本データは

　　A:　102, 98, 96, 103, 102, 97, 99, 103 (g)
　　B:　91, 103, 97, 109, 105, 95 (g)

であった。5%有意水準で、バラツキの大きさに違いがあるかどうかを検定せよ。

---

[2] この数学的な裏付けは第 6 章で説明する。

解） まず標本データの平均と分散を計算してみよう。

$$\bar{x}_A = \frac{102+98+96+103+102+97+99+103}{8} = 100$$

$$s_A^2 = \frac{2^2+2^2+4^2+3^2+2^2+3^2+1^2+3^2}{8} = 7$$

$$\bar{x}_B = \frac{91+103+97+109+105+95}{6} = 100$$

$$s_B^2 = \frac{9^2+3^2+3^2+9^2+5^2+5^2}{6} = 38.3$$

以上のデータをもとに、さっそく検定してみよう。ここで検定すべき帰無仮説と対立仮説としては

H_0: A社とB社の製品の分散は等しい。
H_1: A社の製品の分散はB社の製品の分散よりも小さい。

あるいは、記号で表記すると

$$H_0: \sigma_A^2 = \sigma_B^2 \qquad\qquad H_1: \sigma_A^2 < \sigma_B^2$$

となり、片側検定である。ここで

$$F = \left.\frac{\chi_A^2}{\phi_A} \right/ \frac{\chi_B^2}{\phi_B}$$

であり

$$\chi_A^2 = \frac{ns_A^2}{\sigma_A^2} = \frac{8 \times 7}{\sigma_A^2} = \frac{56}{\sigma_A^2} \qquad \chi_B^2 = \frac{ns_B^2}{\sigma_B^2} = \frac{6 \times 38.3}{\sigma_B^2} = \frac{230}{\sigma_B^2}$$

であるから、Fは

第 4 章　統計的検定

$$F = \frac{\frac{\chi_A^2}{\phi_A^2}}{\frac{\chi_B^2}{\phi_B^2}} = \frac{\frac{56}{7\sigma_A^2}}{\frac{230}{5\sigma_B^2}} = \frac{56}{7} \times \frac{5}{230} \times \frac{\sigma_B^2}{\sigma_A^2} = 0.174 \frac{\sigma_B^2}{\sigma_A^2}$$

と与えられるが、帰無仮説では $\sigma_A^2 = \sigma_B^2$ であるから

$$F = 0.174 \frac{\sigma_B^2}{\sigma_A^2} = 0.174$$

となる。ここで、自由度 (7, 5)（分子の自由度が 7 で分母の自由度が 5）の F 分布において、下側面積が 0.05 に相当する点は 0.252 であるから

採択域は　$F > 0.252$　　　棄却域は　$F \leq 0.252$

と与えられる。

よって、標本分散の値 0.174 は棄却域に入っている。したがって、帰無仮説は棄却され、B 社の製品のバラツキの方が大きいということになる。

演習 4-6　時計メーカーの C 社と D 社の時計では、どうも D 社のバラツキが大きいのではないかという市場調査が出た。そこで、抜き取り検査をして、1 週間後の時計の進み具合を測ってみた。ただし、C 社の製品は 3 個、D 社の製品は 4 個測定した。それぞれの標本データは

C:　　5, 60, 55　(s)
D:　　4, 46, 80, 30 (s)

であった。5% 有意水準で、バラツキの大きさに違いがあるかどうかを検定せよ。

解）　まず標本データの平均と分散を計算してみよう。

$$\bar{x}_C = \frac{5+60+55}{3} = 40 \qquad s_C^{\,2} = \frac{35^2+20^2+15^2}{3} = 617$$

$$\bar{x}_D = \frac{4+46+80+30}{4} = 40 \qquad s_D^{\,2} = \frac{36^2+6^2+40^2+10^2}{4} = 758$$

以上のデータをもとに、さっそく検定してみよう。ここで検定すべき帰無仮説と対立仮説としては

H_0: C 社製時計と D 社製時計の進み具合の分散は等しい。
H_1: C 社製時計の進み具合の分散は D 社製時計の進み具合の分散よりも小さい。

あるいは、記号で表記すると

$$H_0: \ \sigma_C^{\,2} = \sigma_D^{\,2} \qquad\qquad H_1: \ \sigma_C^{\,2} < \sigma_D^{\,2}$$

となり片側検定となる。ここで

$$F = \frac{\chi_C^{\,2}}{\phi_C} \Big/ \frac{\chi_D^{\,2}}{\phi_D}$$

であり

$$\chi_C^{\,2} = \frac{ns_C^{\,2}}{\sigma_C^{\,2}} = \frac{3 \times 617}{\sigma_C^{\,2}} = \frac{1851}{\sigma_C^{\,2}} \qquad \chi_D^{\,2} = \frac{ns_D^{\,2}}{\sigma_D^{\,2}} = \frac{4 \times 758}{\sigma_D^{\,2}} = \frac{3032}{\sigma_D^{\,2}}$$

であるから、F は

$$F = \frac{\dfrac{\chi_C^{\,2}}{\phi_C}}{\dfrac{\chi_D^{\,2}}{\phi_D}} = \frac{\dfrac{1851}{2\sigma_C^{\,2}}}{\dfrac{3032}{3\sigma_D^{\,2}}} = \frac{1851}{2} \times \frac{3}{3032} \times \frac{\sigma_D^{\,2}}{\sigma_C^{\,2}} = 0.916 \frac{\sigma_D^{\,2}}{\sigma_C^{\,2}}$$

と与えられるが、帰無仮説では $\sigma_C^{\,2} = \sigma_D^{\,2}$ であるから

$$F = 0.916 \frac{\sigma_B^{\,2}}{\sigma_A^{\,2}} = 0.916$$

となる。ここで、自由度 (2, 3)（分子の自由度が 2 で分母の自由度が 3）の F 分布において、下側面積が 0.05 に相当する点は 0.052 であるから

$$\text{採択域は} \quad \chi^2 > 0.052 \qquad \text{棄却域は} \quad \chi^2 \leq 0.052$$

と与えられる。

　この値は棄却域に入っていない。よって、帰無仮説は棄却できず、D 社の製品のバラツキの方が大きいとは言えないことになる。

第5章　確率と確率分布

5.1. 確率と統計

　確率という考えは統計学にとって非常に重要な概念であり、確率にとっても統計処理は重要となる。このため確率と統計を一緒に扱う教科書も多い。それは、統計を数学的に取り扱う場合には、どうしても確率という基礎概念を理解しておく必要があるからである。統計では、その対象となる数値データが確率分布をするという仮定に基づいている。実際に、本書で取り扱ってきた正規分布、t分布、χ^2分布などは、すべて確率分布である。

　確率という考えそのものは、それほど難解ではないが、うっかりすると、誤解や勘違いをする場合も多い。そこで、まず簡単な例で、確率と統計の関わりを考えてみる。

　サイコロ (dice) を振って出た目の数がどうなるかを考えてみよう。当然のことながら、サイコロに仕掛けでもないかぎり、1から6すべての数字の出る確率は同じである。1の目が出る確率は1/6であり、4の目が出る確率も1/6である。

　ここで、出る目の数を変数xとし、その確率を$f(x)$と書いてみよう。すると

$$f(1) = \frac{1}{6} \quad f(2) = \frac{1}{6} \quad f(3) = \frac{1}{6}$$
$$f(4) = \frac{1}{6} \quad f(5) = \frac{1}{6} \quad f(6) = \frac{1}{6}$$

と書くことができる。この時、xはある確率に対応した変数であるので、**確**

率変数 (stochastic variable) と呼んでいる[1]。確率変数は X のように大文字で表記することも多い。また、$f(x)$ のことを**確率関数** (probability function) あるいは**確率密度関数** (probability density function) と呼ぶ。確率を P という記号を使って書くと

$$P(X = 4) = \frac{1}{6}$$

のようになる。つまり、$X = 4$ となる確率が 1/6 という意味である。

サイコロの出る目がとる値は飛び飛びとなっているが、このような分布を**離散型分布** (discrete distribution) と呼んでいる。また、x のことを**離散型変数** (discrete variable) と呼ぶ。

ここで、$f(x)$ の和を計算してみよう。すると

$$\sum_{i=1}^{6} f(x_i) = f(1) + f(2) + f(3) + f(4) + f(5) + f(6) = 1$$

となって 1 となる。起こり得る確率を全部足せば 1 になるのは当然である。逆に、あらゆる確率を足して 1 にならなければ、何か見落としていることになる。また、確率は負の値になることがないから $f(x) \geq 0$ という条件も付加される。

それでは次に、x と $f(x)$ をかけて、その和をとってみよう。すると

$$\sum_{i=1}^{6} x_i f(x_i) = 1f(1) + 2f(2) + 3f(3) + 4f(4) + 5f(5) + 6f(6)$$
$$= \frac{1+2+3+4+5+6}{6} = \frac{21}{6} = 3.50$$

となる。これは、出る目の数に確率をかけて足したもの(確率変数に確率関数をかけて足したもの)であるが、専門的には**期待値** (expectation value) と呼んでいる。これがなぜ期待値と呼ばれるかを簡単な例で確認してみよう。

---

[1] stochastic は確率的という意味であるが、他の用語の「確率」はすべて probability を用いるのに対して、なぜ確率変数だけこのように呼ぶのか理由はよく分からない。また、random variable とも呼ぶ。

いま1本100円の宝くじがあり、1等賞金が1万円、2等賞金が1000円、3等賞金が500円とする。ただし、宝くじの枚数は全部で1000枚あり、1等は1枚、2等は10枚、3等は50枚とする。すると、1等のあたる確率は1/1000、2等のあたる確率は10/1000（=1/100）、3等のあたる確率は50/1000（=1/20）となり、はずれる確率は939/1000となる。ここで期待値を計算すると

$$\sum_{i=1}^{n} x_i f(x_i) = 10000 f(10000) + 1000 f(1000) + 500 f(500)$$

$$= 10000 \frac{1}{1000} + 1000 \frac{1}{100} + 500 \frac{1}{20} + 0 \frac{939}{1000} = 10 + 10 + 25 = 45$$

となり、これは100円の宝くじを買ったときに、もらえる可能性がある金額になる。つまり、この宝くじでは1本あたり45円を期待してよいことになる。これが期待値と呼ばれる所以である。ただし、この値は正式には「xの期待値」である。「期待値」の英語の "expectation value" の頭文字Eを使って$E[x]$、あるいは<x>と表記する場合もある。

例えば、x^2の期待値（$E[x^2]$）というものも考えることができ、サイコロの例では

$$E[x^2] = \sum_{i=1}^{6} x_i^2 f(x_i) = 1^2 f(1) + 2^2 f(2) + 3^2 f(3) + 4^2 f(4) + 5^2 f(5) + 6^2 f(6)$$

$$= \frac{1+4+9+16+25+36}{6} = \frac{91}{6} \cong 15.17$$

となる。この例の他にもいろいろな変数の期待値を求めることができる。一般に関数$\phi(x)$の期待値は

$$E[\phi(x)] = \sum_{i=1}^{n} \phi(x_i) f(x_i)$$

と与えられる。

その例を紹介する前に、サイコロの目の平均値（$\bar{x}$）を求めると

第 5 章　確率と確率分布

$$\bar{x} = \frac{1+2+3+4+5+6}{6} = 3.50$$

となって、x の期待値と一致している。これは何も偶然ではなく、x にそれが出る確率をかけて足したものは、x の平均値となる。

$$\bar{x} = E[x]$$

後ほど紹介するが、これは何もサイコロの例だけではなく、すべての確率分布で成立する事実である。

それでは、ここで $\phi(x) = (x-\bar{x})^2$ の期待値を計算してみよう。すると

$$\begin{aligned}
E[(x-\bar{x})^2] &= \sum_{i=1}^{6}(x_i-\bar{x})^2 f(x_i) \\
&= (1-3.5)^2 f(1) + (2-3.5)^2 f(2) + (3-3.5)^2 f(3) \\
&\quad + (4-3.5)^2 f(4) + (5-3.5)^2 f(5) + (6-3.5)^2 f(6) \\
&= \frac{17.5}{6} \cong 2.92
\end{aligned}$$

となるが、実はこの値は統計で定義した**分散** (variance) に対応する。実際に

$$(1, 2, 3, 4, 5, 6)$$

という集団の分散を計算すれば

$$\sigma^2 = \frac{\sum_{i=1}^{6}(x_i-\bar{x})^2}{6} = \frac{(1-3.5)^2 + (2-3.5)^2 + \ldots + (6-3.5)^2}{6} \cong 2.92$$

となって、$\phi(x) = (x-\bar{x})^2$ の期待値と一致する。いまの場合、出る目の確率がすべて同じであったが

$$f(1) = \frac{1}{12} \quad f(2) = \frac{2}{12} \quad f(3) = \frac{3}{12} \quad f(4) = \frac{3}{12} \quad f(5) = \frac{2}{12} \quad f(6) = \frac{1}{12}$$

のように違っている場合はどうなるであろうか。この場合もまったく同様の手法で期待値を計算することができる。

$$E[x] = \sum_{i=1}^{6} x_i f(x_i) = 1f(1) + 2f(2) + 3f(3) + 4f(4) + 5f(5) + 6f(6)$$
$$= \frac{1+4+9+12+10+6}{12} = \frac{42}{12} = 3.50$$
$$E[(x-\bar{x})^2] = \sum_{i=1}^{6} (x_i - \bar{x})^2 f(x_i)$$
$$= (1-3.5)^2 f(1) + (2-3.5)^2 f(2) + (3-3.5)^2 f(3)$$
$$+ (4-3.5)^2 f(4) + (5-3.5)^2 f(5) + (6-3.5)^2 f(6) = \frac{23}{12} \cong 1.92$$

となる。実は、これら期待値は

$$1, 2, 2, 3, 3, 3, 4, 4, 4, 5, 5, 6$$

という要素の数が 12 個の集団の平均および分散となっている。実際に計算してみると

$$\bar{x} = \frac{1+2+2+3+3+3+4+4+4+5+5+6}{12} = \frac{42}{12} = 3.50$$
$$s^2 = \sum_{i=1}^{n} \frac{(x_i - \bar{x})^2}{n} = \frac{(x_1 - 3.5)^2 + (x_2 - 3.5)^2 + ... + (x_{12} - 3.5)^2}{12}$$
$$= \frac{(1-3.5)^2 + (2-3.5)^2 + ... + (6-3.5)^2}{12} = \frac{23}{12} \cong 1.92$$

となって確かに同じ値が得られる。

実は、この集団から、任意の標本を取り出して、それが 3 である確率が 3/12 (=f(3))、6 である確率が 1/12 (=f(6)) となっているのである。この集団の**度数分布** (frequency distribution) をグラフにすれば図 5-1 のようになるが、このグラフの値つまり**度数** (frequency) を成分の総数で割った値は、その標本の存在確率となる。つまり、統計における度数分布は、そのまま確率分布に対応するのである。これは、度数が多いということは、この集団から任意の成分を取り出すときに、その確率が高いということに対応するからである。

そして、当然のことながら、確率分布において、すべての $f(x)$ を足せば 1 になる。

第5章 確率と確率分布

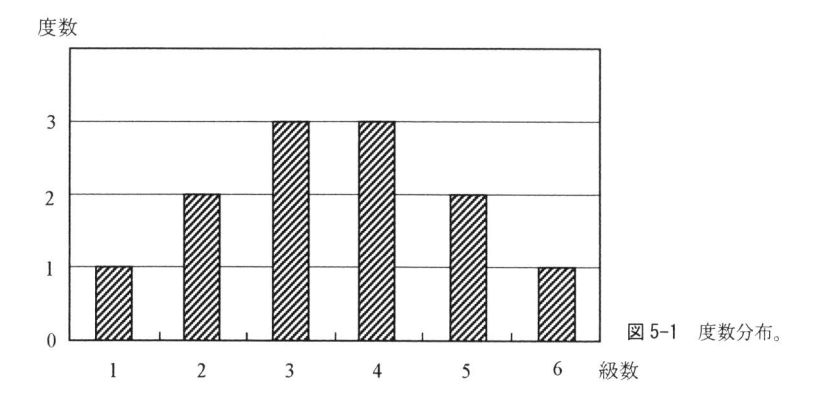

度数

図5-1 度数分布。

級数

演習 5-1 2個のサイコロを投げた場合の出る目の和を確率変数 x としたとき、x および $\phi(x) = (x - \bar{x})^2$ の期待値を求めよ。(ただし $\bar{x}$ は平均値である。)

解) 2個のサイコロを投げた場合の出目の数の和と、その数字が出るサイコロの出目の組み合わせおよび頻度を順次取り出してみると

出目の和	出目のパターン						頻度
2	(1, 1)						1
3	(1, 2)	(2, 1)					2
4	(1, 3)	(2, 2)	(3, 1)				3
5	(1, 4)	(2, 3)	(3, 2)	(4, 1)			4
6	(1, 5)	(2, 4)	(3, 3)	(4, 2)	(5, 1)		5
7	(1, 6)	(2, 5)	(3, 4)	(4, 3)	(5, 2)	(6, 1)	6
8	(2, 6)	(3, 5)	(4, 4)	(5, 3)	(6, 2)		5
9	(3, 6)	(4, 5)	(5, 4)	(6, 3)			4
10	(4, 6)	(5, 5)	(6, 4)				3
11	(5, 6)	(6, 5)					2
12	(6, 6)						1

となる。うまい具合に、この図自体がすでに度数分布表となっている。すべての取り得る総数は36通りであるから、出目の和を確率変数とした時の確率は

$$f(2) = \frac{1}{36}, \quad f(3) = \frac{2}{36}, \quad f(4) = \frac{3}{36}, \quad f(5) = \frac{4}{36}, \quad f(6) = \frac{5}{36}, \quad f(7) = \frac{6}{36},$$

$$f(8) = \frac{5}{36}, \quad f(9) = \frac{4}{36}, \quad f(10) = \frac{3}{36}, \quad f(11) = \frac{2}{36}, \quad f(12) = \frac{1}{36}$$

となる。よって、x の期待値は

$$E[x] = \sum xf(x) = 2 \times \frac{1}{36} + 3 \times \frac{2}{36} + \ldots + 12 \times \frac{1}{36} = \frac{252}{36} = 7$$

となる。また、$\phi(x) = (x - \bar{x})^2$ の期待値は

$$E[(x-\bar{x})^2] = \sum (x-\bar{x})^2 f(x)$$
$$= (2-7)^2 \times \frac{1}{36} + (3-7)^2 \times \frac{2}{36} + \ldots + (12-7)^2 \times \frac{1}{36} = \frac{210}{36} \cong 5.83$$

となる。

　これは、確率を主体に考えた整理方法であるが、統計的な側面を前面に出せば、出目の和が 2 の成分が 1 個、3 の成分が 2 個、4 の成分が 3 個といったように確率変数の頻度の数だけ、その成分を含んだ集団

$$2, 3, 3, 4, 4, 4, 5, 5, 5, 5, 6, 6, 6, 6, 6, 7, 7, 7, 7, 7, 7,$$
$$8, 8, 8, 8, 8, 9, 9, 9, 9, 10, 10, 10, 11, 11, 12$$

を統計的に処理する操作に相当する。そこで、まずこの集団の平均をとると、全部で 36 個の標本からなり、総和が 252 であるから

$$\bar{x} = \frac{252}{36} = 7$$

となって、演習で行った確率変数 x の期待値 $E[x]$ と一致することが分かる。

　それでは、この集団の分散を計算してみよう。分散は

$$\sigma^2 = \sum_{i=1}^{n} \frac{(x_i - \bar{x})^2}{n} = \frac{(2-7)^2 + (3-7)^2 + (3-7)^2 + \ldots + (12-7)^2}{36} \cong 5.83$$

となって、演習で求めた期待値と一致する。つまり

$$\sigma^2 = E[(x - \bar{x})^2]$$

という関係にある。

この考えは、分布が離散的ではなく連続的な場合にも、そのまま適用できる。この場合の変数を**連続型変数** (continuous variable) と呼んでいる。この場合 $f(x)$ は飛び飛びの値ではなく、連続的に変化するので、適当な関数で表現できれば非常に便利である。このとき

$$\int_{-\infty}^{+\infty} f(x)dx = 1 \qquad f(x) \geq 0$$

という条件を満足する必要がある。これは、確率を全空間で足し合わせれば 1 になるという事実を積分形で表現したものである。つぎに、確率変数 x の期待値は

$$E[x] = \int_{-\infty}^{+\infty} xf(x)dx$$

で計算できるが、これは、この分布における x の平均値 (μ) に相当する。同様にして

$$E[(x-\mu)^2] = \int_{-\infty}^{+\infty} (x-\mu)^2 f(x)dx$$

は、この分布の分散 (σ^2) を与えることになる。より一般的に関数 $\phi(x)$ の期待値は

$$E[\phi(x)] = \int_{-\infty}^{+\infty} \phi(x)f(x)dx$$

で与えられる。

ここで、これら期待値を計算する前に、連続型の確率密度関数の代表例

として正規分布の場合に、確率と統計との接点を確認してみる。いま正規分布に対応した確率密度関数は

$$f(x) = \frac{1}{\sigma\sqrt{2\pi}} \exp\left(-\frac{(x-\mu)^2}{2\sigma^2}\right)$$

であった。そして、この関数を全空間で積分すると

$$\int_{-\infty}^{+\infty} \frac{1}{\sigma\sqrt{2\pi}} \exp\left(-\frac{(x-\mu)^2}{2\sigma^2}\right) dx = 1$$

のように1になる。この結果は、確率を全部足したら1になるという事実に対応している。ガウス関数の係数を適当に変形して、全空間の積分値が1になるようにする操作を**規格化 (normalization)** と呼んでいる。この操作でガウス関数が確率密度に対応したものとなる。ここで、確率変数がある範囲 $a \leq x \leq b$ にある確率を $P(a \leq X \leq b)$ と書くと

$$P(a \leq X \leq b) = \int_a^b \frac{1}{\sigma\sqrt{2\pi}} \exp\left(-\frac{(x-\mu)^2}{2\sigma^2}\right) dx$$

と表現できる。またこの表現を使えば

$$P(-\infty \leq X \leq \infty) = 1$$

となる。

もし、これを度数分布にしたいのであれば、関数 $f(x)$ に標本の総数をかければよい。つまり

$$G(x) = \frac{\Sigma n}{\sigma\sqrt{2\pi}} \exp\left(-\frac{(x-\mu)^2}{2\sigma^2}\right)$$

と変形すれば、この関数はそのまま度数分布に相当するのである。当然のことながら、全空間で、この関数を積分すると

$$\int_{-\infty}^{+\infty} \frac{\Sigma n}{\sigma\sqrt{2\pi}} \exp\left(-\frac{(x-\mu)^2}{2\sigma^2}\right) dx = \Sigma n$$

のように、標本の総数が得られる。つまり、度数分布と確率分布は実質的には同じものとみなせるのである。

このように統計で導入した正規分布関数は、確率密度関数であり、統計と確率は表裏一体をなしているのである。

5.2. 期待値と不偏推定値

正規分布において、標本平均や標本分散から母集団の不偏推定値 (un-biased estimate) を求めるという手法を第3章で紹介した。このとき、不偏という意味は、それが母数として大きくも、小さくもない値であるというあいまいな表現で説明したが、実は、不偏推定値というのは正確には**期待値** (expectation value)によって、より明確に定義することができる。

たとえば、正規分布における母平均の不偏推定値は変数 x に期待される値である。よって正規分布関数を

$$f(x) = \frac{1}{\sigma\sqrt{2\pi}} \exp\left(-\frac{(x-\mu)^2}{2\sigma^2}\right)$$

とすると

$$E[x] = \int_{-\infty}^{+\infty} x f(x) dx$$

が x の期待値あるいは平均となる。これを実際に計算してみよう。すると

$$E[x] = \int_{-\infty}^{+\infty} \frac{x}{\sigma\sqrt{2\pi}} \exp\left(-\frac{(x-\mu)^2}{2\sigma^2}\right) dx$$

ここで、$t = x - \mu$ という変換を行うと、$dt = dx$ であるから

$$E[x] = \int_{-\infty}^{+\infty} \frac{t+\mu}{\sigma\sqrt{2\pi}} \exp\left(-\frac{t^2}{2\sigma^2}\right) dt$$

$$= \int_{-\infty}^{+\infty} \frac{t}{\sigma\sqrt{2\pi}} \exp\left(-\frac{t^2}{2\sigma^2}\right) dt + \int_{-\infty}^{+\infty} \frac{\mu}{\sigma\sqrt{2\pi}} \exp\left(-\frac{t^2}{2\sigma^2}\right) dt$$

ここで、最初の積分は

$$\int_{-\infty}^{+\infty} \frac{t}{\sigma\sqrt{2\pi}} \exp\left(-\frac{t^2}{2\sigma^2}\right) dt = \int_{-\infty}^{+\infty} \left[-\frac{\sigma}{\sqrt{2\pi}}\left(-\frac{t}{\sigma^2}\right)\exp\left(-\frac{t^2}{2\sigma^2}\right)\right] dt$$

$$= \left[-\frac{\sigma}{\sqrt{2\pi}} \exp\left(-\frac{t^2}{2\sigma^2}\right)\right]_{-\infty}^{+\infty} = 0$$

となる[2]。つぎの積分は係数を積分の外に出すと

$$\int_{-\infty}^{+\infty} \frac{\mu}{\sigma\sqrt{2\pi}} \exp\left(-\frac{t^2}{2\sigma^2}\right) dt = \frac{\mu}{\sigma\sqrt{2\pi}} \int_{-\infty}^{+\infty} \exp\left(-\frac{t^2}{2\sigma^2}\right) dt$$

であるが、これはまさにガウス積分[3]であり

$$\int_{-\infty}^{+\infty} \exp\left(-\frac{t^2}{2\sigma^2}\right) dt = \sqrt{2\sigma^2 \pi} = \sigma\sqrt{2\pi}$$

と計算できる。結局

$$E[x] = \int_{-\infty}^{+\infty} \frac{x}{\sigma\sqrt{2\pi}} \exp\left(-\frac{(x-\mu)^2}{2\sigma^2}\right) dx = \mu$$

となって、正規分布において x の期待値は確かに平均 μ となる。

演習 5-2 平均が μ で、標準偏差が σ の正規分布において、$g(x) = (x-\mu)^2$ の期待値を求めよ。

---

[2] 指数関数の合成関数の不定積分は $\int \exp(f(x)) f'(x) dx = \exp(f(x)) + c$ となる。
[3] ガウス積分は $\int_{-\infty}^{+\infty} \exp(-ax^2) dx = \sqrt{\pi/a}$ となる。

第5章 確率と確率分布

解) この期待値は

$$E[(x-\mu)^2] = \int_{-\infty}^{+\infty} \frac{(x-\mu)^2}{\sigma\sqrt{2\pi}} \exp\left(-\frac{(x-\mu)^2}{2\sigma^2}\right) dx$$

の積分で与えられる。

ここで、まず $t = x - \mu$ の変数変換を行うと

$$\int_{-\infty}^{+\infty} \frac{(x-\mu)^2}{\sigma\sqrt{2\pi}} \exp\left(-\frac{(x-\mu)^2}{2\sigma^2}\right) dx = \int_{-\infty}^{+\infty} \frac{t^2}{\sigma\sqrt{2\pi}} \exp\left(-\frac{t^2}{2\sigma^2}\right) dt$$

と変形できる。ここで被積分関数を

$$\frac{t^2}{\sigma\sqrt{2\pi}} \exp\left(-\frac{t^2}{2\sigma^2}\right) = \frac{t}{\sigma\sqrt{2\pi}} \left\{ t \exp\left(-\frac{t^2}{2\sigma^2}\right) \right\}$$

のように分解して、**部分積分** (integration by parts) を利用する[4]。

$$\left\{ \exp\left(-\frac{t^2}{2\sigma^2}\right) \right\}' = \left(-\frac{2t}{2\sigma^2}\right) \left\{ \exp\left(-\frac{t^2}{2\sigma^2}\right) \right\} = \left(-\frac{1}{\sigma^2}\right) \left\{ t \exp\left(-\frac{t^2}{2\sigma^2}\right) \right\}$$

であることに注意すれば[5]

$$\int_{-\infty}^{+\infty} \frac{t^2}{\sigma\sqrt{2\pi}} \exp\left(-\frac{t^2}{2\sigma^2}\right) dt = \left[-\frac{\sigma t}{\sqrt{2\pi}} \exp\left(-\frac{t^2}{2\sigma^2}\right)\right]_{-\infty}^{+\infty} + \int_{-\infty}^{+\infty} \frac{\sigma}{\sqrt{2\pi}} \exp\left(-\frac{t^2}{2\sigma^2}\right) dt$$

と変形できる。右辺の第1項は分子分母の微分をとって、$t \to \pm\infty$ の極限を求めると

---

[4] 部分積分は $(fg)' = f'g + fg'$ より、$\int fg' = fg - \int f'g$ という関係を利用する積分公式である。

[5] 指数関数の合成関数の微分は $\left\{\exp(f(x))\right\}' = \exp(f(x))f'(x)$ となる。

$$\lim_{t\to\infty}\frac{\sigma t}{\sqrt{2\pi}}\exp\left(-\frac{t^2}{2\sigma^2}\right) = \lim_{t\to\infty}\frac{(\sigma t)'}{\left\{\sqrt{2\pi}\exp\left(\frac{t^2}{2\sigma^2}\right)\right\}'} = \lim_{t\to\infty}\frac{\sigma}{\left\{\frac{t\sqrt{2\pi}}{\sigma^2}\exp\left(\frac{t^2}{2\sigma^2}\right)\right\}} = 0$$

のように0となる[6]。

つぎに、第2項はまさにガウス積分であり

$$\int_{-\infty}^{+\infty}\frac{\sigma}{\sqrt{2\pi}}\exp\left(-\frac{t^2}{2\sigma^2}\right)dt = \frac{\sigma}{\sqrt{2\pi}}\sqrt{2\sigma^2\pi} = \sigma^2$$

となって、確かに期待値

$$E[(x-\mu)^2] = \int_{-\infty}^{+\infty}\frac{(x-\mu)^2}{\sigma\sqrt{2\pi}}\exp\left(-\frac{(x-\mu)^2}{2\sigma^2}\right)dx = \sigma^2$$

が、正規分布の分散 σ^2 になることが確かめられる。

ここで、$E[(x-\mu)^2] = \sigma^2$ の関係から、関数 $g(x) = (x-\mu)^2$ の期待値が確率変数 x の分散 (variance) に対応することが分かっているので、variance の頭文字 V を使って

$$E[(x-\mu)^2] = V[x]$$

と表記する場合もある。いま紹介したのは、正規分布関数であるが、一般の確率密度関数 $f(x)$ に対しても

$$V[x] = E[(x-\mu)^2] = \int_{-\infty}^{+\infty}(x-\mu)^2 f(x)\,dx$$

という関係が成立する。ここで、この積分を変形してみよう。

---

[6] 分子分母が無限大 ($f(x)/g(x) = \infty/\infty$) となる場合の極限は、それぞれの微分をとって、その極限値 ($f'(x)/g'(x)$) を求めればよい。

$$\int_{-\infty}^{+\infty}(x-\mu)^2 f(x)dx = \int_{-\infty}^{+\infty}(x^2 - 2\mu x + \mu^2)f(x)dx$$
$$= \int_{-\infty}^{+\infty} x^2 f(x)dx - 2\mu\int_{-\infty}^{+\infty} xf(x)dx + \mu^2 \int_{-\infty}^{+\infty} f(x)dx$$

すると、右辺の第1項は x^2 の期待値になる。第2項の積分は x の期待値であるから平均 μ となる。第3項の積分は確率密度関数 $f(x)$ を全空間で積分したものであるから1である。よって

$$E[x^2] - 2\mu E[x] + \mu^2 = E[x^2] - 2\mu^2 + \mu^2 = E[x^2] - \mu^2$$

と変形することができる。結局

$$V[x] = E[(x-\mu)^2] = E[x^2] - \mu^2$$

と与えられる。この式を見て何か思い出さないであろうか。

そう、第1章で行った標準偏差の変形の式と同じものである。復習すると

$$\sigma = \sqrt{\frac{\sum (x_i - \bar{x})^2}{N}} = \sqrt{\frac{\sum x_i^2}{N} - \bar{x}^2}$$

というものであったが、これを分散で書けば

$$\sigma^2 = V[x_i] = \frac{\sum (x_i - \bar{x})^2}{N} = \frac{\sum x_i^2}{N} - \bar{x}^2$$

をとなり、分散は x^2 の平均 (あるいはその期待値 $E[x^2]$) から、その平均 $\bar{x}$ の2乗を引いたものという関係となり、今回導いた

$$V[x] = E[x^2] - \mu^2$$

と同じものになるからである。この式は

$$V[x] = E[x^2] - (E[x])^2$$

と表記することも多い。

つぎに、期待値が有する性質をここでいくつか整理しておこう。まず、期待値の一般表式として、ある関数 $\phi(x)$ に対する期待値は

$$E[\phi(x)] = \int_{-\infty}^{+\infty} \phi(x) f(x) dx$$

で与えられる。ここで $\phi(x)$ が定数の場合、$\phi(x) = a$ であるから

$$E[a] = \int_{-\infty}^{+\infty} a f(x) dx = a \int_{-\infty}^{+\infty} f(x) dx$$

となるが、確率密度関数の性質から

$$\int_{-\infty}^{+\infty} f(x) dx = 1$$

であるから

$$E[a] = a$$

となって、定数の期待値は、そのまま定数の値となる。それでは

$$\phi(x) = ax + b$$

の場合はどうであろうか。

$$E[ax+b] = \int_{-\infty}^{+\infty} (ax+b) f(x) dx = a \int_{-\infty}^{+\infty} x f(x) dx + b \int_{-\infty}^{+\infty} f(x) dx$$

のように変形できるが、$E[x] = \int_{-\infty}^{+\infty} x f(x) dx$ であるので

$$E[ax+b] = aE[x] + b$$

となり、同様にして

$$\phi(x) = ax^2 + bx + c$$

の場合には

$$E[ax^2 + bx + c] = aE[x^2] + bE[x] + c$$

という関係が成立することが分かる。よって、一般の n 次関数に対して

$$E[a_0 + a_1 x + a_2 x^2 + ... + a_n x^n] = a_0 + a_1 E[x] + a_2 E[x^2] + ... + a_n E[x^n]$$

という関係が成立することになる。このように分配の法則が成り立つということを別な表現で書くと

$$\phi(x) = g(x) + h(x)$$

の場合

$$E[\phi(x)] = E[g(x) + h(x)] = E[g(x)] + E[h(x)]$$

となること、また

$$\phi(x) = 2g(x)$$

ならば

$$E[\phi(x)] = E[2g(x)] = E[g(x)] + E[g(x)] = 2E[g(x)]$$

となることも分かる。

期待値にこのような性質があることを踏まえて、標本平均および標本分散の期待値と母数の期待値との関係を調べてみよう。

標本平均は

$$\bar{x} = \frac{x_1 + x_2 + ... + x_n}{n} = \frac{1}{n}(x_1 + x_2 + ... + x_n)$$

であった。この期待値は

$$E[\bar{x}] = \frac{1}{n}(E[x_1] + E[x_2] + ... + E[x_n])$$

と変形できるが、それぞれ成分の期待値は母平均 μ であるから

$$E[\bar{x}] = \frac{1}{n}(E[x_1] + E[x_2] + ... + E[x_n]) = \frac{1}{n}(\mu + \mu + ... + \mu) = \frac{n\mu}{n} = \mu$$

となって、結局、標本平均の期待値は母平均となる。それでは標本分散はどうであろうか。標本分散（s^2）は

$$s^2 = \frac{(x_1 - \bar{x})^2 + (x_2 - \bar{x})^2 + (x_3 - \bar{x})^2 + \ldots + (x_n - \bar{x})^2}{n}$$

である。ここで$E[(x-\bar{x})^2]$の値がわかれば、分配の法則を使ってすぐに計算ができそうであるが、実は、われわれが分かっているのは、母平均のμを使った

$$\sigma^2 = E[(x - \mu)^2]$$

である。そこで標本分散をつぎのように変形する。

$$s^2 = \frac{(x_1 - \mu - \bar{x} + \mu)^2 + (x_2 - \mu - \bar{x} + \mu)^2 + \ldots + (x_n - \mu - \bar{x} + \mu)^2}{n}$$

ここでカッコ内をふたつの成分に分けると

$$s^2 = \frac{((x_1 - \mu) - (\bar{x} - \mu))^2 + ((x_2 - \mu) - (\bar{x} - \mu))^2 + \ldots + ((x_n - \mu) - (\bar{x} - \mu))^2}{n}$$

となる。さらに、平方を開いて整理すると

$$s^2 = \frac{(x_1 - \mu)^2 + \ldots + (x_n - \mu)^2}{n} - \frac{2(x_1 - \mu) + \ldots + 2(x_n - \mu)}{n}(\bar{x} - \mu) + (\bar{x} - \mu)^2$$

と変形できる。ここで、右辺の第2項は

$$\frac{2(x_1 - \mu) + \ldots + 2(x_n - \mu)}{n} = 2\left(\frac{x_1 + x_2 + \ldots + x_n}{n} - \mu\right) = 2(\bar{x} - \mu)$$

であるから、結局

$$s^2 = \frac{(x_1 - \mu)^2 + \ldots + (x_n - \mu)^2}{n} - 2(\bar{x} - \mu)^2 + (\bar{x} - \mu)^2$$

$$= \frac{(x_1 - \mu)^2 + \ldots + (x_n - \mu)^2}{n} - (\bar{x} - \mu)^2$$

と変形できる。

ここで期待値をあらためて計算してみる。すると

$$E[s^2] = \frac{1}{n}\left\{E[(x_1 - \mu)^2] + \ldots + E[(x_n - \mu)^2]\right\} - E[(\bar{x} - \mu)^2]$$

と書くことができる。ここで $E[(x_i - \mu)^2] = \sigma^2$ である。問題は $E[(\bar{x} - \mu)^2]$ の値であるが、これは標本平均の分散であるので

$$E[(\bar{x} - \mu)^2] = \frac{\sigma^2}{n}$$

であった。よって

$$E[s^2] = \frac{1}{n}\left(\sigma^2 + \sigma^2 + \ldots + \sigma^2\right) - \frac{\sigma^2}{n} = \sigma^2 - \frac{\sigma^2}{n} = \frac{n-1}{n}\sigma^2$$

が標本分散の期待値となる。このように、標本分散の期待値は母分散とはならないので、母分散の不偏推定値として使うためには、補正が必要になる。

このように、第3章では不偏推定値の定義をあいまいなままにしておいたが、正式には、その期待値が母数となるような値を使うという条件なのである。まとめると

---

1 標本平均の期待値は母平均であるので、その不偏推定値として使うことができる。
$$\hat{\mu} = \bar{x}$$

2 標本分散の期待値は母分散ではないので、その不偏推定値として使うためには、補正が必要である。そして、その補正は
$$\hat{\sigma}^2 = \frac{n}{n-1}s^2$$

となる。

5.3. モーメント

$f(x)$ を確率密度関数とすると、ある関数 $\phi(x)$ に対する期待値は

$$E[\phi(x)] = \int_{-\infty}^{+\infty} \phi(x)f(x)dx$$

で与えられる。このとき

$$E[x] = \int_{-\infty}^{+\infty} xf(x)dx \qquad E[x^2] = \int_{-\infty}^{+\infty} x^2 f(x)dx \qquad E[x^3] = \int_{-\infty}^{+\infty} x^3 f(x)dx$$

となり、一般式は

$$E[x^k] = \int_{-\infty}^{+\infty} x^k f(x)dx$$

と与えられるが、この期待値を k **次のモーメント** (moment of kth degree) と呼んでいる。よって、1次のモーメント

$$E[x] = \int_{-\infty}^{+\infty} xf(x)dx = \mu$$

は、ある確率分布の平均値ということになる。また、分散は

$$E[(x-\mu)^2] = \int_{-\infty}^{+\infty} (x-\mu)^2 f(x)dx$$

で与えられるが、これを $x = \mu$ のまわりの2次のモーメントと呼んでいる。また、$\mu = 0$ とすれば

$$E[x^2] = \int_{-\infty}^{+\infty} x^2 f(x)dt$$

と2次モーメントが分散そのものになる。また同様に $\mu = 0$ とすると、3

次のモーメント

$$E[x^3] = \int_{-\infty}^{+\infty} x^3 f(x) dx$$

は確率分布の**ひずみ度** (skewness) と呼ばれる。これは分布の非対称性を与える指標となる。なぜなら、$f(x)$ が完全に左右対称であれば、言い換えれば偶関数であれば、この積分は 0 となるからである。つまり、分布の対称性からのゆがみ（あるいはひずみ）が大きければ大きいほど、この値も大きくなる。よって、この指標をひずみ度と呼んでいる。

このように、平均が 0 となるような分布であれば、1 次のモーメントが平均、2 次のモーメントが分散、3 次のモーメントがひずみ度を与えることになる。実は、これら値を一度に与える画期的な方法がある。それを紹介する。

ここで、指数関数の級数展開（補遺 1 参照）を思い出してみよう。

$$\exp(x) = 1 + x + \frac{1}{2}x^2 + \frac{1}{3!}x^3 + \frac{1}{4!}x^4 + \ldots + \frac{1}{n!}x^n + \ldots$$

ここで、$\phi(x) = \exp(tx)$ という関数を考える。すると

$$\exp(tx) = 1 + tx + \frac{1}{2}t^2 x^2 + \frac{1}{3!}t^3 x^3 + \frac{1}{4!}t^4 x^4 + \ldots + \frac{1}{n!}t^n x^n + \ldots$$

と展開できる。ここで期待値は

$$E[\exp(tx)] = 1 + E[x]t + \frac{1}{2}E[x^2]t^2 + \frac{1}{3!}E[x^3]t^3 + \frac{1}{4!}E[x^4]t^4 + \ldots + \frac{1}{n!}E[x^n]t^n + \ldots$$

となる。t で微分すると

$$\frac{d(E[\exp(tx)])}{dt} = E[x] + E[x^2]t + \frac{1}{2!}E[x^3]t^2 + \frac{1}{3!}E[x^4]t^3 + \ldots + \frac{1}{(n-1)!}E[x^n]t^{n-1} + \ldots$$

となるが、$t = 0$ を代入すれば $E[x]$ が得られる。さらに、t で微分すると

$$\frac{d^2(E[\exp(tx)])}{dt^2} = E[x^2] + E[x^3]t + \frac{1}{2!}E[x^4]t^2 + \ldots + \frac{1}{(n-2)!}E[x^n]t^{n-2} + \ldots$$

となるが、ここで $t = 0$ を代入すると2次のモーメント $E[x^2]$ を求めることができる。同様に、もう一度 t で微分し

$$\frac{d^3(E[\exp(tx)])}{dt^3} = E[x^3] + E[x^4]t + \ldots + \frac{1}{(n-3)!}E[x^n]t^{n-3} + \ldots$$

$t = 0$ を代入すると、3次のモーメント $E[x^3]$ を求めることができる。ここで $\phi(x) = \exp(tx)$ を t の関数とみなして

$$M(t) = E[\exp(tx)]$$

と書き、**モーメント母関数** (Moment generating function) と呼んでいる。母関数と呼ぶのは、上の例のように t のべき係数が k 次のモーメントとなっており、上の操作によって、つぎつぎとモーメントを求めることができるからである。

例えば、1次のモーメントは

$$\frac{dM(t)}{dt} = M'(t)$$

を計算して $t = 0$ を代入すればよいので、$M'(0)$ で与えられる。つぎに2次のモーメントは

$$\frac{d^2M(t)}{dt^2} = M''(t)$$

を計算して $t = 0$ を代入すればよいので、$M''(0)$ で与えられる。よって、k 次のモーメントは、一般式として

$$E[x^k] = M^{(k)}(0)$$

と与えられることになる。

演習 5-3 平均がμ、分散がσ^2の正規分布の1次モーメントおよび2次モーメントをモーメント母関数を利用して求めよ。

解) この正規分布の確率密度関数は

$$f(x) = \frac{1}{\sigma\sqrt{2\pi}} \exp\left(-\frac{(x-\mu)^2}{2\sigma^2}\right)$$

で与えられる。モーメント母関数は

$$M(t) = E[\exp(tx)] = \int_{-\infty}^{+\infty} e^{tx} f(x) dx$$

で与えられるから、正規分布に対応したモーメント母関数は

$$M(t) = \int_{-\infty}^{+\infty} \exp(tx) \frac{1}{\sigma\sqrt{2\pi}} \exp\left(-\frac{(x-\mu)^2}{2\sigma^2}\right) dx$$

となる。よって

$$M(t) = \int_{-\infty}^{+\infty} \frac{1}{\sigma\sqrt{2\pi}} \exp\left(-\frac{(x-\mu)^2 - 2\sigma^2 tx}{2\sigma^2}\right) dx$$

ここで指数関数のべき項は

$$\frac{(x-\mu)^2 - 2\sigma^2 tx}{2\sigma^2} = \frac{x^2 - 2\mu x + \mu^2 - 2\sigma^2 tx}{2\sigma^2} = \frac{x^2 - 2(\mu + \sigma^2 t)x + \mu^2}{2\sigma^2}$$

と変形できるので

$$= \frac{(x-(\mu+\sigma^2 t))^2 + \mu^2 - (\mu+\sigma^2 t)^2}{2\sigma^2} = \frac{(x-(\mu+\sigma^2 t))^2 - 2\mu\sigma^2 t - \sigma^4 t^2}{2\sigma^2}$$

$$= \frac{(x-(\mu+\sigma^2 t))^2}{2\sigma^2} - \mu t - \frac{\sigma^2 t^2}{2}$$

よって

$$M(t) = \exp\left(\frac{\sigma^2 t^2}{2} + \mu t\right) \int_{-\infty}^{+\infty} \frac{1}{\sigma\sqrt{2\pi}} \exp\left(-\frac{(x-(\mu+\sigma^2 t))^2}{2\sigma^2}\right) dx$$

となる。ここで積分項は、平均が $\mu + \sigma^2 t$ で、分散が σ^2 の正規分布の全空間での積分となるから、その値は 1 である。よって、モーメント母関数は

$$M(t) = \exp\left(\frac{\sigma^2 t^2}{2} + \mu t\right)$$

と与えられる。

$$M'(t) = \frac{dM(t)}{dt} = (\sigma^2 t + \mu)\exp\left(\frac{\sigma^2 t^2}{2} + \mu t\right)$$

であるので

$$M'(0) = \mu$$

つまり、1 次モーメントが平均 μ となる。つぎに

$$M''(t) = \frac{d^2 M(t)}{dt^2} = \sigma^2 \exp\left(\frac{\sigma^2 t^2}{2} + \mu t\right) + (\sigma^2 t + \mu)^2 \exp\left(\frac{\sigma^2 t^2}{2} + \mu t\right)$$

であるから 2 次のモーメントは

$$M''(0) = \sigma^2 + \mu^2$$

となる。つまり

$$E[x^2] = \sigma^2 + \mu^2$$

となる。ここで分散を求めてみよう。すると

$$V[x] = E[x^2] - \mu^2 = \sigma^2 + \mu^2 - \mu^2 = \sigma^2$$

となって、確かに σ^2 が分散であることが分かる。

　以上のようにモーメント母関数を用いると、平均や分散をいっきに計算することができる。正規分布のように完全に対称な分布では、あまり、その効用は実感できないが、後に示すように対称ではない分布の解析には大きな威力を発揮する。

5.4. 確率密度関数の条件

ある関数 $f(x)$ が確率密度関数になるための条件は

$$\int_{-\infty}^{+\infty} f(x)dx = 1 \qquad f(x) \geq 0$$

である。たったこれだけの条件であれば、いくらでも確率密度関数は存在するように思える。例えば、$a \leq x \leq b$ の範囲で一様に分布した場合の確率密度関数を求めてみよう。この場合

$$f(x) = c$$

と置くと

$$\int_{-\infty}^{+\infty} f(x)dx = \int_a^b cdx = [cx]_a^b = c(b-a)$$

よって $\int_{-\infty}^{+\infty} f(x)dx = 1$ の条件より $c(b-a) = 1$ となって $c = \dfrac{1}{b-a}$ であるから、

求める確率密度関数は $f(x) = \dfrac{1}{b-a}$ $(a \leq x \leq b)$ となる。ただし $f(x) = 0$ $(x < a, x > b)$ である。

演習 5-4 確率変数 X の分布が

$$\begin{cases} f(x) = a - x & (0 \leq x \leq a) \\ f(x) = 0 & (x < 0, x > a) \end{cases}$$

という関数に従うとき、この関数が確率密度関数となるように、a の値を求めよ。また、その時の X の平均および分散を求めよ。

解) 確率密度関数の性質から

$$\int_{-\infty}^{+\infty} f(x)dx = 1$$

であるから

$$\int_{-\infty}^{+\infty}(a-x)dx = \int_0^a (a-x)dx = \left[ax - \dfrac{x^2}{2}\right]_0^a = a^2 - \dfrac{a^2}{2} = \dfrac{a^2}{2} = 1$$

よって

$$a = \sqrt{2}$$

となる。

つぎに平均は

$$E[x] = \int_{-\infty}^{+\infty} xf(x)dx = \int_0^{\sqrt{2}} x(\sqrt{2} - x)dx = \left[\dfrac{\sqrt{2}}{2}x^2 - \dfrac{x^3}{3}\right]_0^{\sqrt{2}} = \dfrac{2\sqrt{2}}{2} - \dfrac{2\sqrt{2}}{3} = \dfrac{\sqrt{2}}{3}$$

と与えられる。また分散は

$$V[x] = \int_0^{\sqrt{2}} \left(x - \frac{\sqrt{2}}{3}\right)^2 (\sqrt{2} - x) dx = \int_0^{\sqrt{2}} \left(-x^3 + \frac{5\sqrt{2}}{3}x^2 - \frac{14}{9}x + \frac{2\sqrt{2}}{9}\right) dx$$

$$= \left[-\frac{x^4}{4} + \frac{5\sqrt{2}}{9}x^3 - \frac{7}{9}x^2 + \frac{2\sqrt{2}}{9}x\right]_0^{\sqrt{2}} = -1 + \frac{20}{9} - \frac{14}{9} + \frac{4}{9} = \frac{1}{9}$$

となる。

　この他にもいろいろな確率密度関数を任意につくりだすことができる。ただし、その中で統計で重要な意味を持つ関数はそれほど多くはない。正規分布関数は、その代表例である。

　ここで、理工系においてよく登場する**指数分布** (exponential distribution) と呼ばれる分布について考えてみよう。この関数は

$$f(x) = A\exp(-\lambda x)$$

というかたちをした関数であり、物体の冷却や化学反応の時間変化など、幅広い応用がある。このグラフを描くと、図 5-2 に示したように、$x = 0$ では A で、時間とともに次第に減衰するグラフとなっている。このような特徴を持つ物理現象は数多く存在する。

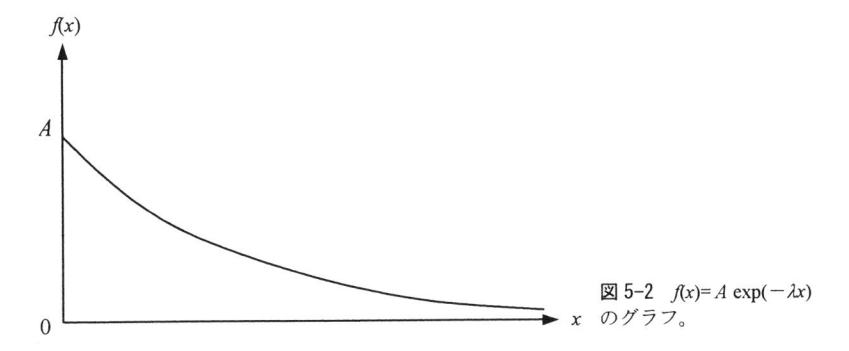

図 5-2　$f(x) = A\exp(-\lambda x)$ のグラフ。

よって、このかたちをした確率密度関数もよく登場する。ここで、時間変化を考えると、分布としては $x \geq 0$ 領域が定義域となる。

まず、この関数が確率密度関数になるための条件は

$$\int_{-\infty}^{+\infty} f(x)dx = 1$$

より

$$\int_{-\infty}^{+\infty} A\exp(-\lambda x)dx = \left[-\frac{A}{\lambda}\exp(-\lambda x)\right]_0^{\infty} = \frac{A}{\lambda} = 1$$

よって

$$f(x) = \lambda\exp(-\lambda x)$$

が確率密度関数である。定義域まで示すと

$$\begin{cases} f(x) = \lambda\exp(-\lambda x) & (x \geq 0) \\ f(x) = 0 & (x < 0) \end{cases}$$

となる。ここで、確率密度関数の積分を行うと

$$F(x) = \int_0^x \lambda\exp(-\lambda x)dx = \left[-\exp(-\lambda x)\right]_0^x = 1 - \exp(-\lambda x)$$

となる。これをグラフにすると図 5-3 のようになり、$x=0$ で 0 であるが、次第に増えていき、∞では 1 となる[7]。指数分布は、数多くの部品からなるシステムの故障確率に対応することが分かり、1950 年代にさかんに研究されたものである。あるいは製品の寿命と読み変えてもよい。つまり、誕生した時点では、すべてが 1 であるが、それが時間 (x) とともに減っていき、最後にはすべての寿命がつきる。

それでは、指数分布の平均および分散を求めてみよう。まず平均は

$$E[x] = \int_{-\infty}^{+\infty} xf(x)dx = \int_0^{+\infty} \lambda x\exp(-\lambda x)dx$$

---

[7] これを累積分布関数と呼んでいる。詳細は次章で説明する。

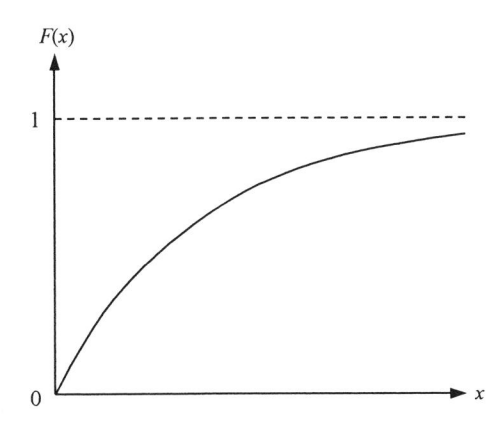

図5-3　$F(x) = 1 - \exp(-\lambda x)$ のグラフ。

で与えられる。部分積分を利用すると

$$\int_0^{+\infty} \lambda x \exp(-\lambda x)dx = \left[\lambda x\left(-\frac{1}{\lambda}\right)\exp(-\lambda x)\right]_0^{+\infty} + \int_0^{+\infty} \exp(-\lambda x)dx$$

$$= \int_0^{+\infty} \exp(-\lambda x)dx = \left[-\frac{1}{\lambda}\exp(-\lambda x)\right]_0^{+\infty} = \frac{1}{\lambda}$$

よって平均は

$$\mu = E[x] = \frac{1}{\lambda}$$

となる。つぎに分散は

$$E[(x-\mu)^2] = \int_{-\infty}^{+\infty}(x-\mu)^2 f(x)dx = \int_0^{+\infty}\left(x - \frac{1}{\lambda}\right)^2 \lambda \exp(-\lambda x)dx$$

$$= \int_0^{+\infty} x^2 \lambda \exp(-\lambda x)dx - 2\int_0^{+\infty} x\exp(-\lambda x)dx + \frac{1}{\lambda}\int_0^{+\infty}\exp(-\lambda x)dx$$

となる。ここで、第2項、第3項の積分はすでに値が得られている。そこで第1項を計算する。部分積分を利用すると

$$\int_0^{+\infty} x^2 \lambda \exp(-\lambda x)dx = [-x^2 \exp(-\lambda x)]_0^{+\infty} + 2\int_0^{+\infty} x\exp(-\lambda x)dx = \frac{2}{\lambda^2}$$

と計算できる。よって

$$E[(x-\mu)^2] = \frac{2}{\lambda^2} - \frac{2}{\lambda^2} + \frac{1}{\lambda^2} = \frac{1}{\lambda^2}$$

と与えられる。つまり、この確率分布の分散は

$$\sigma^2 = E[(x-\mu)^2] = \frac{1}{\lambda^2}$$

となる。

演習 5-5 モーメント母関数を利用して指数分布の平均および分散を求めよ。

解） モーメント母関数は

$$M(t) = E[\exp(tx)] = \int_{-\infty}^{+\infty} \exp(tx) f(x) dx$$

で与えられる。よって指数分布では

$$M(t) = \int_0^{+\infty} \exp(tx) \lambda \exp(-\lambda x) dx = \lambda \int_0^{+\infty} \exp(tx - \lambda x) dx$$

がモーメント母関数となる。よって

$$M(t) = \left[\frac{\lambda}{t-\lambda} \exp(t-\lambda)x\right]_0^{+\infty} = \lim_{x \to \infty} \frac{\lambda}{t-\lambda} \exp(t-\lambda)x - \frac{\lambda}{t-\lambda}$$

右辺の第1項は、$x \to +\infty$ で $t > \lambda$ のとき発散してしまい値が得られない。そこで、$t < \lambda$ と仮定する。（いずれモーメントを求める際には $t = 0$ を代入するので、この仮定で問題がない。）すると $\exp(t-\lambda)x \to 0$ であるからモーメント母関数は

$$M(t) = -\frac{\lambda}{t-\lambda}$$

と与えられる。

この微分をとると

$$M'(t) = \frac{\lambda(t-\lambda)'}{(t-\lambda)^2} = \frac{\lambda}{(t-\lambda)^2}$$

となる。よって平均は

$$M'(0) = \mu = \frac{\lambda}{(0-\lambda)^2} = \frac{1}{\lambda}$$

となる。

さらに t に関して微分すると

$$\frac{d^2M(t)}{dt^2} = M''(t) = -\frac{2\lambda(t-\lambda)}{(t-\lambda)^4} = -\frac{2\lambda}{(t-\lambda)^3}$$

$t=0$ を代入すると

$$M''(0) = \frac{2}{\lambda^2}$$

となる。よって

$$M''(0) = E[x^2] = \frac{2}{\lambda^2}$$

ここで、この分布の平均が $M'(0) = E[x] = \dfrac{1}{\lambda}$ であり、分散は

$$V[x] = E[x^2] - (E[x])^2$$

で与えられる。よって

$$V[x] = \frac{2}{\lambda^2} - \left(\frac{1}{\lambda}\right)^2 = \frac{1}{\lambda^2}$$

となる。

　このように、モーメント母関数が解析的に与えられれば、平均および分散を比較的簡単に求めることができる。
　しかし、統計に有用な確率密度関数の多くは、それほど簡単ではなく初等関数を使って解法できないものがほとんどである。
　このため、積分形で関数を定義することが多い。よって、積分形で定義された**特殊関数** (special function) である**ガンマ関数** (Gamma function) や**ベータ関数** (Beta function) が大活躍することになる。

第6章 確率密度関数

6.1. 確率密度関数の特徴

正規分布に対応した確率密度関数は

$$f(x) = \frac{1}{\sigma\sqrt{2\pi}} \exp\left(-\frac{(x-\mu)^2}{2\sigma^2}\right)$$

であった。この分布は平均 $x = \mu$ を中心にして左右で完全に対称な分布である。そして、データの数が多い場合、かなりの変数がこの分布に従うことが知られている。この関数が確率密度関数と呼ばれる理由は

$$\int_a^b f(x)\,dx = \int_a^b \frac{1}{\sigma\sqrt{2\pi}} \exp\left(-\frac{(x-\mu)^2}{2\sigma^2}\right) dx$$

という積分が確率変数 X が $a \leq X \leq b$ の範囲にある確率を与えるからである。つまり

$$P(a \leq X \leq b) = \int_a^b \frac{1}{\sigma\sqrt{2\pi}} \exp\left(-\frac{(x-\mu)^2}{2\sigma^2}\right) dx$$

という関係にある。

そして、$-\infty \leq X \leq +\infty$ の範囲には、すべての確率変数が存在するので

$$\int_{-\infty}^{+\infty} f(x)\,dx = \int_{-\infty}^{+\infty} \frac{1}{\sigma\sqrt{2\pi}} \exp\left(-\frac{(x-\mu)^2}{2\sigma^2}\right) dx = 1$$

となる。これが確率密度関数 $f(x)$ に課せられる条件である。そして

$$F(x) = \int_{-\infty}^{x} f(x)dx = \int_{-\infty}^{x} \frac{1}{\sigma\sqrt{2\pi}} \exp\left(-\frac{(x-\mu)^2}{2\sigma^2}\right) dx$$

を**累積分布関数** (cumulative distribution function) と呼んでいる。この理由は、この関数が x までの範囲に存在する確率変数の割合を示すが、それが x まで累積した確率の総数に相当するからである。当然のことながら、正規分布だけではなくすべての分布の確率密度関数 $f(x)$ に対応した累積分布関数

$$F(x) = \int_{-\infty}^{x} f(x)dx$$

を考えることができる。また全空間で確率を累積すれば

$$F(\infty) = \int_{-\infty}^{\infty} f(x)dx = 1$$

となることも分かる[1]。確率分布によっては、累積分布関数をもとに分布を考えた方が、その数学的な意味が明確となる場合も多い。

　われわれが、推測統計で扱った t 分布、χ^2 分布、F 分布に対応した確率密度関数も存在する。ただし、残念ながら、これら分布に対応した確率密度関数を初等関数だけで表すことができないのである。

　数学の基礎は、初等関数による解析が主流を占めているが、実際に数学を理工系の学問に応用する場合には、初等関数だけですむというケースはほとんどない。これは、実際に自然界で起きている現象は、多くの因子を取り入れる必要があるからである。

　このため、物理数学などにおいては、**特殊関数** (special function) と呼ばれる関数群が重宝される。統計学においても、いろいろな分布を表現する確率密度関数には、**ガンマ関数** (Gamma function) と**ベータ関数** (Beta function) と呼ばれる積分形で定義される特殊関数を使うことになる。

---

[1] 指数関数の場合を第 5 章で示した。

第 6 章　確率密度関数

　第 5 章で紹介した指数分布に対応した確率密度関数は、もっとも簡単な確率密度関数のひとつであるが、それでも、その解析はそれほど簡単にはいかない。ここで、復習の意味で、指数分布に対応した確率密度関数を示すと

$$\begin{cases} f(x) = \lambda \exp(-\lambda x) & (x \geq 0) \\ f(x) = 0 & (x < 0) \end{cases}$$

のような指数関数で与えられる。
　指数分布の平均を求めるには

$$E[x] = \int_{-\infty}^{+\infty} x f(x) dx = \int_{0}^{+\infty} \lambda x \exp(-\lambda x) dx$$

という積分が必要になる。つぎに分散は

$$E[(x-\mu)^2] = \int_{-\infty}^{+\infty} (x-\mu)^2 f(x) dx = \int_{0}^{+\infty} \left(x - \frac{1}{\lambda}\right)^2 \lambda \exp(-\lambda x) dx$$

となる。このように、確率分布には指数関数を含んだ積分形がよく顔を出す。正規分布の基本形も指数関数である。多くの統計分布では、指数関数が大活躍するが、指数関数を含んだ積分の基礎となるのがガンマ関数である。この関数には面白い性質があり、多くの理工系の分野で利用される関数である。さらに、ガンマ関数と密接な関係にあるベータ関数も統計解析では重用される。その理由は、これら関数の特徴と関係をうまく利用すると、複雑な指数関数の積分が煩雑な計算を行わなくとも簡単に解法できるからである。
　ガンマ関数とベータ関数の由来と特徴については補遺 2 で詳しく解説しているので参照いただきたい。

6.2. χ^2 分布の確率密度関数

　正規分布の確率密度関数の次には、順序からいって母平均の推定に利用

したStudentのt分布の確率密度関数と言いたいところであるが、実は、その導出には工夫を要する。

そこで、正規分布から簡単に導入しやすいものとしてχ^2分布に対応した確率密度関数を考えてみる。まず、χ^2の復習からすると、それは

$$\chi^2 = \frac{(x_1 - \bar{x})^2}{\sigma^2} + \frac{(x_2 - \bar{x})^2}{\sigma^2} + \ldots + \frac{(x_n - \bar{x})^2}{\sigma^2}$$

あるいは

$$\chi^2 = \frac{(x_1 - \mu)^2}{\sigma^2} + \frac{(x_2 - \mu)^2}{\sigma^2} + \ldots + \frac{(x_n - \mu)^2}{\sigma^2}$$

のような和であった。 最初の式は、標本平均を使っているので自由度は$n-1$であり、つぎの式は母平均を使っているので、標本の数がそのまま自由度になり、自由度はnとなる。

この和χ^2を利用することで、標本分散から母分散の区間推定や分散の検定作業ができる。χ^2のすべての項は正であるから、その定義域は正の領域となる。また、成分の数が増えるにしたがって、その値が大きくなっていく傾向にあることも分かる。

ここで、2つめの式を見て何か気づかないであろうか。そう負の符号はついていないが、正規分布の確率密度関数の指数関数のべき (power) と同じかたちをしているのである。

$$f(x) = \frac{1}{\sigma\sqrt{2\pi}} \exp\left(-\underbrace{\frac{(x-\mu)^2}{2\sigma^2}}_{\chi^2/2}\right)$$

そこで、正規分布の確率密度関数を少し変形してみよう。

第 6 章　確率密度関数

$$z = \frac{(x-\mu)^2}{\sigma^2}$$

という変数変換をしてみる。すると

$$f(z) = \frac{1}{\sigma\sqrt{2\pi}} \exp\left(-\frac{z}{2}\right)$$

と変形できる。これは、まさに指数分布である。これが確率密度関数となるためには、指数分布で示したように $f(x) = \lambda \exp(-\lambda x)$ というかたちになる必要があったから、この場合には

$$f(z) = \frac{1}{2}\exp\left(-\frac{z}{2}\right)$$

となる。

しかし χ^2 は以下のように成分の数によって、変化していく。

$$\chi_2^2 = \frac{(x_1-\mu)^2}{\sigma^2} + \frac{(x_2-\mu)^2}{\sigma^2}$$

$$\chi_3^2 = \frac{(x_1-\mu)^2}{\sigma^2} + \frac{(x_2-\mu)^2}{\sigma^2} + \frac{(x_3-\mu)^2}{\sigma^2}$$

$$\cdots\cdots$$

$$\chi_n^2 = \frac{(x_1-\mu)^2}{\sigma^2} + \frac{(x_2-\mu)^2}{\sigma^2} + \ldots + \frac{(x_n-\mu)^2}{\sigma^2}$$

この影響を考慮する必要がある。実は、自由度 n を取り入れた χ^2 分布の確率密度関数は

$$f(x) = K_n x^{\frac{n}{2}-1} \exp\left(-\frac{x}{2}\right)$$

で与えられることが分かっている。ただし K_n は

$$K_n = \frac{1}{2^{\frac{n}{2}} \Gamma\left(\frac{n}{2}\right)}$$

という自由度 n に依存した定数である。まとめて書くと

$$f(x) = \frac{1}{2^{\frac{n}{2}} \Gamma\left(\frac{n}{2}\right)} x^{\frac{n}{2}-1} \exp\left(-\frac{x}{2}\right)$$

となって、見るからに複雑そうな関数である。しかも、ガンマ関数が入っているので、それを Γ 記号を使わずに積分形で書くと、さらに複雑になる。

しかし、それぞれの項に分けて意味を考えてみると、それほど複雑ではないことが分かってくる。

まず、この確率密度関数を見ると、正規分布関数において

$$z = \frac{(x-\mu)^2}{\sigma^2}$$

と変数変換をして得られる

$$f(z) = \frac{1}{\sigma\sqrt{2\pi}} \exp\left(-\frac{z}{2}\right)$$

の指数関数を含んでいる。よって、基本的には指数関数が基本となっていることが分かる。

ためしに、χ^2 分布に対応した確率密度関数の一般式に $n = 2$ を代入してみよう。すると

$$f(x) = K_2 x^{\frac{2}{2}-1} \exp\left(-\frac{x}{2}\right) = K_2 \exp\left(-\frac{x}{2}\right)$$

となり、定数項は

第 6 章　確率密度関数

$$K_2 = \frac{1}{2^{\frac{2}{2}}\Gamma\left(\frac{2}{2}\right)} = \frac{1}{2\Gamma(1)}$$

となるが、$\Gamma(1)=1$（補遺 2 参照）であるから、結局、確率密度関数は

$$f(x) = \frac{1}{2}\exp\left(-\frac{x}{2}\right)$$

となる。

　これは、先ほど正規分布関数で χ^2 に対応した部分をひとまとめにし、確率密度関数となる条件を入れて求めた式であり、基本的な指数分布である。**これが、自由度 2 の χ^2 分布に対応した確率密度関数**である（図 6-1 参照）。

　実は、χ^2 分布の確率密度関数を理解するには、その平均と分散を計算してみるのが得策である。これによって、どうして、このような関数のかたちになるのかが実感できるのである。

　まず平均は、定義域が $x \geq 0$ であるから

$$E[x] = \int_{-\infty}^{+\infty} x f(x) dx = \int_0^{\infty} x K_n x^{\frac{n}{2}-1} \exp\left(-\frac{x}{2}\right) dx = \int_0^{\infty} K_n x^{\frac{n}{2}} \exp\left(-\frac{x}{2}\right) dx$$

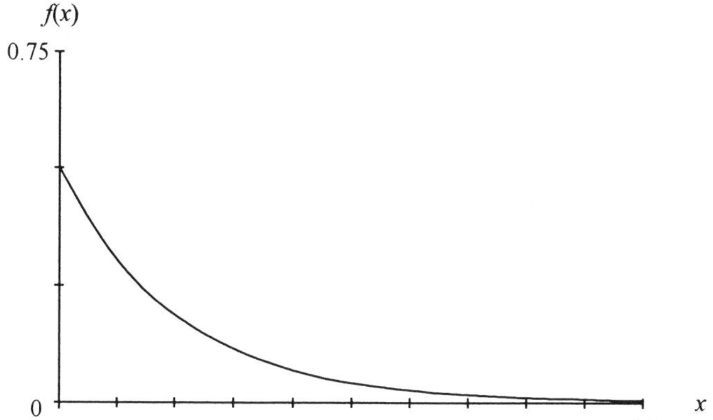

図 6-1　自由度が 2 の χ^2 分布。

となる。ここでガンマ関数の定義は

$$\Gamma(z) = \int_0^\infty t^{z-1} e^{-t} dt$$

であった。このふたつの式はよく似ている。そこで、これらふたつの積分を何とか変形して、関係づけることができれば、後は、ガンマ関数が有する性質を利用して、その解法が可能となるはずである。

このため、ガンマ関数において $t = x/2$ という変数変換を行ってみよう。すると、$2dt = dx$ であるから

$$\Gamma(z) = \int_0^\infty \left(\frac{x}{2}\right)^{z-1} \exp\left(-\frac{x}{2}\right) \frac{dx}{2} = \left(\frac{1}{2}\right)^z \int_0^\infty x^{z-1} \exp\left(-\frac{x}{2}\right) dx$$

と変形できる。ここでガンマ関数に

$$z = \frac{n}{2} + 1$$

を代入する。すると

$$\Gamma\left(\frac{n}{2}+1\right) = \left(\frac{1}{2}\right)^{\frac{n}{2}+1} \int_0^\infty x^{\frac{n}{2}} \exp\left(-\frac{x}{2}\right) dx$$

となって、先ほどの平均の式の被積分関数と同じものが得られる。よって、平均はガンマ関数を使って

$$E[x] = \int_0^\infty K_n x^{\frac{n}{2}} \exp\left(-\frac{x}{2}\right) dx = K_n 2^{\frac{n}{2}+1} \Gamma\left(\frac{n}{2}+1\right)$$

のように変形できる。ここで係数は

$$K_n = \frac{1}{2^{\frac{n}{2}}\Gamma\left(\frac{n}{2}\right)}$$

であったから、これを代入すると

$$E[x] = 2^{\frac{n}{2}+1}\Gamma\left(\frac{n}{2}+1\right) \Big/ 2^{\frac{n}{2}}\Gamma\left(\frac{n}{2}\right)$$

となるが、ガンマ関数には、つぎに示すような漸化式(補遺 2 参照)の性質

$$\Gamma(z+1) = z\Gamma(z)$$

があり、多くの積分計算を漸化式を利用して求めることができるという効用がある。この関係を、いまの場合に適用すると

$$\Gamma\left(\frac{n}{2}+1\right) = \frac{n}{2}\Gamma\left(\frac{n}{2}\right)$$

となるので

$$E[x] = 2^{\frac{n}{2}+1}\Gamma\left(\frac{n}{2}+1\right) \Big/ 2^{\frac{n}{2}}\Gamma\left(\frac{n}{2}\right) = 2 \times \frac{n}{2} = n$$

のように、いとも簡単に結果が得られる。結局のところ、**χ^2 分布の平均は成分の数 n になる**のである。χ^2 分布の平均は成分数とともに増えることを紹介したが、平均が成分数そのものになるのである。

ただし、これは、χ^2 の定義式をよく見ると分かる事実ではある。その定義は

$$\chi_n^2 = \frac{(x_1-\mu)^2}{\sigma^2} + \frac{(x_2-\mu)^2}{\sigma^2} + \ldots + \frac{(x_n-\mu)^2}{\sigma^2}$$

であった。よって、それぞれの項の分子の期待値はσ^2となるので、各項の期待値は1となるはずである。

$$\chi_n{}^2 = \underbrace{\frac{(x_1-\mu)^2}{\sigma^2}}_{1} + \underbrace{\frac{(x_2-\mu)^2}{\sigma^2}}_{1} + \ldots + \underbrace{\frac{(x_n-\mu)^2}{\sigma^2}}_{1}$$

結局、n個の項があれば、その期待値はnとなる。よって、平均がnとなる。あるいは

$$\chi_n{}^2 = \frac{(x_1-\mu)^2 + \ldots + (x_n-\mu)^2}{\sigma^2} = \frac{n\sigma^2}{\sigma^2} = n$$

となることからも自明であろう。

　それでは、次に分散を求めてみよう。この場合

$$E[(x-\mu)^2] = \int_{-\infty}^{+\infty}(x-\mu)^2 f(x)dx = \int_0^{\infty}(x-\mu)^2 K_n x^{\frac{n}{2}-1}\exp\left(-\frac{x}{2}\right)dx$$

これを変形すると、$\mu = n$ であるから

$$\int_0^{\infty} x^2 K_n x^{\frac{n}{2}-1}\exp\left(-\frac{x}{2}\right)dx - \int_0^{\infty} 2nx K_n x^{\frac{n}{2}-1}\exp\left(-\frac{x}{2}\right)dx + \int_0^{\infty} n^2 K_n x^{\frac{n}{2}-1}\exp\left(-\frac{x}{2}\right)dx$$

$$= \int_0^{\infty} K_n x^{\frac{n}{2}+1}\exp\left(-\frac{x}{2}\right)dx - 2n\int_0^{\infty} K_n x^{\frac{n}{2}}\exp\left(-\frac{x}{2}\right)dx + n^2 \int_0^{\infty} K_n x^{\frac{n}{2}-1}\exp\left(-\frac{x}{2}\right)dx$$

となる。これをガンマ関数を使って書きかえると

$$\Gamma(z) = \left(\frac{1}{2}\right)^z \int_0^{\infty} x^{z-1}\exp\left(-\frac{x}{2}\right)dx \quad より \quad 2^z\Gamma(z) = \int_0^{\infty} x^{z-1}\exp\left(-\frac{x}{2}\right)dx$$

であったから

$$E[(x-\mu)^2] = 2^{\frac{n}{2}+2}K_n\Gamma\left(\frac{n}{2}+2\right) - 2^{\frac{n}{2}+1}2nK_n\Gamma\left(\frac{n}{2}+1\right) + 2^{\frac{n}{2}}n^2 K_n\Gamma\left(\frac{n}{2}\right)$$

のようにガンマ関数を使って表現できる。ここで漸化式

第6章 確率密度関数

$$\Gamma(z+1) = z\Gamma(z)$$

より

$$\Gamma\left(\frac{n}{2}+1\right) = \frac{n}{2}\Gamma\left(\frac{n}{2}\right) \qquad \Gamma\left(\frac{n}{2}+2\right) = \left(\frac{n}{2}+1\right)\Gamma\left(\frac{n}{2}+1\right) = \left(\frac{n}{2}+1\right)\left(\frac{n}{2}\right)\Gamma\left(\frac{n}{2}\right)$$

という関係が成立する。よって

$$E[(x-\mu)^2] = 2^{\frac{n}{2}} K_n \Gamma\left(\frac{n}{2}\right) \left\{ 4\left(\frac{n}{2}+1\right)\left(\frac{n}{2}\right) - 4n\left(\frac{n}{2}\right) + n^2 \right\} = 2n 2^{\frac{n}{2}} K_n \Gamma\left(\frac{n}{2}\right)$$

となる。ここで

$$K_n = \frac{1}{2^{\frac{n}{2}} \Gamma\left(\frac{n}{2}\right)}$$

であったから、結局

$$E[(x-\mu)^2] = 2n$$

となり、χ^2分布の分散は$2n$となる。

　χ^2分布の確率密度関数の複雑な定義式から出発してその特徴を見てきたが、ここまで来て振り返ってみると、分布の平均がnとなり、分散が$2n$となる確率密度関数がχ^2分布に対応するという見方もできるのである。

　χ^2分布に対応した確率密度関数やガンマ関数をはじめてみると、あまりにも複雑なので怖気づいてしまう。このため、その意味はさておき、分布表を機械的に利用するという作業に専念することになる。しかし、今見てきたように、腰を据えてつきあってみれば、それほど複雑ではなく、数学的にうまくできたものだということが理解できる。

　ところで、この確率密度関数の一般式には$x^{(n/2)-1}$という項がついているが、それはどうした理由であろうか。ここで、再び正規分布の確率密度関数を思い出してみよう。

$$f(x) = \frac{1}{\sigma\sqrt{2\pi}} \exp\left(-\frac{(x-\mu)^2}{2\sigma^2}\right)$$

これが確率密度関数となる条件は

$$\int_{-\infty}^{+\infty} f(x)dx = \int_{-\infty}^{+\infty} \frac{1}{\sigma\sqrt{2\pi}} \exp\left(-\frac{(x-\mu)^2}{2\sigma^2}\right)dx = 1$$

であった。ここで

$$z = \frac{(x-\mu)^2}{\sigma^2}$$

と変数変換をすると

$$f(z) = \frac{1}{\sigma\sqrt{2\pi}} \exp\left(-\frac{z}{2}\right)$$

が得られるが、同時に dx も変換する必要がある。つまり

$$dz = \frac{2(x-\mu)}{\sigma^2}dx \quad すなわち \quad dx = \frac{\sigma^2}{2(x-\mu)}dz$$

の変換が必要になる。

さらに、注意すべき事項として積分範囲の問題がある。まず、変数 z は

$$z = \frac{(x-\mu)^2}{\sigma^2} \geq 0$$

のように、必ず正となる。ここで気をつけるべき点は

$$a \leq z \leq b \quad つまり \quad a \leq \frac{(x-\mu)^2}{\sigma^2} \leq b$$

という z の範囲は

$$\sqrt{a} \leq \frac{x-\mu}{\sigma} \leq \sqrt{b}$$

だけではなく

第6章　確率密度関数

$$-\sqrt{b} \leq -\frac{x-\mu}{\sigma} \leq -\sqrt{a}$$

という領域にも対応するという点である。この時の変数変換は

$$dx = \frac{\sigma^2}{2(x-\mu)}dz = \frac{\sigma}{2}\frac{1}{\sqrt{z}}dz \quad と \quad dx = \frac{\sigma^2}{2(x-\mu)}dz = -\frac{\sigma}{2}\frac{1}{\sqrt{z}}dz$$

としなければならない。これを確率の記号で示せば

$$P(a \leq z \leq b) = P(\sqrt{a} \leq \frac{x-\mu}{\sigma} \leq \sqrt{b}) + P(-\sqrt{b} \leq \frac{x-\mu}{\sigma} \leq -\sqrt{a})$$

という対応関係にある。正規分布では右辺の確率はふたつとも同じものであるから

$$P(a \leq z \leq b) = 2P(\sqrt{a} \leq \frac{x-\mu}{\sigma} \leq \sqrt{b})$$

のようになる。これに注意すれば

$$\int_{-\infty}^{+\infty} \frac{1}{\sigma\sqrt{2\pi}} \exp\left(-\frac{(x-\mu)^2}{2\sigma^2}\right) dx = \int_{-\infty}^{0} \frac{1}{\sqrt{2\pi}} \exp\left(-\frac{z}{2}\right) \frac{1}{-2\sqrt{z}} dz$$
$$+ \int_{0}^{+\infty} \frac{1}{\sqrt{2\pi}} \exp\left(-\frac{z}{2}\right) \frac{1}{2\sqrt{z}} dz = 2\int_{0}^{+\infty} \frac{1}{\sqrt{2\pi}} \exp\left(-\frac{z}{2}\right) \frac{1}{2\sqrt{z}} dz$$
$$= \int_{0}^{+\infty} \frac{1}{\sqrt{2\pi}} z^{-\frac{1}{2}} \exp\left(-\frac{z}{2}\right) dz$$

と変形されることになる。よって、確率密度関数は

$$f(z) = \frac{1}{\sqrt{2\pi}} z^{-\frac{1}{2}} \exp\left(-\frac{z}{2}\right)$$

で与えられることになる。普通の指数分布に、さらに $z^{-1/2}$ の項が付加されている。これは、変数変換の結果である。実は、よく見ると、この結果は χ^2 分布の確率密度関数の一般式において自由度 1 とした場合に対応する（図 6-2 参照）。ここで

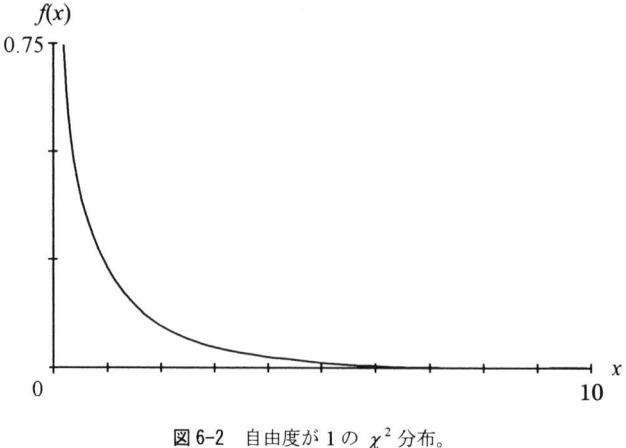

図6-2 自由度が1の χ^2 分布。

$$f(x) = K_n x^{\frac{n}{2}-1} \exp\left(-\frac{x}{2}\right)$$

の一般式に $n=1$ を代入すると

$$K_1 = \frac{1}{2^{\frac{1}{2}} \Gamma\left(\frac{1}{2}\right)} = \frac{1}{\sqrt{2}\sqrt{\pi}}$$

となり、いま導いた式と確かに一致している。

これを一般化して n 個の場合に拡張したのが

$$f(x) = K_n x^{\frac{n}{2}-1} \exp\left(-\frac{x}{2}\right)$$

という確率密度関数であったのである。

演習 6-1　自由度が 3, 4, 5 の χ^2 分布の確率密度関数を求め、グラフ化せよ。

第6章　確率密度関数

解）　自由度 n の χ^2 分布の確率密度関数の一般式は

$$f(x) = K_n x^{\frac{n}{2}-1} \exp\left(-\frac{x}{2}\right)$$

で与えられる。よって自由度3では

$$f(x) = \frac{1}{2^{\frac{3}{2}} \Gamma\left(\frac{3}{2}\right)} x^{\frac{3}{2}-1} \exp\left(-\frac{x}{2}\right) = \frac{1}{2\sqrt{2}\Gamma\left(\frac{3}{2}\right)} \sqrt{x} \exp\left(-\frac{x}{2}\right)$$

であり、ガンマ関数の漸化式の性質から

$$\Gamma\left(\frac{3}{2}\right) = \frac{1}{2}\Gamma\left(\frac{1}{2}\right) = \frac{\sqrt{\pi}}{2}$$

と計算できるので

$$f(x) = \frac{1}{\sqrt{2\pi}} \sqrt{x} \exp\left(-\frac{x}{2}\right)$$

となる。確率密度関数の一般式を見ると複雑であるが、実際の関数は、このように簡単になる。

同様にして自由度4の場合は

$$f(x) = \frac{1}{2^2 \Gamma(2)} x \exp\left(-\frac{x}{2}\right) = \frac{1}{4} x \exp\left(-\frac{x}{2}\right)$$

自由度5の場合は

$$f(x) = \frac{1}{2^{\frac{5}{2}} \Gamma\left(\frac{5}{2}\right)} x^{\frac{5}{2}-1} \exp\left(-\frac{x}{2}\right) = \frac{1}{3\sqrt{2\pi}} x\sqrt{x} \exp\left(-\frac{x}{2}\right)$$

となり、$\exp(-x/2)$ が基本となって、自由度の増加にともなって、x のべきが $1/2$ だけ増えていくという単純なものである。グラフは図6-3に示したよ

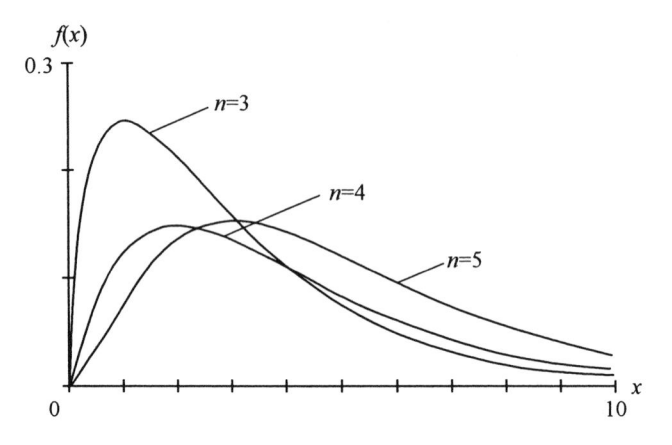

図 6-3 自由度が 3、4、5 の χ^2 分布のグラフ。

うになる。

演習 6-2 モーメント母関数を用いて、χ^2 分布の平均および分散を求めよ。

解) χ^2 分布の確率密度関数は

$$f(x) = K_n x^{\frac{n}{2}-1} \exp\left(-\frac{x}{2}\right)$$

であるから、モーメント母関数は

$$M(t) = \int_{-\infty}^{+\infty} \exp(tx) f(x) dx = \int_0^{\infty} \exp(tx) K_n x^{\frac{n}{2}-1} \exp\left(-\frac{x}{2}\right) dx$$
$$= \int_0^{\infty} K_n x^{\frac{n}{2}-1} \exp\left\{\left(t - \frac{1}{2}\right)x\right\} dx$$

と与えられる。ここで

第6章　確率密度関数

$$-u = \left(t - \frac{1}{2}\right)x \quad \text{と変数変換すると} \quad -du = \left(t - \frac{1}{2}\right)dx$$

よって

$$dx = -\frac{1}{\left(t - \frac{1}{2}\right)}du \text{ また } x = -\frac{1}{\left(t - \frac{1}{2}\right)}u \text{ であるから}$$

$$M(t) = \int_0^\infty K_n \frac{1}{\left(\frac{1}{2} - t\right)^{\frac{n}{2}}} u^{\frac{n}{2}-1} \exp(-u) du = \frac{K_n}{\left(\frac{1}{2} - t\right)^{\frac{n}{2}}} \int_0^\infty u^{\frac{n}{2}-1} \exp(-u) du$$

と変形できる。ここでガンマ関数の定義は

$$\Gamma(z) = \int_0^\infty t^{z-1} e^{-t} dt$$

であったから、積分はまさにガンマ関数のかたちをしており

$$M(t) = \frac{K_n}{\left(\frac{1}{2} - t\right)^{\frac{n}{2}}} \Gamma\left(\frac{n}{2}\right)$$

となる。ここで K_n は

$$K_n = \frac{1}{2^{\frac{n}{2}} \Gamma\left(\frac{n}{2}\right)}$$

であったので

$$M(t) = \frac{K_n}{\left(\frac{1}{2} - t\right)^{\frac{n}{2}}} \Gamma\left(\frac{n}{2}\right) = \frac{1}{\left(\frac{1-2t}{2}\right)^{\frac{n}{2}} 2^{\frac{n}{2}} \Gamma\left(\frac{n}{2}\right)} \Gamma\left(\frac{n}{2}\right) = \frac{1}{(1-2t)^{\frac{n}{2}}} = (1-2t)^{-\frac{n}{2}}$$

つまり、χ^2 分布の確率密度関数のモーメント母関数は

$$M(t) = (1-2t)^{-\frac{n}{2}}$$

と実に簡単なかたちをしていることが分かる。

よって1次のモーメントは

$$M'(t) = \left(-\frac{n}{2}\right)(-2)(1-2t)^{-\frac{n}{2}-1} = n(1-2t)^{-\frac{n}{2}-1}$$

として、$t=0$ を代入すると

$$M'(0) = n(1-2\times 0)^{-\frac{n}{2}-1} = n$$

となる。つぎに2次のモーメントは

$$M''(t) = \left(-\frac{n}{2}-1\right)(-2)n(1-2t)^{-\frac{n}{2}-2} = (n^2+2n)(1-2t)^{-\frac{n}{2}-2}$$

と2次の導関数を計算して、$t=0$ を代入すると

$$M''(0) = (n^2+2n)(1-2\times 0)^{-\frac{n}{2}-2} = n^2+2n$$

となる。したがって、平均と分散は

$$E[x] = M'(0) = n$$
$$V[x] = E[x^2] - \mu^2 = M''(0) - n^2 = n^2 + 2n - n^2 = 2n$$

となって、平均が n、分散が $2n$ と与えられる。

6.3. t 分布の確率密度関数

前節で見たように、χ^2 分布の確率密度関数は一見複雑そうであるが、指数分布を基本として、平均が成分数に一致するように変形していって得られるものであることが分かった。それでは、Student の t 分布の確率密度関

数はどうであろうか。これは、母平均の区間推定や検定に利用する分布である。t は標本数を m とすると

$$t = \frac{\bar{x} - \mu}{\dfrac{s}{\sqrt{m-1}}}$$

であった。標本の数が多ければ、この変数は標準正規分布

$$f(t) = \frac{1}{\sqrt{2\pi}} \exp\left(-\frac{t^2}{2}\right)$$

に従うが、成分数が少ないと t 分布に従う。そして、その分布も自由度 ($n = m - 1$) によって変化する。

定義式をいきなり持ってくるのは好きではないが、t 分布に対応した確率密度関数は n を自由度とすると

$$f(x) = T_n \left(1 + \frac{x^2}{n}\right)^{-\frac{n+1}{2}} \qquad (n \geq 1)$$

で与えられる。この定義域は $-\infty < x < +\infty$ である。また定数項は n に依存しており

$$T_n = \frac{\Gamma\left(\dfrac{n+1}{2}\right)}{\sqrt{n\pi}\,\Gamma\left(\dfrac{n}{2}\right)}$$

で与えられる。正規分布の確率密度関数とは、ずいぶん違ってみえる。それでは、この関数の特徴を調べてみよう。まず

$$f(-x) = T_n\left(1 + \frac{(-x)^2}{n}\right)^{-\frac{n+1}{2}} = T_n\left(1 + \frac{x^2}{n}\right)^{-\frac{n+1}{2}} = f(x)$$

であるので、この関数は偶関数であることが分かる。よって、$x=0$ に関して左右対称である。また

$$f(x) = \frac{T_n}{\left(1 + \frac{x^2}{n}\right)^{\frac{n+1}{2}}}$$

と書くと明らかなように、$x \to \infty$ で $f(x) \to 0$ となることも分かる。つまり、正規分布が有する特徴を、この分布も有している。

ここで $n=3$ の場合には

$$f(x) = \frac{T_3}{\left(1 + \frac{x^2}{3}\right)^2} \qquad T_3 = \frac{\Gamma(2)}{\sqrt{3\pi}\,\Gamma\!\left(\frac{3}{2}\right)}$$

となる。

$$\Gamma\!\left(\frac{3}{2}\right) = \Gamma\!\left(\frac{1}{2} + 1\right) = \frac{1}{2}\Gamma\!\left(\frac{1}{2}\right) = \frac{\sqrt{\pi}}{2} \qquad \text{および} \qquad \Gamma(2) = 1$$

より係数は

$$T_3 = \frac{\Gamma(2)}{\sqrt{3\pi}\,\Gamma\!\left(\frac{3}{2}\right)} = \frac{1}{\sqrt{3\pi}\,\frac{\sqrt{\pi}}{2}} = \frac{2}{\sqrt{3}\,\pi}$$

と計算できるので

$$f(x) = \frac{2}{\sqrt{3}\,\pi\left(1 + \frac{x^2}{3}\right)^2}$$

第6章 確率密度関数

が自由度 3 の確率密度関数である。このグラフを描いてみよう。まず左右対称であるので正の領域だけ考える。まず微分をとると

$$f'(x) = -\frac{2}{3\sqrt{3}\pi} \frac{2\left(1+\frac{x^2}{3}\right)2x}{\left(1+\frac{x^2}{3}\right)^4} = -\frac{8}{3\sqrt{3}\pi} \frac{x}{\left(1+\frac{x^2}{3}\right)^3}$$

となって、負号がついているので、$x \geq 0$ の範囲では常に $f'(x) < 0$ となる。よって正の領域では単調減少である。さらに2階導関数を求めると

$$f''(x) = -\frac{8}{3\sqrt{3}\pi} \frac{\left(1+\frac{x^2}{3}\right)^3 - x \cdot 3\left(1+\frac{x^2}{3}\right)^2\left(\frac{2x}{3}\right)}{\left(1+\frac{x^2}{3}\right)^6} = -\frac{8}{3\sqrt{3}\pi} \frac{\left(1+\frac{x^2}{3}\right) - 3x\left(\frac{2x}{3}\right)}{\left(1+\frac{x^2}{3}\right)^4}$$

$$= -\frac{8}{3\sqrt{3}\pi} \frac{\left(1+\frac{x^2}{3} - 2x^2\right)}{\left(1+\frac{x^2}{3}\right)^4} = -\frac{8}{3\sqrt{3}\pi} \frac{1 - \frac{5x^2}{3}}{\left(1+\frac{x^2}{3}\right)^4}$$

ここで $f''(x) = 0$ の点を求めると

$$1 - \frac{5x^2}{3} = 0 \quad \text{より} \quad x = \pm\sqrt{\frac{3}{5}}$$

となる。よって、このグラフは

$$y = f(0) = \frac{2}{\sqrt{3}\pi\left(1+\frac{0^2}{3}\right)^2} = \frac{2}{\sqrt{3}\pi}$$

に頂点を有し、中心から離れるに従って単調減少し、次第に 0 に漸近するグラフである。また、$x = \pm\sqrt{3/5}$ に変曲点を有し、この前後で上に凸から下に凸のグラフに変化する。

x	$-\infty$		$-\sqrt{3/5}$		0		$+\sqrt{3/5}$		$+\infty$
$f(x)$	0	↗		↗	$2/\sqrt{3}\pi$	↘		↘	0
$f'(x)$		$+$		$+$	0	$-$		$-$	
$f''(x)$			0				0		

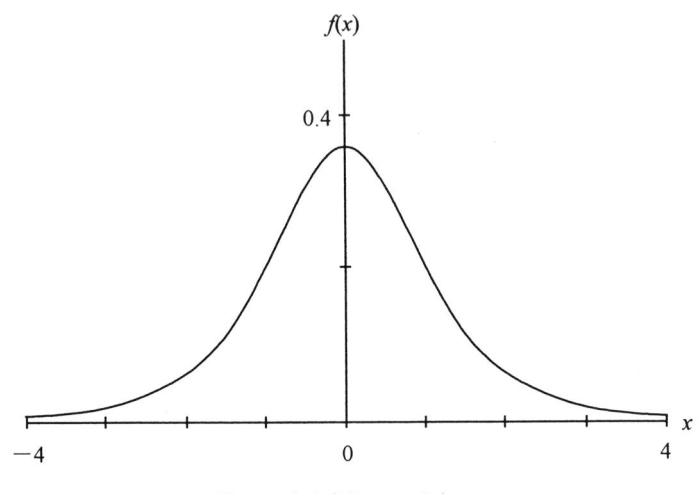

図 6-4　自由度が 3 の t 分布。

よって、グラフは図 6-4 に示したようになる。これを標準正規分布と比較すると、その確率密度関数は

$$f(x) = \frac{1}{\sqrt{2\pi}} \exp\left(-\frac{x^2}{2}\right)$$

であって、その頂点は

$$y = f(0) = \frac{1}{\sqrt{2\pi}}$$

であり、変曲点は±1であったから、標準正規分布より背が低く、よりすその拡がった分布となることが分かる。

第6章　確率密度関数

それでは、つぎにこの確率密度関数の平均を求めてみよう。

$$E[x] = \int_{-\infty}^{+\infty} xf(x)dx = \int_{-\infty}^{+\infty} \frac{2x}{\sqrt{3}\pi\left(1+\frac{x^2}{3}\right)^2}dx$$

となるが、ここで、この被積分関数は奇関数であるので、この積分値は 0 となる。よって

$$E[x] = 0$$

となり、この分布の平均値 μ は 0 となる。次にこの分布の分散を求めると

$$V[x] = E[x^2] - \mu^2$$

に $\mu = 0$ を代入して

$$V[x] = E[x^2] = \int_{-\infty}^{+\infty} x^2 f(x)dx = \int_{-\infty}^{+\infty} \frac{2x^2}{\sqrt{3}\pi\left(1+\frac{x^2}{3}\right)^2}dx$$

となる。また、この関数は偶関数であるから

$$E[x^2] = 2\int_{0}^{\infty} \frac{2x^2}{\sqrt{3}\pi\left(1+\frac{x^2}{3}\right)^2}dx$$

と置くことができる。

$$t = \left(1+\frac{x^2}{3}\right)^{-1} \quad \text{と置くと} \quad 1+\frac{x^2}{3} = \frac{1}{t} \quad \text{であるから}$$

$$x^2 = 3\left(\frac{1}{t}-1\right)$$

この両辺を微分すると

$$2xdx = -3\frac{1}{t^2}dt$$

また $x=0$ のとき $t=1$、$x=\infty$ のとき $t=0$ であるから

$$E[x^2] = 2\int_1^0 (-3)\frac{xt^2}{\sqrt{3\pi}t^2}dt = 6\int_0^1 \frac{x}{\sqrt{3\pi}}dt = 6\int_0^1 \frac{\sqrt{3\left(\frac{1}{t}-1\right)}}{\sqrt{3\pi}}dt$$

となる。これを整理すると

$$E[x^2] = \frac{6}{\pi}\int_0^1 \sqrt{\frac{1}{t}-1}dt = \frac{6}{\pi}\int_0^1 \sqrt{\frac{1-t}{t}}dt$$

となる。実は、残念ながら、この積分を解析的に簡単に解くことはできない。その解法には、**ベータ関数** (Beta function) が必要になる。ベータ関数は

$$B(p,q) = \int_0^1 x^{p-1}(1-x)^{q-1}dx$$

という積分形で与えられる。ベータ関数はガンマ関数と密接な関係にあり

$$B(p,q) = \frac{\Gamma(p)\Gamma(q)}{\Gamma(p+q)}$$

という関係にある（補遺 2 参照）。このかたちの積分に変形できれば、ガンマ関数との関係を使って、積分結果を計算することができる。この関数も、複雑な積分を解法するときには、非常に便利な道具となる。

　ところで、いまの被積分関数をベータ関数が使えるように変形してみると

$$\frac{6}{\pi}\int_0^1 \sqrt{\frac{1-t}{t}}dt = \frac{6}{\pi}\int_0^1 t^{-\frac{1}{2}}(1-t)^{\frac{1}{2}}dt$$

となるから、これは $B\left(\dfrac{1}{2}, \dfrac{3}{2}\right)$ というベータ関数となっている。よって

$$E[x^2] = \frac{6}{\pi}\int_0^1 \sqrt{\frac{1-t}{t}}dt = \frac{6}{\pi}B\left(\frac{1}{2}, \frac{3}{2}\right)$$

と与えられる。ここで、さらにガンマ関数との関係を利用すると

$$B\left(\frac{1}{2}, \frac{3}{2}\right) = \frac{\Gamma\left(\frac{1}{2}\right)\Gamma\left(\frac{3}{2}\right)}{\Gamma\left(\frac{1}{2}+\frac{3}{2}\right)} = \frac{\frac{1}{2}\left\{\Gamma\left(\frac{1}{2}\right)\right\}^2}{\Gamma(2)} = \frac{(\sqrt{\pi})^2}{2} = \frac{\pi}{2}$$

のように、簡単に積分結果を得ることができる。よって

$$E[x^2] = \frac{6}{\pi}\frac{\pi}{2} = 3$$

と値を求めることができる。したがって分散は3となり、標準正規分布の1より大きいことがわかる。

演習 6-3 t 分布にしたがう確率変数の平均と分散の一般式を求めよ。

解) この確率密度関数は

$$f(x) = T_n\left(1+\frac{x^2}{n}\right)^{-\frac{n+1}{2}} \quad \text{ただし} \quad T_n = \frac{\Gamma\left(\dfrac{n+1}{2}\right)}{\sqrt{n\pi}\,\Gamma\left(\dfrac{n}{2}\right)}$$

のかたちをしている。まず、この関数 $f(x)$ は n の値に関係なく偶関数であるから $xf(x)$ は奇関数となる。よって

$$E[x] = \int_{-\infty}^{+\infty} xf(x)dx = 0$$

となり、すべて平均値は 0 となる。

つぎに分散は、$\mu = 0$ より

$$V[x] = E[x^2] - 0 = \int_{-\infty}^{+\infty} T_n x^2 \left(1 + \frac{x^2}{n}\right)^{-\frac{n+1}{2}} dx$$

で与えられ、被積分関数は偶関数であるから

$$V[x] = 2\int_0^{\infty} T_n x^2 \left(1 + \frac{x^2}{n}\right)^{-\frac{n+1}{2}} dx$$

と置くことができる。

ここで $t = \left(1 + \frac{x^2}{n}\right)^{-1}$ という変数変換を行うと $1 + \frac{x^2}{n} = \frac{1}{t}$ であるから

$$x^2 = n\left(\frac{1}{t} - 1\right)$$

となる。両辺の微分をとると

$$2xdx = -\frac{n}{t^2}dt$$

また $x = 0$ のとき $t = 1$、$x = \infty$ のとき $t = 0$ であるから

$$V[x] = 2\int_0^{\infty} T_n x^2 \left(1 + \frac{x^2}{n}\right)^{-\frac{n+1}{2}} dx = \int_0^{\infty} T_n x \left(1 + \frac{x^2}{n}\right)^{-\frac{n+1}{2}} 2xdx = \int_1^0 T_n xt^{\frac{n+1}{2}} \left(\frac{-n}{t^2}dt\right)$$

$$= \int_0^1 T_n \sqrt{n\left(\frac{1}{t} - 1\right)} t^{\frac{n+1}{2}} \left(\frac{n}{t^2}dt\right) = T_n n\sqrt{n} \int_0^1 \sqrt{\left(\frac{1}{t} - 1\right)} t^{\frac{n+1}{2}-2} dt$$

第6章　確率密度関数

ここで被積分関数を整理すると

$$\sqrt{\left(\frac{1}{t}-1\right)}\,t^{\frac{n+1}{2}-2} = \sqrt{\frac{1-t}{t}}\,t^{\frac{n-3}{2}} = (1-t)^{\frac{1}{2}}t^{-\frac{1}{2}}t^{\frac{n-3}{2}} = t^{\frac{n-4}{2}}(1-t)^{\frac{1}{2}}$$

となるので

$$V[x] = T_n n\sqrt{n}\int_0^1 t^{\frac{n-4}{2}}(1-t)^{\frac{1}{2}}dt$$

である。ここでベータ関数との対応をとるために、さらに被積分関数を変形すると

$$V[x] = T_n n\sqrt{n}\int_0^1 t^{\left(\frac{n}{2}-1\right)-1}(1-t)^{\frac{3}{2}-1}dt$$

となり、ベータ関数を使うと

$$V[x] = T_n n\sqrt{n}B\left(\frac{n}{2}-1, \frac{3}{2}\right)$$

と書くことができる。これをさらにガンマ関数を使って変形すると

$$V[x] = T_n n\sqrt{n}\frac{\Gamma\left(\frac{n}{2}-1\right)\Gamma\left(\frac{3}{2}\right)}{\Gamma\left(\frac{n}{2}+\frac{1}{2}\right)}$$

となる。これに T_n を代入する。

$$T_n = \frac{\Gamma\left(\frac{n+1}{2}\right)}{\sqrt{n\pi}\,\Gamma\left(\frac{n}{2}\right)}$$

であるから

$$V[x] = n\sqrt{n}\frac{\Gamma\left(\frac{n+1}{2}\right)}{\sqrt{n\pi}\Gamma\left(\frac{n}{2}\right)}\frac{\Gamma\left(\frac{n}{2}-1\right)\Gamma\left(\frac{3}{2}\right)}{\Gamma\left(\frac{n+1}{2}\right)} = n\frac{\Gamma\left(\frac{n}{2}-1\right)\Gamma\left(\frac{3}{2}\right)}{\sqrt{\pi}\Gamma\left(\frac{n}{2}\right)}$$

となる。ここで漸化式を使うと

$$\Gamma\left(\frac{n}{2}\right) = \Gamma\left(\frac{n}{2}-1+1\right) = \left(\frac{n}{2}-1\right)\Gamma\left(\frac{n}{2}-1\right)$$

であり

$$\Gamma\left(\frac{3}{2}\right) = \frac{\sqrt{\pi}}{2}$$

であるから

$$V[x] = n\frac{\Gamma\left(\frac{n}{2}-1\right)\frac{\sqrt{\pi}}{2}}{\sqrt{\pi}\left(\frac{n}{2}-1\right)\Gamma\left(\frac{n}{2}-1\right)} = \frac{n}{n-2}$$

となる。

以上のように、t分布に対応した確率密度関数の平均は0で、分散は

$$V[x] = \frac{n}{n-2}$$

となっている。ここで、標準正規分布では平均が0で分散が1であった。t分布による統計推定や検定のところで紹介したように、標本数が大きくなれば、近似的に標準正規分布とみなしてよいと説明した。その目安は$n=30$程度としたが、実際に計算してみると

第6章　確率密度関数

$$V[x] = \frac{n}{n-2} = \frac{30}{28} = 1.071$$

となって、t 分布でも n が大きくなれば分散は次第に1に近づいていくことが分かる。つまり標準正規分布で近似しても良いという事実を確認できる。一応参考までに結果を示すと

$n = 100$ で $V[x] = 1.02$　　　$n = 1000$ で $V[x] = 1.002$

となる。

しかし、このように t 分布と標準正規分布とは近い関係にありながら、なぜ見た目の確率密度関数のかたちが全く異なっているのであろうか。もっと具体的には、なぜ t 分布では指数関数となっていないのであろうか。

確認の意味でそれぞれの確率密度関数を並べて書いてみると

標準正規分布に対応した確率密度関数

$$f(x) = \frac{1}{\sqrt{2\pi}} \exp\left(-\frac{x^2}{2}\right)$$

t 分布に対応した確率密度関数

$$f(x) = \frac{\Gamma\left(\frac{n+1}{2}\right)}{\sqrt{n\pi}\,\Gamma\left(\frac{n}{2}\right)} \left(1 + \frac{x^2}{n}\right)^{-\frac{n+1}{2}}$$

となっていて、一見しただけでは何の関連性もない。しかしながら、グラフ化するとよく似ているうえ、確かに n の数が増えると両者は一致することが確かめられる。

実は、これら2つの確率密度関数には密接な関係があるのである。そのヒントが**補遺1**に示した指数関数の定義である。それを取り出すと

$$e = \lim_{n \to \infty} \left(1 + \frac{1}{n}\right)^n$$

というものであった。これは $\left(1 + \frac{1}{n}\right)^n$ において n が無限大になった極限では、e になるというものであるが、実は t 分布と密接な関係にある。なぜなら、t 分布も n が無限大になった極限では、正規分布となり、その確率密度関数が指数関数になるからである。

そこで、この e の定義を使って e^x を考えてみよう。すると

$$e^x = \left(\lim_{n \to \infty} \left(1 + \frac{1}{n}\right)^n\right)^x = \lim_{n \to \infty} \left(1 + \frac{1}{n}\right)^{nx}$$

と与えられる。ここで $m = nx$ と置きかえると

$$e^x = \lim_{n \to \infty} \left(1 + \frac{1}{n}\right)^{nx} = \lim_{m \to \infty} \left(1 + \frac{x}{m}\right)^m$$

となる。ここまで来ると、指数関数が主体となっている標準正規分布の確率密度関数と t 分布の確率密度関数の共通点が見えてくる。

これを正規分布に対応した指数関数に当てはめれば

$$\exp(-x^2) = \left(\lim_{n \to \infty} \left(1 + \frac{1}{n}\right)^n\right)^{-x^2} = \lim_{n \to \infty} \left(1 + \frac{1}{n}\right)^{-nx^2}$$

となるが、$m = nx^2$ と置きかえると

$$\exp(-x^2) = \lim_{m \to \infty} \left(1 + \frac{x^2}{m}\right)^{-m}$$

となる。この右辺において m が無限大の極限が正規分布の指数関数となるが、その数が小さい時には

$$f(x) = A\left(1 + \frac{x^2}{m}\right)^{-m}$$

となるのである。

　これは、まさに t 分布の確率密度関数の基本形である。もちろん、これを実際の分布に適合させるためには修正が必要となるが、正規分布と t 分布が、e の定義そのものから、n の数の大小によって、その根底でつながっていることが理解いただけると思う。

6.4. F 分布の確率密度関数

　χ^2 分布は標本分散（標本標準偏差）から母分散の区間推定をしたり、検定するのに利用するものであったが、標本分散の比を区間推定したり検定したりするには、F 分布と呼ばれる分布を利用することが必要であった。このとき、A および B の二つのグループの比較には、それぞれの標本分散および母分散を使って

$$F = \frac{\hat{\sigma}_A^2 / \sigma_A^2}{\hat{\sigma}_B^2 / \sigma_B^2}$$

の比を考える。すると、この比が F **分布** (F distribution)と呼ばれる分布に従うのであった。ここで

$$\chi^2 = \sum_{i=1}^{n} \frac{(x_i - \bar{x})^2}{\sigma^2} \qquad \chi^2 = \frac{ns^2}{\sigma^2}$$

の関係を使うと、F は

$$F = \frac{n_A}{n_A - 1} \frac{s_A^2}{\sigma_A^2} \bigg/ \frac{n_B}{n_B - 1} \frac{s_B^2}{\sigma_B^2} = \frac{\chi_A^2}{n_A - 1} \bigg/ \frac{\chi_B^2}{n_B - 1}$$

と書き換えることができる。ここで自由度を

$$p = n_A - 1 \qquad q = n_B - 1$$

とすると

$$F = \left.\frac{\chi_A^2}{p}\right/\frac{\chi_B^2}{q}$$

と変形できる。つまり、χ^2の比を自由度で規格化したものがFであると考えられる。この比は自由度(p, q)のF分布に従うことが知られている。よって、自由度を明示して

$$F(p,q) = \left.\frac{\chi_A^2}{p}\right/\frac{\chi_B^2}{q}$$

と表記する場合もある。この関係から容易に

$$F(q,p) = \left.\frac{\chi_B^2}{q}\right/\frac{\chi_A^2}{p} = \frac{1}{F(p,q)}$$

という関係にあることも分かる。

そこで、自由度(p, q)のF分布がどのような確率密度関数に対応するかを紹介しよう。まず、この分布の定義域は$x \geq 0$であることが明らかである。そして、そのかたちは

$$f(x) = F_{p,q} \frac{x^{\frac{p}{2}-1}}{\left(1 + \frac{p}{q}x\right)^{\frac{p+q}{2}}}$$

のような関数であり、定数項は

$$F_{p,q} = \frac{\Gamma\left(\dfrac{p+q}{2}\right)}{\Gamma\left(\dfrac{p}{2}\right)\Gamma\left(\dfrac{q}{2}\right)} \left(\dfrac{p}{q}\right)^{\frac{p}{2}}$$

で与えられる。あるいはベータ関数を使って

$$F_{p,q} = \frac{\left(\dfrac{p}{q}\right)^{\frac{p}{2}}}{B\left(\dfrac{p}{2},\dfrac{q}{2}\right)}$$

と表される。すこし複雑なかたちをしているが、試しに $p = 3, q = 2$ を代入してみよう。すると、まず定数項は

$$F_{3,2} = \frac{\Gamma\left(\dfrac{5}{2}\right)}{\Gamma\left(\dfrac{3}{2}\right)\Gamma\left(\dfrac{2}{2}\right)}\left(\dfrac{3}{2}\right)^{\frac{3}{2}} = \frac{\Gamma\left(\dfrac{5}{2}\right)}{\Gamma\left(\dfrac{3}{2}\right)\Gamma(1)}(1.5)^{1.5}$$

となるが、ガンマ関数の性質から

$$\Gamma\left(\dfrac{5}{2}\right) = \dfrac{3}{2}\Gamma\left(\dfrac{3}{2}\right) \qquad \Gamma(1) = 1$$

であったから、結局

$$F_{3,2} = \frac{\dfrac{3}{2}\Gamma\left(\dfrac{3}{2}\right)}{\Gamma\left(\dfrac{3}{2}\right)}(1.5)^{1.5} = 2.76$$

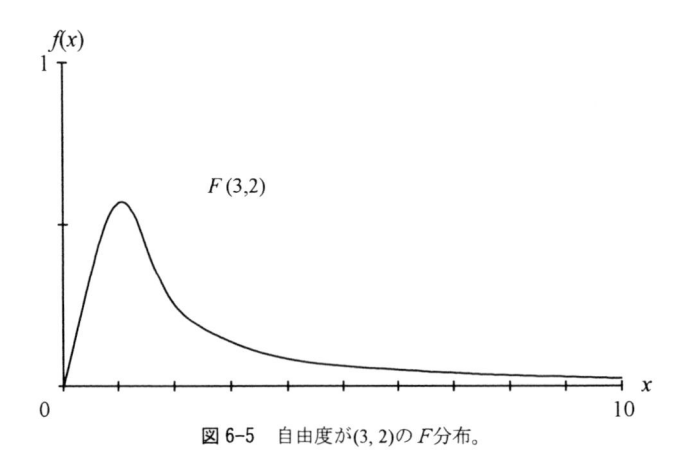

f(x)
F(3,2)
図 6-5　自由度が(3, 2)のF分布。

となり、定数項は 2.76 と与えられる。よって確率密度関数は

$$f(x) = F_{p,q} \frac{x^{\frac{p}{2}-1}}{\left(1+\frac{p}{q}x\right)^{\frac{p+q}{2}}} = F_{3,2} \frac{x^{\frac{3}{2}-1}}{\left(1+\frac{3}{2}x\right)^{\frac{5}{2}}} = 2.76 x^{\frac{1}{2}} \left(1+\frac{3}{2}x\right)^{-\frac{5}{2}}$$

となる。これをプロットすると図 6-5 のようになる。これが自由度 (3, 2) の F 分布である。このように、一般式はすこし複雑であるが、実際に数値を代入して計算してみると、比較的簡単なグラフとなることが分かる。

演習 6-4　自由度が (2, 3) の F 分布の確率密度関数を求め、グラフにプロットせよ。

解）　まず定数項から求めると

$$F_{2,3} = \frac{\Gamma\left(\frac{2+3}{2}\right)}{\Gamma\left(\frac{2}{2}\right)\Gamma\left(\frac{3}{2}\right)} \left(\frac{2}{3}\right)^{\frac{2}{2}} = \frac{\Gamma\left(\frac{5}{2}\right)}{\Gamma(1)\Gamma\left(\frac{3}{2}\right)} \left(\frac{2}{3}\right) = \frac{\frac{3}{2}\Gamma\left(\frac{3}{2}\right)}{\Gamma(1)\Gamma\left(\frac{3}{2}\right)} \left(\frac{2}{3}\right) = 1$$

第6章　確率密度関数

図6-6　自由度が(2, 3)の F 分布。

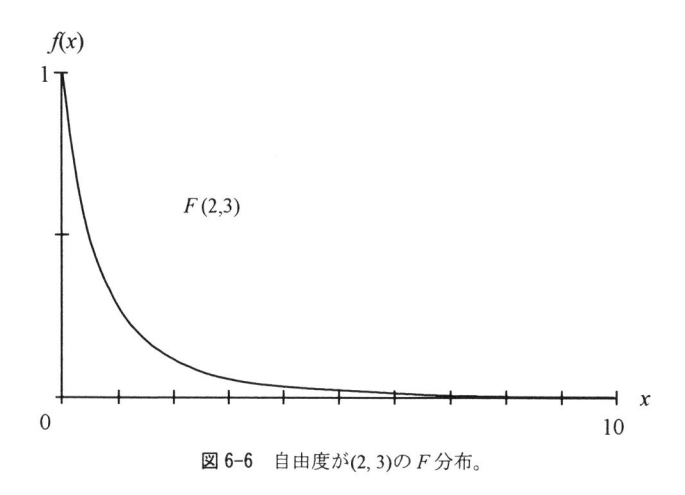

となって1となる。よって確率密度関数は

$$f(x) = F_{2,3} \frac{x^{\frac{2}{2}-1}}{\left(1+\frac{2}{3}x\right)^{\frac{2+3}{2}}} = \left(1+\frac{2}{3}x\right)^{-\frac{5}{2}}$$

と与えられ、グラフは図6-6のようになる。

　それでは F 分布の確率密度関数はどうしてこのような形になるのかを考えてみよう。まず F 分布は χ^2 の比であるから、その確率密度関数を基礎においていると思われる。
　t 分布の項ですでに紹介したように、χ^2 分布も n が小さいときは指数関数(e)のかたちに基礎を置いている。ここで、χ^2 分布の確率密度関数は

$$f(x) = K_n x^{\frac{n}{2}-1} \exp\left(-\frac{x}{2}\right)$$

であった。よって、指数分布

$$\exp\left(-\frac{x}{2}\right)$$

がその根幹をなしている。ここで t 分布の場合と同じように e の定義を使って e^x を考えてみよう。すると

$$e^{-x} = \left(\lim_{n\to\infty}\left(1+\frac{1}{n}\right)^n\right)^{-x} = \lim_{n\to\infty}\left(1+\frac{1}{n}\right)^{-nx}$$

と与えられる。ここで $m = nx$ と置きかえると

$$e^{-x} = \lim_{n\to\infty}\left(1+\frac{1}{n}\right)^{-nx} = \lim_{m\to\infty}\left(1+\frac{x}{m}\right)^{-m}$$

となって、基本形は $\left(1+\frac{x}{m}\right)^{-m}$ となることが分かる。さらに、これに $x^{\frac{n}{2}-1}$ をかけあわせたものが χ^2 分布の確立密度関数である。F 分布では、さらにこの比が対象となるので、表記のような確率密度関数となるのである。

ここで、ためしに $p = 1$ の場合を考えてみる。

$$f(x) = F_{p,q} \frac{x^{\frac{p}{2}-1}}{\left(1+\frac{p}{q}x\right)^{\frac{p+q}{2}}} = F_{1,q} \frac{x^{-\frac{1}{2}}}{\left(1+\frac{x}{q}\right)^{\frac{q+1}{2}}}$$

$$F_{1,q} = \frac{\Gamma\left(\frac{1+q}{2}\right)}{\Gamma\left(\frac{1}{2}\right)\Gamma\left(\frac{q}{2}\right)}\left(\frac{1}{q}\right)^{\frac{1}{2}} = \frac{\Gamma\left(\frac{q+1}{2}\right)}{\sqrt{q\pi}\,\Gamma\left(\frac{q}{2}\right)}$$

第6章　確率密度関数

ここで t 分布の確率密度関数をあらためて示すと

$$f(x) = T_n\left(1+\frac{x^2}{n}\right)^{-\frac{n+1}{2}} = T_n\frac{1}{\left(1+\frac{x^2}{n}\right)^{\frac{n+1}{2}}} \quad (n \geq 1) \qquad T_n = \frac{\Gamma\left(\frac{n+1}{2}\right)}{\sqrt{n\pi}\,\Gamma\left(\frac{n}{2}\right)}$$

となって、定数項はまったく同じものであり、変数の項もよく似ている。実は、t 分布に従う確率変数 X に対して

$$Y = X^2$$

と置き換えた分布が $F(1,n)$ 分布なのである。ここで $P(a^2 \leq Y \leq b^2)$ に対応するもの（ただし a, b ともに正の数で $a < b$）として

$$P(a \leq X \leq b) = \int_a^b T_n\left(1+\frac{x^2}{n}\right)^{-\frac{n+1}{2}} dx$$

の積分を考える。ここで、$y = x^2$ と置くと

$$dy = 2x\,dx \qquad dx = \frac{1}{2x}dy = \frac{1}{2\sqrt{y}}dy$$

となって

$$P(a \leq X \leq b) = \int_a^b T_n\left(1+\frac{x^2}{n}\right)^{-\frac{n+1}{2}} dx = \int_{a^2}^{b^2} T_n\left(1+\frac{y}{n}\right)^{-\frac{n+1}{2}} \frac{1}{2\sqrt{y}}dy$$

と変形できる。ここで被積分関数を整理すると

$$T_n\left(1+\frac{y}{n}\right)^{-\frac{n+1}{2}} \frac{1}{2\sqrt{y}} = \frac{1}{2}T_n y^{-\frac{1}{2}}\left(1+\frac{y}{n}\right)^{-\frac{n+1}{2}}$$

となって、$F(1, n)$ の確率密度関数と言いたいところだが、係数 1/2 がつい

ている。この理由は簡単で、実は

$$P(-b \leq X \leq -a) = \int_{-b}^{-a} T_n \left(1 + \frac{x^2}{n}\right)^{-\frac{n+1}{2}} dx$$

もカウントしなければならなかったからである。つまり、χ^2分布のところでも確認したように

$$P(a^2 \leq Y \leq b^2) = P(a \leq X \leq b) + P(-b \leq X \leq -a)$$

という関係にある。負の領域では

$$dx = -\frac{1}{2\sqrt{y}} dy$$

となり

$$P(-b \leq X \leq -a) = \int_{-b}^{-a} T_n \left(1 + \frac{x^2}{n}\right)^{-\frac{n+1}{2}} dx = \int_{b^2}^{a^2} T_n \left(1 + \frac{y}{n}\right)^{-\frac{n+1}{2}} \left(-\frac{1}{2\sqrt{y}}\right) dy$$

$$= \int_{a^2}^{b^2} T_n \left(1 + \frac{y}{n}\right)^{-\frac{n+1}{2}} \left(\frac{1}{2\sqrt{y}}\right) dy$$

この被積分関数を整理すると

$$T_n \left(1 + \frac{y}{n}\right)^{-\frac{n+1}{2}} \frac{1}{2\sqrt{y}} = \frac{1}{2} T_n y^{-\frac{1}{2}} \left(1 + \frac{y}{n}\right)^{-\frac{n+1}{2}}$$

となって同じものとなり、結局、確率密度関数は

$$f(x) = T_n y^{-\frac{1}{2}} \left(1 + \frac{y}{n}\right)^{-\frac{n+1}{2}}$$

となる。

第6章 確率密度関数

演習 6-5 確率変数 X が自由度 (p, q) の F 分布に従うときの平均値を求めよ。

解) 自由度 (p, q) の F 分布の確率密度関数は

$$f(x) = F_{p,q} \frac{x^{\frac{p}{2}-1}}{\left(1+\frac{p}{q}x\right)^{\frac{p+q}{2}}} \qquad F_{p,q} = \frac{\Gamma\left(\frac{p+q}{2}\right)}{\Gamma\left(\frac{p}{2}\right)\Gamma\left(\frac{q}{2}\right)}\left(\frac{p}{q}\right)^{\frac{p}{2}}$$

で与えられる。よって平均は

$$E[x] = \int_0^{+\infty} x F_{p,q} \frac{x^{\frac{p}{2}-1}}{\left(1+\frac{p}{q}x\right)^{\frac{p+q}{2}}} dx = F_{p,q} \int_0^{+\infty} \frac{x^{\frac{p}{2}}}{\left(1+\frac{p}{q}x\right)^{\frac{p+q}{2}}} dx$$

の積分で与えられる。被積分関数の分子分母に $q^{\frac{p+q}{2}}$ をかけると

$$\frac{q^{\frac{p+q}{2}} x^{\frac{p}{2}}}{(q+px)^{\frac{p+q}{2}}} = \frac{q^{\frac{q}{2}}(qx)^{\frac{p}{2}}}{(q+px)^{\frac{p+q}{2}}}$$

のように変形できる。よって

$$E[x] = F_{p,q} q^{\frac{q}{2}} \int_0^{\infty} \frac{(qx)^{\frac{p}{2}}}{(q+px)^{\frac{p+q}{2}}} dx$$

と与えられる。ここで

$$t = \frac{px}{q+px}$$

という変数変換を行うと

$$(q+px)t = px \qquad qt = px(1-t) \qquad x = \frac{q}{p}\frac{t}{1-t}$$

となる。ここで両辺を微分すると

$$dx = \frac{q}{p}\frac{(t)'(1-t) - t\cdot(1-t)'}{(1-t)^2}dt = \frac{q}{p}\frac{1}{(1-t)^2}dt$$

また

$$q + px = q + p\frac{q}{p}\frac{t}{1-t} = q + q\frac{t}{1-t} = \frac{q}{1-t}$$

と変形でき、さらに積分範囲は、$t = \dfrac{px}{q+px}$ より、$x = 0$ のとき $t = 0$, $x = \infty$ のとき

$$\lim_{x\to\infty}\frac{px}{q+px} = \lim_{x\to\infty}\frac{p}{\dfrac{q}{x}+p} = \frac{p}{p} = 1$$

より $t = 1$ となる。よって

$$E[x] = F_{p,q}q^{\frac{q}{2}}\int_0^\infty \frac{(qx)^{\frac{p}{2}}}{(q+px)^{\frac{p+q}{2}}}dx = F_{p,q}q^{\frac{q}{2}}\int_0^1 \frac{\left(q\dfrac{q}{p}\dfrac{t}{1-t}\right)^{\frac{p}{2}}}{\left(\dfrac{q}{1-t}\right)^{\frac{p+q}{2}}}\frac{q}{p}\frac{1}{(1-t)^2}dt$$

ここで被積分関数を整理すると

$$\frac{\left(q\dfrac{q}{p}\dfrac{t}{1-t}\right)^{\frac{p}{2}}}{\left(\dfrac{q}{1-t}\right)^{\frac{p+q}{2}}}\frac{q}{p}\frac{1}{(1-t)^2} = \left(\frac{q^2}{p}\right)^{\frac{p}{2}}\left(\frac{1}{q}\right)^{\frac{p+q}{2}}\frac{q}{p}t^{\frac{p}{2}}\left(\frac{1}{1-t}\right)^{\frac{p}{2}}\left(\frac{1}{1-t}\right)^{-\frac{p+q}{2}}\left(\frac{1}{1-t}\right)^2$$

第6章 確率密度関数

$$= \left(\frac{q}{p}\right)^{\frac{p}{2}}\left(\frac{1}{q}\right)^{\frac{q}{2}}\frac{q}{p}t^{\frac{p}{2}}\left(\frac{1}{1-t}\right)^{2-\frac{q}{2}} = \left(\frac{q}{p}\right)^{\frac{p+1}{2}}\left(\frac{1}{q}\right)^{\frac{q}{2}}t^{\frac{p}{2}}(1-t)^{\frac{q}{2}-2}$$

よって

$$E[x] = F_{p,q}q^{\frac{q}{2}}\int_0^1 \frac{\left(q\frac{q}{p}\frac{t}{1-t}\right)^{\frac{p}{2}}}{\left(\frac{q}{1-t}\right)^{\frac{p+q}{2}}}\frac{q}{p}\frac{1}{(1-t)^2}dt = F_{p,q}\left(\frac{q}{p}\right)^{\frac{p+1}{2}}\int_0^1 t^{\frac{p}{2}}(1-t)^{\frac{q-2}{2}}dt$$

と変形できる。ここで積分のかたちを見るとベータ関数となっていることが分かる。ここでベータ関数は

$$B(m,n) = \int_0^1 x^{m-1}(1-x)^{n-1}dx$$

であった。よって

$$E[x] = F_{p,q}\left(\frac{q}{p}\right)^{\frac{p+1}{2}}\int_0^1 t^{\frac{p}{2}}(1-t)^{\frac{q-2}{2}}dt = F_{p,q}\left(\frac{q}{p}\right)^{\frac{p+1}{2}}\int_0^1 t^{\frac{p}{2}+1-1}(1-t)^{\frac{q}{2}-1-1}dt$$

$$= F_{p,q}\left(\frac{q}{p}\right)^{\frac{p+1}{2}}B\left(\frac{p}{2}+1,\frac{q}{2}-1\right)$$

となる。ここで$F_{p,q}$およびベータ関数は

$$F_{p,q} = \frac{\Gamma\left(\frac{p+q}{2}\right)}{\Gamma\left(\frac{p}{2}\right)\Gamma\left(\frac{q}{2}\right)}\left(\frac{p}{q}\right)^{\frac{p}{2}} \qquad B\left(\frac{p}{2}+1,\frac{q}{2}-1\right) = \frac{\Gamma\left(\frac{p}{2}+1\right)\Gamma\left(\frac{q}{2}-1\right)}{\Gamma\left(\frac{p+q}{2}\right)}$$

であったから

$$E[x] = F_{p,q}\left(\frac{q}{p}\right)^{\frac{p+1}{2}} B\left(\frac{p}{2}+1, \frac{q}{2}-1\right) = \frac{\Gamma\left(\frac{p+q}{2}\right)}{\Gamma\left(\frac{p}{2}\right)\Gamma\left(\frac{q}{2}\right)} \left(\frac{p}{q}\right)^{\frac{p}{2}} \left(\frac{q}{p}\right)^{\frac{p}{2}+1} \frac{\Gamma\left(\frac{p}{2}+1\right)\Gamma\left(\frac{q}{2}-1\right)}{\Gamma\left(\frac{p+q}{2}\right)}$$

$$= \left(\frac{q}{p}\right) \frac{\Gamma\left(\frac{p}{2}+1\right)\Gamma\left(\frac{q}{2}-1\right)}{\Gamma\left(\frac{p}{2}\right)\Gamma\left(\frac{q}{2}\right)}$$

ここでガンマ関数の漸化式を思い出すと

$$\Gamma\left(\frac{p}{2}+1\right) = \frac{p}{2}\Gamma\left(\frac{p}{2}\right) \qquad \Gamma\left(\frac{q}{2}\right) = \left(\frac{q}{2}-1\right)\Gamma\left(\frac{q}{2}-1\right)$$

であったから、これを代入すると

$$E[x] = \left(\frac{q}{p}\right) \frac{\Gamma\left(\frac{p}{2}+1\right)\Gamma\left(\frac{q}{2}-1\right)}{\Gamma\left(\frac{p}{2}\right)\Gamma\left(\frac{q}{2}\right)} = \left(\frac{q}{p}\right) \frac{\frac{p}{2}}{\frac{q}{2}-1} = \frac{q}{q-2}$$

となる。この式から分かるように、F 分布では $q \geq 3$ でなければ平均値が存在しないことになる。

演習 6-6 確率変数 X が自由度 $(3, 4)$ の F 分布に従うとき、その平均値を求めよ。

解） ここでは、**演習 6-5** で求めた結果を利用せずに計算してみよう。自由度 $(3, 4)$ の F 分布の確率密度関数は

$$f(x) = F_{3,4} \frac{x^{\frac{3}{2}-1}}{\left(1+\frac{3}{4}x\right)^{\frac{7}{2}}} \qquad F_{3,4} = \frac{\Gamma\left(\frac{7}{2}\right)}{\Gamma\left(\frac{3}{2}\right)\Gamma(2)} \left(\frac{3}{4}\right)^{\frac{3}{2}}$$

第6章　確率密度関数

で与えられる。ここで定数項は

$$F_{3,4} = \frac{\Gamma\left(\frac{7}{2}\right)}{\Gamma\left(\frac{3}{2}\right)\Gamma(2)}\left(\frac{3}{4}\right)^{\frac{3}{2}} = \frac{\frac{5}{2}\cdot\frac{3}{2}\Gamma\left(\frac{3}{2}\right)}{\Gamma\left(\frac{3}{2}\right)\Gamma(2)}\left(\frac{3}{4}\right)^{\frac{3}{2}} = \frac{15}{4}\left(\frac{3}{4}\right)^{\frac{3}{2}}$$

となる。よって平均は

$$E[x] = \int_0^{+\infty} x \frac{15}{4}\left(\frac{3}{4}\right)^{\frac{3}{2}} \frac{x^{\frac{1}{2}}}{\left(1+\frac{3}{4}x\right)^{\frac{7}{2}}} dx = \frac{15}{4}\left(\frac{3}{4}\right)^{\frac{3}{2}} \int_0^{+\infty} x^{\frac{3}{2}}\left(\frac{4+3x}{4}\right)^{-\frac{7}{2}} dx$$

の積分で与えられる。ここで

$$t = \frac{3x}{4+3x}$$

という変数変換を行うと

$$(4+3x)t = 3x \qquad 4t = 3x(1-t) \qquad x = \frac{4}{3}\frac{t}{1-t}$$

となり

$$dx = \frac{4}{3}\frac{(t)'(1-t) - t(1-t)'}{(1-t)^2} dt = \frac{4}{3}\frac{1}{(1-t)^2} dt$$

また積分範囲は $0 \le x \le +\infty$ が $0 \le t \le 1$ に変わる。よって

$$E[x] = \frac{15}{4}\left(\frac{3}{4}\right)^{\frac{3}{2}} \int_0^1 \left(\frac{4}{3}\frac{t}{1-t}\right)^{\frac{3}{2}} \left(\frac{4+4\frac{t}{1-t}}{4}\right)^{-\frac{7}{2}} \frac{4}{3}\frac{1}{(1-t)^2} dt$$

$$= \frac{15}{4}\frac{4}{3}\left(\frac{3}{4}\right)^{\frac{3}{2}}\left(\frac{4}{3}\right)^{\frac{3}{2}} \int_0^1 \left(\frac{t}{1-t}\right)^{\frac{3}{2}} \left(\frac{1}{1-t}\right)^{-\frac{7}{2}} \frac{1}{(1-t)^2} dt$$

となり、結局

$$E[x] = 5\int_0^1 t^{\frac{3}{2}} dt$$

と整理できる。平均は

$$E[x] = 5\int_0^1 t^{\frac{3}{2}} dt = 5\left[\frac{2}{5} t^{\frac{5}{2}}\right]_0^1 = 5 \times \frac{2}{5} = 2$$

と与えられる。先ほど演習 6-5 で求めた平均を与える一般式を用いると、$q = 4$ であるから

$$E[x] = \frac{q}{q-2} = \frac{4}{4-2} = 2$$

となって確かに同じ値が得られる。

演習 6-7 確率変数 X が自由度 $(4, 4)$ の F 分布に従うとき、その平均値を求めよ。

解） 自由度 $(4, 4)$ の F 分布の確率密度関数は

$$f(x) = F_{4,4} \frac{x^{\frac{4}{2}-1}}{\left(1+\frac{4}{4}x\right)^{\frac{4+4}{2}}} = F_{4,4} \frac{x}{(1+x)^4} \qquad F_{4,4} = \frac{\Gamma\left(\frac{4+4}{2}\right)}{\Gamma\left(\frac{4}{2}\right)\Gamma\left(\frac{4}{2}\right)} \left(\frac{4}{4}\right)^{\frac{4}{2}}$$

で与えられる。ここで定数項は

$$F_{4,4} = \frac{\Gamma(4)}{\Gamma(2)\Gamma(2)} = \frac{3 \times 2 \times \Gamma(2)}{\Gamma(2)\Gamma(2)} = 6$$

となる。よって平均は

$$E[x] = \int_0^{+\infty} xf(x)dx = \int_0^{+\infty} \frac{6x^2}{(1+x)^4}dx$$

の積分で与えられる。ここで

$$t = \frac{x}{1+x}$$

という変数変換を行うと

$$t(1+x) = x \qquad t = x(1-t) \qquad x = \frac{t}{1-t}$$

となり

$$dx = \frac{(t)'(1-t) - t(1-t)'}{(1-t)^2}dt = \frac{1}{(1-t)^2}dt$$

また積分範囲は $0 \le x \le +\infty$ が $0 \le t \le 1$ に変わる。よって

$$E[x] = \int_0^{+\infty} \frac{6x^2}{(1+x)^4}dx = 6\int_0^{+\infty} \frac{1}{(1+x)^2}\left(\frac{x}{1+x}\right)^2 dx$$
$$= 6\int_0^1 \frac{1}{\left(1 + \frac{t}{1-t}\right)^2} t^2 \frac{1}{(1-t)^2}dt = 6\int_0^1 (1-t)^2 t^2 \frac{1}{(1-t)^2}dt$$

となり、結局

$$E[x] = 6\int_0^1 t^2 dt = 6\left[\frac{t^3}{3}\right]_0^1 = 6 \times \frac{1}{3} = 2$$

と与えられる。

このように、F 分布の平均は p の値、つまり分子の自由度には関係なく、分母の自由度 q のみで決定される。

演習 6-8 確率変数 X が自由度 (p, q) の F 分布に従うときの分散を求めよ。

解） 自由度 (p, q) の F 分布の確率密度関数は

$$f(x) = F_{p,q} \frac{x^{\frac{p}{2}-1}}{\left(1+\frac{p}{q}x\right)^{\frac{p+q}{2}}} \qquad F_{p,q} = \frac{\Gamma\left(\frac{p+q}{2}\right)}{\Gamma\left(\frac{p}{2}\right)\Gamma\left(\frac{q}{2}\right)}\left(\frac{p}{q}\right)^{\frac{p}{2}}$$

で与えられる。平均はすでに求めているので、x^2 の期待値を求めよう。

$$E[x^2] = \int_0^{+\infty} x^2 F_{p,q} \frac{x^{\frac{p}{2}-1}}{\left(1+\frac{p}{q}x\right)^{\frac{p+q}{2}}} dx = F_{p,q} \int_0^{+\infty} \frac{x^{\frac{p}{2}+1}}{\left(1+\frac{p}{q}x\right)^{\frac{p+q}{2}}} dx$$

被積分関数の分子分母に $q^{\frac{p+q}{2}}$ をかけると

$$\frac{q^{\frac{p+q}{2}} x^{\frac{p}{2}+1}}{(q+px)^{\frac{p+q}{2}}} = \frac{q^{\frac{q}{2}-1}(qx)^{\frac{p}{2}+1}}{(q+px)^{\frac{p+q}{2}}}$$

と変形できる。よって

$$E[x^2] = F_{p,q} q^{\frac{q}{2}-1} \int_0^{\infty} \frac{(qx)^{\frac{p}{2}+1}}{(q+px)^{\frac{p+q}{2}}} dx$$

と与えられる。ここで、平均の場合と同様に

$$t = \frac{px}{q+px} \qquad x = \frac{q}{p}\frac{t}{1-t}$$

という変数変換を行う。

第6章　確率密度関数

すると

$$E[x^2] = F_{p,q} q^{\frac{q}{2}-1} \int_0^\infty \frac{(qx)^{\frac{p+1}{2}}}{(q+px)^{\frac{p+q}{2}}} dx = F_{p,q} q^{\frac{q}{2}-1} \int_0^1 \frac{\left(q \frac{q}{p} \frac{t}{1-t}\right)^{\frac{p+1}{2}}}{\left(\frac{q}{1-t}\right)^{\frac{p+q}{2}}} \frac{q}{p} \frac{1}{(1-t)^2} dt$$

ここで被積分関数を整理すると

$$\frac{\left(q \frac{q}{p} \frac{t}{1-t}\right)^{\frac{p+1}{2}}}{\left(\frac{q}{1-t}\right)^{\frac{p+q}{2}}} \frac{q}{p} \frac{1}{(1-t)^2} = \left(\frac{q^2}{p}\right)^{\frac{p+1}{2}} \left(\frac{1}{q}\right)^{\frac{p+q}{2}} \frac{q}{p} t^{\frac{p+1}{2}} \left(\frac{1}{1-t}\right)^{\frac{p+1}{2}} \left(\frac{1}{1-t}\right)^{-\frac{p+q}{2}} \left(\frac{1}{1-t}\right)^2$$

$$= \frac{q^2}{p} \left(\frac{q}{p}\right)^{\frac{p}{2}} \left(\frac{1}{q}\right)^{\frac{q}{2}} \frac{q}{p} t^{\frac{p+1}{2}} \left(\frac{1}{1-t}\right)^{3-\frac{q}{2}} = \left(\frac{q}{p}\right)^{\frac{p}{2}+2} \left(\frac{1}{q}\right)^{\frac{q}{2}-1} t^{\frac{p+1}{2}} (1-t)^{\frac{q}{2}-3}$$

よって

$$E[x^2] = F_{p,q} \left(\frac{q}{p}\right)^{\frac{p}{2}+2} \int_0^1 t^{\frac{p+1}{2}} (1-t)^{\frac{q-3}{2}} dt$$

と変形できる。ここで積分のかたちを見るとベータ関数となっていることが分かる。ここでベータ関数の標準形は

$$B(m,n) = \int_0^1 x^{m-1} (1-x)^{n-1} dx$$

であった。よって

$$E[x^2] = F_{p,q} \left(\frac{q}{p}\right)^{\frac{p}{2}+2} \int_0^1 t^{\frac{p+1}{2}} (1-t)^{\frac{q}{2}-3} dt = F_{p,q} \left(\frac{q}{p}\right)^{\frac{p}{2}+2} \int_0^1 t^{\frac{p}{2}+2-1} (1-t)^{\frac{q}{2}-2-1} dt$$

$$= F_{p,q} \left(\frac{q}{p}\right)^{\frac{p}{2}+2} B\left(\frac{p}{2}+2, \frac{q}{2}-2\right)$$

となる。ここで $F_{p,q}$ およびベータ関数は

$$F_{p,q} = \frac{\Gamma\left(\frac{p+q}{2}\right)}{\Gamma\left(\frac{p}{2}\right)\Gamma\left(\frac{q}{2}\right)}\left(\frac{p}{q}\right)^{\frac{p}{2}} \qquad B\left(\frac{p}{2}+2, \frac{q}{2}-2\right) = \frac{\Gamma\left(\frac{p}{2}+2\right)\Gamma\left(\frac{q}{2}-2\right)}{\Gamma\left(\frac{p+q}{2}\right)}$$

であったから

$$E[x^2] = F_{p,q}\left(\frac{q}{p}\right)^{\frac{p}{2}+2} B\left(\frac{p}{2}+2, \frac{q}{2}-2\right)$$

$$= \frac{\Gamma\left(\frac{p+q}{2}\right)}{\Gamma\left(\frac{p}{2}\right)\Gamma\left(\frac{q}{2}\right)}\left(\frac{p}{q}\right)^{\frac{p}{2}}\left(\frac{q}{p}\right)^{\frac{p}{2}+2} \frac{\Gamma\left(\frac{p}{2}+2\right)\Gamma\left(\frac{q}{2}-2\right)}{\Gamma\left(\frac{p+q}{2}\right)}$$

$$= \left(\frac{q}{p}\right)^2 \frac{\Gamma\left(\frac{p}{2}+2\right)\Gamma\left(\frac{q}{2}-2\right)}{\Gamma\left(\frac{p}{2}\right)\Gamma\left(\frac{q}{2}\right)}$$

ここでガンマ関数の漸化式を思い出すと

$$\Gamma\left(\frac{p}{2}+2\right) = \left(\frac{p}{2}+1\right)\frac{p}{2}\Gamma\left(\frac{p}{2}\right) \qquad \Gamma\left(\frac{q}{2}\right) = \left(\frac{q}{2}-1\right)\left(\frac{q}{2}-2\right)\Gamma\left(\frac{q}{2}-2\right)$$

であったから、これを代入すると

$$E[x^2] = \left(\frac{q}{p}\right)^2 \frac{\Gamma\left(\frac{p}{2}+2\right)\Gamma\left(\frac{q}{2}-2\right)}{\Gamma\left(\frac{p}{2}\right)\Gamma\left(\frac{q}{2}\right)} = \left(\frac{q}{p}\right)^2 \frac{\left(\frac{p}{2}+1\right)\frac{p}{2}}{\left(\frac{q}{2}-1\right)\left(\frac{q}{2}-2\right)} = \frac{q^2(p+2)}{p(q-2)(q-4)}$$

となる。よって分散は

第6章 確率密度関数

$$V[x] = E[x^2] - (E[x])^2 = \frac{q^2(p+2)}{p(q-2)(q-4)} - \left(\frac{q}{q-2}\right)^2$$

$$= \frac{q^2(p+2)(q-2) - pq^2(q-4)}{p(q-2)^2(q-4)} = \frac{q^2\{(p+2)(q-2) - p(q-4)\}}{p(q-2)^2(q-4)}$$

$$= \frac{q^2(pq+2q-2p-4-pq+4p)}{p(q-2)^2(q-4)} = \frac{q^2(2p+2q-4)}{p(q-2)^2(q-4)} = \frac{2q^2(p+q-2)}{p(q-2)^2(q-4)}$$

となる。この式から分かるように、F 分布の分散は $q \geq 5$ でなければ、求めることができないのである。

演習 6-9 確率変数 X が自由度 (4, 6) の F 分布に従うとき、その分散を求めよ。

解） 自由度 (4, 6) の F 分布の確率密度関数は

$$f(x) = F_{4,6} \frac{x^{\frac{4}{2}-1}}{\left(1+\frac{4}{6}x\right)^{\frac{4+6}{2}}} = F_{4,6} \frac{x}{\left(1+\frac{2}{3}x\right)^5}$$

$$F_{4,6} = \frac{\Gamma\left(\frac{4+6}{2}\right)}{\Gamma\left(\frac{4}{2}\right)\Gamma\left(\frac{6}{2}\right)}\left(\frac{4}{6}\right)^{\frac{4}{2}} = \frac{\Gamma(5)}{\Gamma(2)\Gamma(3)}\left(\frac{2}{3}\right)^2 = \frac{4}{9} \times \frac{4 \times 3 \times \Gamma(3)}{\Gamma(3)} = \frac{16}{3}$$

となる。よって自由度 (4, 6) の F 分布における x^2 の期待値は

$$E[x^2] = \int_0^{+\infty} x^2 f(x)\,dx = \frac{16}{3}\int_0^{+\infty} \frac{x^3}{\left(1+\frac{2}{3}x\right)^5}\,dx$$

$$= \frac{16}{3}\int_0^{+\infty} \frac{x^3}{\left(\frac{3+2x}{3}\right)^5}\,dx = \frac{16}{3}3^5\int_0^{+\infty} \frac{x^3}{(3+2x)^5}\,dx$$

の積分で与えられる。ここで

$$t = \frac{2x}{3+2x} \qquad x = \frac{3}{2}\frac{t}{1-t}$$

という変数変換を行うと

$$dx = \frac{3}{2}\frac{1}{(1-t)^2}dt$$

また積分範囲は $0 \leq x \leq +\infty$ が $0 \leq t \leq 1$ に変わる。よって

$$E[x^2] = 16 \times 3^4 \int_0^{+\infty} \frac{x^3}{(3+2x)^5}dx = 16 \times 3^4 \times \frac{1}{2^5}\int_0^{+\infty} \frac{1}{x^2}\left(\frac{2x}{3+2x}\right)^5 dx$$

$$= \frac{3^4}{2}\int_0^1 \frac{1}{\left(\frac{3}{2}\right)^2\left(\frac{t}{1-t}\right)^2} t^5 \left(\frac{3}{2}\right)\frac{1}{(1-t)^2}dt = 3^3 \int_0^1 t^3 dt = 27\left[\frac{t^4}{4}\right]_0^1 = 27 \times \frac{1}{4} = \frac{27}{4}$$

となる。ここで

$$E[x] = \frac{q}{q-2} = \frac{6}{6-2} = \frac{3}{2}$$

であるから、分散は

$$V[x] = E[x^2] - (E[x])^2 = \frac{27}{4} - \frac{9}{4} = \frac{18}{4} = \frac{9}{2}$$

と与えられる。

ここで、演習 6-8 より

$$V[x] = \frac{2q^2(p+q-2)}{p(q-2)^2(q-4)}$$

と与えられる。ここで $p = 4, q = 6$ を代入すると

第6章 確率密度関数

$$V[x] = \frac{2 \cdot 6^2(4+6-2)}{4(6-2)^2(6-4)} = \frac{2 \times 36 \times 8}{4 \times 16 \times 2} = \frac{9}{2}$$

となって、確かに同じ値が得られる。

つぎに必要なことは、F 分布表を使うときに利用した

自由度 (p, q) の F 分布表で上側面積が α となる点を a とすると、
自由度 (q, p) の F 分布表で下側面積が α となる点は $1/a$ となる。

という関係が正しいことを確かめる作業である。自由度 (p, q) の F 分布を $F(p, q)$ と書くと、確率表示では

$$P(F(p,q) > a) = \alpha \qquad P\left(F(q,p) < \frac{1}{a}\right) = \alpha$$

となる。

具体例で示すと、自由度 $(9, 4)$ の F 分布表で下側面積が 0.05 となる点を求めようとしても、表には、上側面積が 0.05 となる点しか載っていない。この場合、自由度 $(4, 9)$ の F 分布表で上側面積が 0.05 となる点 a を読み取ったうえで、その逆数 $1/a$ をとれば、それが自由度 $(9, 4)$ の F 分布表で下側面積が 0.05 となる点である。

自由度 (p, q) の F 分布の確率密度関数は

$$f(x) = F_{p,q} \frac{x^{\frac{p}{2}-1}}{\left(1 + \frac{p}{q}x\right)^{\frac{p+q}{2}}} \qquad F_{p,q} = \frac{\Gamma\left(\frac{p+q}{2}\right)}{\Gamma\left(\frac{p}{2}\right)\Gamma\left(\frac{q}{2}\right)} \left(\frac{p}{q}\right)^{\frac{p}{2}}$$

で与えられる。ここで α の値がつぎの積分で与えられるとする。

$$\int_a^\infty F_{p,q} \frac{x^{\frac{p}{2}-1}}{\left(1+\frac{p}{q}x\right)^{\frac{p+q}{2}}} dx = \alpha$$

これは、自由度 (p, q) の F 分布表で上側面積が α となる領域に相当し、点 $x = a$ がその境界を与える。ここで

$$y = \frac{1}{x}$$

という変数変換を行うと

$$dy = -\frac{1}{x^2} dx \qquad dy = -y^2 dx \qquad dx = -\frac{1}{y^2} dy$$

また、積分範囲は

$$x = a \;\rightarrow\; y = \frac{1}{a} \qquad x = \infty \;\rightarrow\; y = \frac{1}{\infty} = 0$$

と変わる。

よって、上記の積分は

$$\int_a^\infty F_{p,q} \frac{x^{\frac{p}{2}-1}}{\left(1+\frac{p}{q}x\right)^{\frac{p+q}{2}}} dx = \int_{1/a}^0 F_{p,q} \frac{\left(\frac{1}{y}\right)^{\frac{p}{2}-1}}{\left(1+\frac{p}{qy}\right)^{\frac{p+q}{2}}} \left(-\frac{1}{y^2}\right) dy = \int_0^{1/a} F_{p,q} \frac{\left(\frac{1}{y}\right)^{\frac{p}{2}+1}}{\left(1+\frac{p}{qy}\right)^{\frac{p+q}{2}}} dy$$

となる。ここで被積分関数を整理すると

$$F_{p,q} \frac{\left(\frac{1}{y}\right)^{\frac{p}{2}+1}}{\left(1+\frac{p}{qy}\right)^{\frac{p+q}{2}}} = F_{p,q} \frac{\left(\frac{1}{y}\right)^{\frac{p}{2}+1}}{\left(\frac{p+qy}{qy}\right)^{\frac{p+q}{2}}} = F_{p,q} \frac{(qy)^{\frac{p+q}{2}}}{(p+qy)^{\frac{p+q}{2}} y^{\frac{p}{2}+1}} = F_{p,q} \frac{q^{\frac{p+q}{2}} y^{\frac{q}{2}-1}}{(p+qy)^{\frac{p+q}{2}}}$$

第6章　確率密度関数

ここで、さらに分子分母を $p^{\frac{p+q}{2}}$ で割ると

$$F_{p,q} \frac{q^{\frac{p+q}{2}} y^{\frac{q}{2}-1}}{(p+qy)^{\frac{p+q}{2}}} = F_{p,q}\left(\frac{q}{p}\right)^{\frac{p+q}{2}} \frac{y^{\frac{q}{2}-1}}{\left(1+\frac{q}{p}y\right)^{\frac{p+q}{2}}}$$

となる。定数項の

$$F_{p,q} = \frac{\Gamma\left(\frac{p+q}{2}\right)}{\Gamma\left(\frac{p}{2}\right)\Gamma\left(\frac{q}{2}\right)}\left(\frac{p}{q}\right)^{\frac{p}{2}}$$

を代入すると

$$F_{p,q}\left(\frac{q}{p}\right)^{\frac{p+q}{2}} \frac{y^{\frac{q}{2}-1}}{\left(1+\frac{q}{p}y\right)^{\frac{p+q}{2}}} = \frac{\Gamma\left(\frac{p+q}{2}\right)}{\Gamma\left(\frac{p}{2}\right)\Gamma\left(\frac{q}{2}\right)}\left(\frac{p}{q}\right)^{\frac{p}{2}}\left(\frac{q}{p}\right)^{\frac{p+q}{2}} \frac{y^{\frac{q}{2}-1}}{\left(1+\frac{q}{p}y\right)^{\frac{p+q}{2}}}$$

$$= \frac{\Gamma\left(\frac{p+q}{2}\right)}{\Gamma\left(\frac{p}{2}\right)\Gamma\left(\frac{q}{2}\right)}\left(\frac{q}{p}\right)^{\frac{q}{2}} \frac{y^{\frac{q}{2}-1}}{\left(1+\frac{q}{p}y\right)^{\frac{p+q}{2}}} = F_{q,p} \frac{y^{\frac{q}{2}-1}}{\left(1+\frac{q}{p}y\right)^{\frac{p+q}{2}}}$$

この関数はまさに、自由度 (q, p) の F 分布に対応した確率密度関数である。つまり

$$\int_0^{1/a} F_{q,p} \frac{y^{\frac{q}{2}-1}}{\left(1+\frac{q}{p}y\right)^{\frac{p+q}{2}}} dy = \alpha$$

となる。このように、自由度 (p, q) の F 分布において、上部面積が α になる点の値が a とすると、自由度 (q, p) の F 分布において、下部面積が α になる点は $1/a$ となる。

第7章 その他の確率分布

確率分布として正規分布、t 分布、χ^2 分布、F 分布を紹介し、その確率密度関数について紹介してきたが、この他にも数多くの確率分布が存在する。本章では、比較的理工系学問や経済学などで使われる分布を紹介する。

7.1. 2項分布

7.1.1. 順列と組み合わせ

この分布では順列と組み合わせの考えが必要になるので、まず、それを簡単に復習する。いま 1、2、3 という数字を書いた 3 枚のカードがあったとする。この並べ方の総数はいくつであろうか。

$$(1, 2, 3)\ (1, 3, 2)\ (2, 1, 3)\ (2, 3, 1)\ (3, 1, 2)\ (3, 2, 1)$$

と、すべての並べ方を取り出していけば、総数は 6 ということが分かる。しかし、この方法はカードの数が少なければ問題ないが、カードが 10 枚となったら、すべてを網羅するには時間がかかるうえ、おそらく数え落としも出てくるであろう。そこで、何らかの規則性を引き出して、より効率的にその総数を導出する方法を考えてみる。

まず、3 枚のカードを並べる場合、最初のカードの選び方は 3 通りある。次に、2 番目に選べるカードは 2 通りになり、最後のカードは自ずと決まってしまう。よって並べ方の総数は

$$3 \times 2 \times 1 = 6$$

となって、6 通りとなる。確かに、すべての並べ方を列挙したものと同じ答えが得られる。

この考えは、カードの数が 4 枚に増えた場合にも適用できる。最初のカードの選び方は 4 通り、つぎのカードの選び方は 3 通りと、順次数が減っていき、最後は 1 枚しか残らない。よって並べ方の総数は

$$4 \times 3 \times 2 \times 1 = 24$$

つまり 24 通りとなる。同じ考えでいけば n 枚のカードの並べ方の総数は

$$n \times (n-1) \times \ldots \times 3 \times 2 \times 1 = n!$$

となって、つまり**階乗** (factorial) となる。ちなみに 10 枚のカードでは

$$10! = 3628800$$

となって、3 枚のときと同じように、すべての並べ方を列挙する方法を採っていたら、結果を出すのに数年かかってしまうであろう。

それでは、6 枚のカードをすべて並べるのではなく、そこから 3 枚のカードを持ってきて、並べる方法は何通りであろうか。この場合にも、すべてのカードを並べる場合とまったく同じ考えが適用できる。

つまり、最初のカードは 6 通りの選び方がある。つぎのカードは残り 5 枚であるので 5 通り、3 枚目のカードは 4 通りであるから、結局、カードの並べ方は

$$6 \times 5 \times 4 = 120$$

となって、120 通りということになる。同じように、10 枚のカードから 3 枚取り出して並べる場合には

$$10 \times 9 \times 8 = 720$$

のように 720 通りということが分かる。同様にして 10 枚のカードから 4 枚取り出す並べ方は

$$10 \times 9 \times 8 \times 7 = 5040$$

のように5040通りということになる。ここで、6枚のカードから3枚を選んで並べる方法の数の $6 \times 5 \times 4$ という式は

$$6 \times 5 \times 4 = \frac{6 \times 5 \times 4 \times 3 \times 2 \times 1}{3 \times 2 \times 1}$$

と変形することができるので、階乗の記号を使えば

$$6 \times 5 \times 4 = \frac{6!}{3!} = \frac{6!}{(6-3)!}$$

と書くことができる。これは、10枚から4枚のカードを選んで並べるときも同様で

$$10 \times 9 \times 8 \times 7 = \frac{10 \times 9 \times 8 \times 7 \times 6 \times 5 \times 4 \times 3 \times 2 \times 1}{6 \times 5 \times 4 \times 3 \times 2 \times 1} = \frac{10!}{6!} = \frac{10!}{(10-4)!}$$

と書くことができる。これは一般の場合にも拡張でき、n 枚のカードから r 枚のカードを取り出して並べる方法の数は

$$n \times (n-1) \times (n-2) \times \ldots \times (n-r+1) = \frac{n!}{(n-r)!}$$

であることが分かる。このように、並ぶ順番までを考慮に入れて並べる方法を**順列** (permutation) と呼んでおり、その数を**順列の数** (the number of permutations) と呼んでいる。そして、順列の数は、その頭文字 P を使って

$$\frac{n!}{(n-r)!} = {}_nP_r$$

のように表記する。ここで $r = 0$ の時

第7章　その他の確率分布

$$_n P_0 = \frac{n!}{(n-0)!} = \frac{n!}{n!} = 1$$

となることが分かる。これは、n 枚のカードから何も取り出さずに並べる方法と考えられる。これには、すべてのカードを残すしかないから、1 通りしかないと解釈できる。一方 $r = n$ の場合、公式にあてはめると

$$_n P_n = \frac{n!}{(n-n)!} = \frac{n!}{0!} = n!$$

となるが、これは、n 枚のカードから n 枚を選んで並べる方法である。よって、まさに n 枚のカードの並べ方の総数である。それは、本章でも見たように $n!$ となる。

今の場合はカードの並べ方であったが、それではカードの組み合せではどうであろうか。**組み合せ** (combination) は、カードの並び順はどうでもよく、とにかく、どのカードを選ぶかということである。

そうすると、簡単に分かることであるが、3 枚のカードから 3 枚のカードを選ぶ方法は 1 通りしかない。

$$(1, 2, 3)$$

カードが 3 枚であるからどうしようもないのである。これが順列と違うところである。

それでは、2 枚のカードを選ぶ組み合わせはどうであろうか。この場合は

$$(1, 2)\,(1, 3)\,(2, 3)$$

の 3 通りがある。

また 1 枚のカードを選ぶ組み合わせは

$$(1)\,(2)\,(3)$$

の 3 通りである。これでは当たり前過ぎてよく分からないので、3 枚のカードから 2 枚を取り出して並べる順列の数を求める作業を基本に考えてみよう。すると

$$3 \times 2 = 6$$

となって6通りである。具体的に並べ方を列挙すると

$$(1, 2)\ (2, 1)\ (1, 3)\ (3, 1)\ (2, 3)\ (3, 2)$$

となる。ところで、組み合わせで考えると (1, 2) と (2, 1) は同じものである。つまり、順列の方法では、組み合せを 2 回ずつダブルカウントしていることになる。よって、本来欲しい**組み合わせの数** (the number of combinations) の 2 倍だけカウントしていることになり、組み合わせの数は 6/2=3 通りとなる。

それでは 3 個の組み合わせを選ぶ場合を考えてみる。この場合も順列の数から考えると$3 \times 2 \times 1 = 6$となって6通りとなる。それを列挙すると

$$(1, 2, 3)\ (1, 3, 2)\ (2, 1, 3)\ (2, 3, 1)\ (3, 1, 2)\ (3, 2, 1)$$

となるが、数字の組み合わせという観点では、これらはすべて同じものである。つまり、順列の数を数えた値を基本としたときに、組み合わせという視点で見ると、3 個の成分を選ぶときには、その順列の数である 3! 回だけ余計にカウントしていることになる。

よって、r 個から r 個の組み合わせを選ぶときには、本来は 1 通りしかないにもかかわらず、$r!$回だけ余計にカウントしているのである。つまり、組み合わせの数を得るためには順列の数を $r!$ で割らなければならない。

例えば、3 個の成分の順列の数は 3! であるが、組み合わせを考えた場合、3 ! 回だけ同じものをダブルカウントしているので、結局、組み合わせの数は

$$\frac{3!}{3!} = 1$$

となる。よって、3 枚のカードから 3 枚のカードを選ぶ組み合わせは 1、つまり 1 通りとなる。つぎに、3 枚のカードから 2 枚のカードを取り出して並べる順列の数は

$$_3\mathrm{P}_2 = \frac{3!}{1!} = 3 \times 2 = 6$$

であるが、組み合わせの数では 2!だけ同じものをダブルカウントしているから、組み合わせの数は、順列の数を 2!で割った

$$\frac{_3\mathrm{P}_2}{2!} = \frac{3!}{1!2!} = \frac{3 \times 2}{2 \times 1} = 3$$

となり、3 通りとなる。これを一般の場合に拡張すると、n 枚のカードから r 枚のカードを選ぶ組み合わせは、順列の数 $_n\mathrm{P}_r$ を $r!$で割って

$$\frac{_n\mathrm{P}_r}{r!} = \frac{n!}{(n-r)!r!}$$

と与えられる。これを組み合わせ (combination) の頭文字の C を使って

$$_n\mathrm{C}_r = \frac{_n\mathrm{P}_r}{r!} = \frac{n!}{(n-r)!r!}$$

と表記する。ここで

$$_n\mathrm{C}_{n-r} = \frac{n!}{r!(n-r)!}$$

となるが、これは $_n\mathrm{C}_r$ と同じものであるから

$$_n\mathrm{C}_r = {_n\mathrm{C}_{n-r}}$$

という関係が成立することが分かる。

　この関係は、具体例では、10 個の成分から 3 個の成分を選ぶ組み合わせの数と、10 個の成分から残りの 7 個を選ぶ組み合わせの数と同じものであると解釈できる。

> **演習 7-1** 1から9までの数字から異なる3個の数字を選んで3桁の数をつくるとき、その総数を求めよ。

解) 1から9までの9個の数字から3個を選んで並べる順列の数であるから

$$_9P_3 = 9 \times 8 \times 7 = 504$$

よって、3桁の数の総数は504となる。

> **演習 7-2** ある大学では10教科から7科目を選んで単位を修得しなければならい。科目の選び方は何通りあるか。

解) これは10科目から7科目の組み合わせを選ぶ方法の数であるから

$$_{10}C_7 = \frac{10!}{7!3!} = \frac{10 \times 9 \times 8}{3 \times 2} = 120$$

よって120通りの組み合わせがある。

7.1.2. 2項分布

ふたたびサイコロの例を出させていただく。サイコロを1回振って1の目が出る確率はいくつであろうか。これは明らかに1/6である。2の目が出る確率も1/6、他の目が出る確率もすべて1/6となる。

それでは、サイコロを2回振って、1の目が出る回数を確率変数Xとした場合に、その確率変数の確率はどうであろうか。この場合にはいくつかのパターンを考える必要がある。

$X = 0$　1回目も2回目も1以外の目が出る。
$X = 1$　1回目に1の目が出て、2回目にその他の目が出る。

あるいは1回目に他の目が出て、2回目に1の目が出る。

$X = 2$　1回目も2回目も1の目が出る。

が考えられる。これを確率として考えると、$X = 0$ に対応した確率は、1回目に1以外の目が出る確率は5/6であり、2回目にも1以外の目が出る確率は5/6であるから、

$$\frac{5}{6} \times \frac{5}{6} = \frac{25}{36}$$

である。よって

$$f(0) = \frac{25}{36}$$

となる。

同様にして1回目に1が出て、2回目で1以外の目が出る確率は

$$\frac{1}{6} \times \frac{5}{6} = \frac{5}{36}$$

1回目に1以外の目が出て、2回目で1の目が出る確率は

$$\frac{5}{6} \times \frac{1}{6} = \frac{5}{36}$$

となるので

$$f(1) = \frac{5}{36} + \frac{5}{36} = \frac{10}{36}$$

となる。最後に1回目も2回目も1の目が出る確率は

$$\frac{1}{6} \times \frac{1}{6} = \frac{1}{36}$$

となる。よって

$$f(2) = \frac{1}{36}$$

と与えられる。確率変数としては、この3個しかない。実際

$$f(0)+f(1)+f(2) = \frac{25}{36}+\frac{10}{36}+\frac{1}{36}=1$$

となって、確率の総和が1となっている。

 それでは、サイコロを3回振って、1の目が出る回数に対応させて確率変数に0から3を当てはめたらどうなるであろうか。

$$f(0) = \frac{5}{6} \times \frac{5}{6} \times \frac{5}{6} = \frac{125}{216}$$

$$f(1) = \frac{1}{6} \times \frac{5}{6} \times \frac{5}{6} + \frac{5}{6} \times \frac{1}{6} \times \frac{5}{6} + \frac{5}{6} \times \frac{5}{6} \times \frac{1}{6} = \frac{75}{216}$$

$$f(2) = \frac{1}{6} \times \frac{1}{6} \times \frac{5}{6} + \frac{5}{6} \times \frac{1}{6} \times \frac{1}{6} + \frac{1}{6} \times \frac{5}{6} \times \frac{1}{6} = \frac{15}{216}$$

$$f(3) = \frac{1}{6} \times \frac{1}{6} \times \frac{1}{6} = \frac{1}{216}$$

となる。そして

$$f(0)+f(1)+f(2)+f(3) = \frac{125}{216}+\frac{75}{216}+\frac{15}{216}+\frac{1}{216}=1$$

となって、確率をすべて足せば1になる。同じようにして、サイコロを振る回数を増やし、1の目が出る回数を確率変数に対応させれば、同じような計算で確率分布を求めることができる。

 少々大変ではあるが、4回サイコロを投げた場合の確率も計算してみる。すると

$$f(0) = \frac{5}{6} \times \frac{5}{6} \times \frac{5}{6} \times \frac{5}{6} = \frac{625}{1296}$$

$$f(1) = \frac{1}{6} \times \frac{5}{6} \times \frac{5}{6} \times \frac{5}{6} + \frac{5}{6} \times \frac{1}{6} \times \frac{5}{6} \times \frac{5}{6} + \frac{5}{6} \times \frac{5}{6} \times \frac{1}{6} \times \frac{5}{6} + \frac{5}{6} \times \frac{5}{6} \times \frac{5}{6} \times \frac{1}{6} = \frac{500}{1296}$$

$$f(2) = \frac{1}{6} \times \frac{1}{6} \times \frac{5}{6} \times \frac{5}{6} + \frac{1}{6} \times \frac{5}{6} \times \frac{1}{6} \times \frac{5}{6} + \frac{1}{6} \times \frac{5}{6} \times \frac{5}{6} \times \frac{1}{6} + \frac{5}{6} \times \frac{1}{6} \times \frac{1}{6} \times \frac{5}{6}$$

$$+ \frac{5}{6} \times \frac{1}{6} \times \frac{5}{6} \times \frac{1}{6} + \frac{5}{6} \times \frac{5}{6} \times \frac{1}{6} \times \frac{1}{6} = \frac{150}{1296}$$

$$f(3) = \frac{1}{6} \times \frac{1}{6} \times \frac{1}{6} \times \frac{5}{6} + \frac{1}{6} \times \frac{1}{6} \times \frac{5}{6} \times \frac{1}{6} + \frac{1}{6} \times \frac{5}{6} \times \frac{1}{6} \times \frac{1}{6} + \frac{5}{6} \times \frac{1}{6} \times \frac{1}{6} \times \frac{1}{6} = \frac{20}{1296}$$

$$f(4) = \frac{1}{6} \times \frac{1}{6} \times \frac{1}{6} \times \frac{1}{6} = \frac{1}{1296}$$

と与えられる。このまま、延々と同じことを繰り返せばよいのだが、これではあまりにも効率が悪い。何か規則性はないのであろうか。そこで、いまサイコロを4回投げた場合に、確率変数が $X = 1$ となる場合を見てみよう。その確率は

$$f(1) = \underbrace{\frac{1}{6} \times \frac{5}{6} \times \frac{5}{6} \times \frac{5}{6}} + \underbrace{\frac{5}{6} \times \frac{1}{6} \times \frac{5}{6} \times \frac{5}{6}} + \underbrace{\frac{5}{6} \times \frac{5}{6} \times \frac{1}{6} \times \frac{5}{6}} + \underbrace{\frac{5}{6} \times \frac{5}{6} \times \frac{5}{6} \times \frac{1}{6}} = \frac{500}{1296}$$

と与えられる。これを見ると、4個の成分の足し算となっており、その成分の積そのものは、かける順番は違っているものの、すべて同じ数字の組み合わせのかけ算となっている。これは $X = 1$ の場合だけでなく、他のすべての確率変数に対しても同じことが言える。

この成分の数4は何に対応するのであろうか。これは、4個の中から1個を選ぶ方法である。つまり、4回サイコロを振ったときに、何回目に1の目が出るかを選ぶ方法の数となる。よって、つぎの図のどの位置に1を置くかという問題に還元できる。

○　○　○　○

これを、別な視点で見れば、サイコロを投げる回数を (1、2、3、4) として、4個から1個を選ぶ方法の数となる。よって

$$_4C_1 = \frac{4!}{1!3!} = 4$$

で与えられる。その後につづく成分は、すべて同じかたちの積で

$$\frac{1}{6} \times \frac{5}{6} \times \frac{5}{6} \times \frac{5}{6} = \frac{125}{1296}$$

となっている。これを書きかえると

$$\frac{1}{6} \times \left(\frac{5}{6}\right)^3$$

となる。これはサイコロの目が4回のうち1回だけが1の目で、残り3回が1以外の目になるという確率と考えられる。以上をまとめると

$$f(1) = {}_4C_1 \left(\frac{1}{6}\right)\left(\frac{5}{6}\right)^3$$

と与えられる。

つぎに、1の目が2回出る場合の確率を見てみよう。

$$f(2) = \underbrace{\frac{1}{6} \times \frac{1}{6} \times \frac{5}{6} \times \frac{5}{6}}_{} + \underbrace{\frac{1}{6} \times \frac{5}{6} \times \frac{1}{6} \times \frac{5}{6}}_{} + \underbrace{\frac{1}{6} \times \frac{5}{6} \times \frac{5}{6} \times \frac{1}{6}}_{} + \underbrace{\frac{5}{6} \times \frac{1}{6} \times \frac{1}{6} \times \frac{5}{6}}_{}$$
$$+ \underbrace{\frac{5}{6} \times \frac{1}{6} \times \frac{5}{6} \times \frac{1}{6}}_{} + \underbrace{\frac{5}{6} \times \frac{5}{6} \times \frac{1}{6} \times \frac{1}{6}}_{} = \frac{150}{1296}$$

この場合は6個の成分の和となっている。これは、4回の中から1の目が出る2回をどのように配置するかの組み合わせの総数となっている。つまり

○ ○ ○ ○

の4個の位置から2個を選んで、1の目を配する方法の数となる。

別の視点で見れば、サイコロを投げる回数を (1, 2, 3, 4) として、この数字から2個の組み合わせを選ぶ方法の数となる。例えば、(2, 3) と (3, 2) を選んでも同じことなので、組み合わせとなることが分かるであろう。よって

$${}_4C_2 = \frac{4!}{2!2!} = \frac{4 \times 3}{2 \times 1} = 6$$

となり、確かに6個となっている。

その後に続く積は、すべて同じもので

第7章　その他の確率分布

$$\frac{1}{6} \times \frac{1}{6} \times \frac{5}{6} \times \frac{5}{6} = \frac{25}{1296}$$

のかたちをした積である。これを書きかえると

$$\left(\frac{1}{6}\right)^2 \times \left(\frac{5}{6}\right)^2$$

となる。これは4回のうち2回が1の目、残り2回が1以外の目になるという確率と考えられる。結局、1の目が2回出る確率は

$$f(2) = {}_4C_2 \left(\frac{1}{6}\right)^2 \left(\frac{5}{6}\right)^2$$

と与えられる。この表現方法で、すべての確率をまとめると

$$f(0) = {}_4C_0 \left(\frac{1}{6}\right)^0 \left(\frac{5}{6}\right)^4 \qquad f(1) = {}_4C_1 \left(\frac{1}{6}\right)^1 \left(\frac{5}{6}\right)^3 \qquad f(2) = {}_4C_2 \left(\frac{1}{6}\right)^2 \left(\frac{5}{6}\right)^2$$

$$f(3) = {}_4C_3 \left(\frac{1}{6}\right)^3 \left(\frac{5}{6}\right)^1 \qquad f(4) = {}_4C_4 \left(\frac{1}{6}\right)^4 \left(\frac{5}{6}\right)^0$$

となる。

ここで、今考えている**確率変数** (random variable) は**離散型** (discrete type) である。そして、離散型確率変数Xがとる確率をpとして、その確率が

$$P(X = x) = {}_nC_x p^x (1-p)^{n-x}$$

で与えられるとき、この確率変数は**2項分布** (binomial distribution) に従うという。Binomialの頭文字のBinをとってBin(n, p) と表記する。

2項分布に従うケースは山のようにあるが、その代表がコイン投げである。コイン投げはギャンブルに使われたり、何かを決定するときに、表 (head) が出るか裏 (tail) が出るかで決着をつける。ここでコインを10回投げたときに、表が出る回数を確率変数Xとすると

$$P(X=x) = f(x) = {}_{10}C_x \left(\frac{1}{2}\right)^x \left(1-\frac{1}{2}\right)^{10-x} = {}_{10}C_x \left(\frac{1}{2}\right)^x \left(\frac{1}{2}\right)^{10-x}$$

が確率密度関数となる。このコイン投げは $\mathrm{Bin}\left(10, \frac{1}{2}\right)$ の2項分布に従うことになる。

演習 7-3 コインを3回投げたとき、表が出る回数を確率変数 X として、その確率を求めよ。

解) この分布は2項分布に従い、その一般式は

$$P(X=x) = f(x) = {}_{3}C_x \left(\frac{1}{2}\right)^x \left(1-\frac{1}{2}\right)^{3-x} = {}_{3}C_x \left(\frac{1}{2}\right)^x \left(\frac{1}{2}\right)^{3-x}$$

と与えられる。よって

$$f(0) = {}_{3}C_0 \left(\frac{1}{2}\right)^0 \left(\frac{1}{2}\right)^{3-0} = \frac{3!}{0!3!}1\left(\frac{1}{2}\right)^3 = \frac{1}{8}$$

$$f(1) = {}_{3}C_1 \left(\frac{1}{2}\right)^1 \left(\frac{1}{2}\right)^{3-1} = \frac{3!}{1!2!}\left(\frac{1}{2}\right)\left(\frac{1}{2}\right)^2 = \frac{3}{8}$$

$$f(2) = {}_{3}C_2 \left(\frac{1}{2}\right)^2 \left(\frac{1}{2}\right)^{3-2} = \frac{3!}{2!1!}\left(\frac{1}{2}\right)^2\left(\frac{1}{2}\right) = \frac{3}{8}$$

$$f(3) = {}_{3}C_3 \left(\frac{1}{2}\right)^3 \left(\frac{1}{2}\right)^{3-3} = \frac{3!}{3!0!}\left(\frac{1}{2}\right)^3 1 = \frac{1}{8}$$

となる。

2項分布というのは、結局のところ、ある事象 (event) A が一定の確率

$$p = P(\mathrm{A})$$

で生じるときに、n 回の試行を行ったときに、事象 A が x 回起こる確率を与えるものである。

具体例で示せば「コインを投げたときには、「表が出る」という事象が一定の確率 1/2 で生じるが、このコイン投げを n 回行ったときに、「表が x 回出る」確率が 2 項分布 $\mathrm{Bin}\left(n, \dfrac{1}{2}\right)$ に従う」と言うことができる。

あるいは、サイコロの例では、「1 の目が出る」という事象が一定の確率 1/6 で生じるが、このサイコロ投げを 10 回行ったときに、「1 の目が x 回出る」確率が 2 項分布 $\mathrm{Bin}\left(10, \dfrac{1}{6}\right)$ に従うと言える。

このような確率分布は、少し考えただけでも数多くの確率に適用できると予想される。それだけに重要な確率分布であるが、それでは、なぜこのような分布を 2 項分布と呼ぶのであろうか。それは、つぎに紹介する **2 項定理** (binomial theorem) に基づいているからである。

7.1.3. 2 項定理

展開公式としてよく知られたものに

$$(a+b)^2 = a^2 + 2ab + b^2$$
$$(a+b)^3 = a^3 + 3a^2b + 3ab^2 + b^3$$

があるが、この展開公式を一般の場合に拡張すると

$$(a+b)^n = a^n + na^{n-1}b + \frac{n(n-1)}{2}a^{n-2}b^2 + \ldots + \frac{n!}{(n-r)!r!}a^{n-r}b^r + \ldots + b^n$$

となる。これを組み合わせの記号を使って表記すると

$$(a+b)^n = {}_nC_0 a^n + {}_nC_1 a^{n-1}b + {}_nC_2 a^{n-1}b^2 + \ldots + {}_nC_r a^{n-r}b^r + \ldots + {}_nC_n b^n$$

と書くことができる。これを一般式で書くと

$$(a+b)^n = \sum_{r=0}^{n} {}_nC_r a^{n-r} b^r$$

となる。この展開式を2項定理と呼んでいる。

では、どうしてこのような展開式になるかを確かめてみよう。ここでは、**関数のべき級数展開** (expansion into power series) という手法を使う。補遺1に示すように、べき級数展開とは、関数 $f(x)$ を、次のような（無限の）べき級数 (power series) に展開する手法である。

$$f(x) = f(0) + f'(0)x + \frac{1}{2!}f''(0)x^2 + \frac{1}{3!}f'''(0)x^3 + \ldots + \frac{1}{n!}f^{(n)}(0)x^n + \ldots$$

となる。この級数展開を**マクローリン展開** (Maclaurin expansion) と呼んでいる。

それでは、マクローリン展開の手法を使って、関数

$$f(x) = (1+x)^n$$

を展開してみよう。その導関数を求めると

$$f'(x) = n(1+x)^{n-1}, \quad f''(x) = n(n-1)(1+x)^{n-2}, \quad f'''(x) = n(n-1)(n-2)(1+x)^{n-3}, \ldots,$$
$$f^{(n-2)}(x) = \frac{n!}{2!}(1+x)^2, \quad f^{(n-1)}(x) = \frac{n!}{1!}(1+x), \quad f^{(n)}(x) = n!, \quad f^{(n+1)}(x) = 0$$

となる。ここで $x=0$ を代入すると

$$f'(0) = n, \quad f''(0) = n(n-1), \quad f'''(0) = n(n-1)(n-2), \ldots,$$
$$f^{(n-2)}(0) = \frac{n!}{2!}, \quad f^{(n-1)} = \frac{n!}{1!}, \quad f^{(n)}(0) = n!, \quad f^{(n+1)}(0) = 0$$

となり、$(n+1)$ 次以上の項の係数はすべて0となる。これを

$$f(x) = f(0) + f'(0)x + \frac{1}{2!}f''(0)x^2 + \frac{1}{3!}f'''(0)x^3 + \cdots + \frac{1}{n!}f^{(n)}(0)x^n$$

に代入すると

$$f(x) = 1 + nx + \frac{1}{2!}n(n-1)x^2 + \frac{1}{3!}n(n-1)(n-2)x^3 + \cdots + \frac{1}{2!}n(n-1)x^{n-2} + nx^{n-1} + x^n$$

となる。これを一般式で書けば

$$(1+x)^n = \sum_{k=0}^{n} \frac{n!}{k!(n-k)!} x^k$$

が得られる。ここで

$$x = \frac{b}{a}$$

を代入すると

$$\left(1 + \frac{b}{a}\right)^n = \sum_{k=0}^{n} \frac{n!}{k!(n-k)!}\left(\frac{b}{a}\right)^k$$

これを変形すると

$$\left(\frac{1}{a}\right)^n (a+b)^n = \sum_{k=0}^{n} \frac{n!}{k!(n-k)!}\left(\frac{b}{a}\right)^k = \left(\frac{1}{a}\right)^n \sum_{k=0}^{n} \frac{n!}{k!(n-k)!} a^{n-k} b^k$$

よって

$$(a+b)^n = \sum_{k=0}^{n} \frac{n!}{k!(n-k)!} a^{n-k} b^k$$

という展開式が与えられる。これは、**2項定理**そのものである。

演習 7-4　関数 $(2x+3y)^8$ を展開したとき、x^3y^5 の係数を求めよ。

解）　2 項定理より

$$(a+b)^n = \sum_{k=0}^{n} \frac{n!}{k!(n-k)!} a^{n-k} b^k$$

ここで $n=8$、$a=2x$、$b=3y$ と置くと

$$(2x+3y)^8 = \sum_{k=0}^{8} \frac{8!}{k!(8-k)!} (2x)^{8-k} (3y)^k$$

となる。ここで $k=5$ の項は

$$\frac{8!}{k!(8-k)!}(2x)^{8-k}(3y)^k = \frac{8!}{5!(8-5)!}(2x)^3(3y)^5 = \frac{8 \times 7 \times 6}{3 \times 2}(8x^3)(243y^5) = 108864 x^3 y^5$$

よって、求める係数は 108864 となる。

7.1.4. 2 項定理と 2 項分布

ここで、2 項定理と 2 項分布の式を並べて比較してみよう。

$$(a+b)^n = \sum_{k=0}^{n} \frac{n!}{k!(n-k)!} a^{n-k} b^k$$

$$P(X=x) = {}_nC_x p^x (1-p)^{n-x}$$

ここで

第 7 章　その他の確率分布

$$_nC_k = \frac{n!}{k!(n-k)!}$$

の関係にあるから、2 項定理は

$$(a+b)^n = \sum_{k=0}^{n} \frac{n!}{k!(n-k)!} a^{n-k} b^k = \sum_{k=0}^{n} {_nC_k} a^{n-k} b^k$$

と書くことができる。また、2 項分布において $q = 1 - p$ と置くと

$$P(X = x) = f(x) = {_nC_x} p^x q^{n-x}$$

となって、2 項定理から求めた値と同じであることが分かる。この関係を利用して

$$\sum_{x=0}^{n} f(x)$$

を計算してみよう。すると

$$\sum_{x=0}^{n} f(x) = \sum_{x=0}^{n} {_nC_x} p^x q^{n-x} = (p+q)^n$$

と変形できる。$p + q = 1$ であるから、結局

$$\sum_{x=0}^{n} f(x) = 1$$

となって、すべての確率を足すと 1 になるということが 2 項分布でも成立することが確認できる。

それでは、2 項定理を利用して 2 項分布の平均と分散を計算してみよう。ここでは、モーメント母関数を利用する。離散型分布の場合の平均と分散は

$$E[x] = \sum_{x=0}^{n} x f(x) \qquad E[x^2] = \sum_{x=0}^{n} x^2 f(x)$$

で与えられる。そして m 次のモーメントは

$$E[x^m] = \sum_{x=0}^{n} x^m f(x)$$

ここで、これらモーメントをつくり出す関数として

$$E[e^{tx}] = \sum_{x=0}^{n} e^{tx} f(x) = M(t)$$

が与えられる。これを 2 項分布に適用してみよう。すると 2 項分布のモーメント母関数は

$$E[e^{tx}] = \sum_{x=0}^{n} e^{tx} {}_nC_x p^x q^{n-x}$$

これを変形すると

$$E[e^{tx}] = \sum_{x=0}^{n} {}_nC_x e^{tx} p^x q^{n-x} = \sum_{x=0}^{n} {}_nC_x (e^t p)^x q^{n-x}$$

これはよくみると 2 項定理のかたちをしており

$$E[e^{tx}] = \sum_{x=0}^{n} {}_nC_x (e^t p)^x q^{n-x} = (e^t p + q)^n$$

とまとめられる。つまり、**2 項分布のモーメント母関数**は

$$M(t) = \left(e^t p + q\right)^n$$

という簡単なかたちで与えられる。ここで

$$M'(t) = \frac{dM(t)}{dt} = \frac{d}{dt}\{(e^t p + q)^n\} = npe^t (e^t p + q)^{n-1}$$

よって

$$E[x] = M'(0) = npe^0 (e^0 p + q)^{n-1} = np(p+q)^{n-1}$$

となるが、$p+q=1$ であるから、結局、**2項分布の平均**は

$$E[x] = np$$

となる。これは定性的にも納得できる結果である。なぜなら、1回の確率が p の事象を n 回試行したら、その期待値は np となることは簡単に予想できるからである。

それでは、分散を求めてみよう。まず

$$M'(t) = \frac{dM(t)}{dt} = npe^t (e^t p + q)^{n-1}$$

であったから

$$M''(t) = \frac{d^2 M(t)}{dt^2} = \frac{d}{dt}\left\{ npe^t (e^t p + q)^{n-1} \right\} = npe^t (e^t p + q)^{n-1} + np^2 e^{2t} (n-1)(e^t p + q)^{n-2}$$

となる。よって

$$E[x^2] = M''(0) = np(p+q)^{n-1} + np^2 (n-1)(p+q)^{n-2}$$

となる。ここで $p+q=1$ であるから、結局

$$E[x^2] = np + np^2 (n-1)$$

となる。ここで **2項分布の分散**は

$$V[x] = E[x]^2 - (E[x])^2 = np + np^2 (n-1) - (np)^2 = np(1-p) = npq$$

となる。

7.1.5. 2項分布と正規分布

2項分布は離散型の確率分布であるが、実は、その試行回数 N が大きくなった極限では、正規分布となることが知られている。この性質を利用して、いろいろな検定が行われる。ここでは、どうして N が大きくなると2項分布が正規分布に近づくのかを考えてみよう。

まず、2項分布は

$$P(X=x) = f(x) = {}_N C_x p^x q^{N-x}$$

で表される。この分布において、$N \to \infty$ の極限を考えればよいことになる。この極限を考えるために、$f(x)$ が最大になる点 $x = \bar{x}$ のまわりでテーラー展開を考えてみよう。ここで

$$\frac{df(\bar{x})}{dx} = 0$$

という条件が課されることに注意する。また、扱う N が大きいということを前提に対数関数を考える。つまり

$$f(x) = {}_N C_x p^x q^{N-x} = \frac{N!}{x!(N-x)!} p^x q^{N-x}$$

であるので

$$\ln f(x) = \ln N! - \ln x! - \ln(N-x)! + x \ln p + (N-x) \ln q$$

という対数関数のテーラー展開を行う。その前に、この式を**スターリングの公式** (Stirling's formula) を使って、階乗部分を変形しておこう。まず、**スターリング近似** (Stirling's approximation) は

$$\ln N! \cong N \ln N - N$$

と与えられる（補遺3参照）。よって

$$\ln x! \cong x \ln x - x$$
$$\ln(N-x)! \cong (N-x)\ln(N-x) - (N-x)$$

第 7 章　その他の確率分布

したがって $\ln f(x)$ は

$$\begin{aligned}\ln f(x) &= \ln N! - \ln x! - \ln(N-x)! + x \ln p + (N-x)\ln q \\ &= [N \ln N - N] - [x \ln x - x] - [(N-x)\ln(N-x) - (N-x)] + x \ln p + (N-x)\ln q \\ &= (\ln p - \ln q)x - x \ln x - (N-x)\ln(N-x) + N \ln N + N \ln q\end{aligned}$$

　ここで、この対数関数をテーラー展開するのであるが、その前に、確認の意味で、テーラー展開を復習すると

$$f(a+h) = f(a) + f'(a)h + \frac{1}{2}f''(a)h^2 + \frac{1}{3!}f'''(a)h^3 + \ldots + \frac{1}{n!}f^{(n)}(a)h^n + \ldots$$

であった。ここで、$x = \bar{x} + \Delta x$ と置くと

$$\ln f(\bar{x} + \Delta x) = \ln f(\bar{x}) + B_1 \Delta x + \frac{1}{2}B_2(\Delta x)^2 + \frac{1}{3!}B_3(\Delta x)^3 + \ldots$$

のようにテーラー展開することができる。ここで係数 B_n は

$$B_n = \frac{d^n \ln f(\bar{x})}{dx^n} \qquad (1 \leq n)$$

ただし、係数 B_1 は

$$B_1 = \frac{d \ln f(\bar{x})}{dx}$$

で与えられる。この微分は対数関数の微分であるので

$$B_1 = \frac{f'(\bar{x})}{f(\bar{x})}$$

となる。ところで、点 $x = \bar{x}$ は、$f(x)$ の極大を与えると仮定しているので $f'(\bar{x}) = 0$ である。よって

$$B_1 = 0$$

となり、係数 B_1 は 0 となる。この条件を使って、2 項分布の各係数の関係

を調べてみよう。関数 $f(x)$ の対数は

$$\ln f(x) = (\ln p - \ln q)x - x\ln x - (N-x)\ln(N-x) + N\ln N + N\ln q$$

であるから、この微分は

$$\frac{d\ln f(x)}{dx} = (\ln p - \ln q) - \ln x - x\frac{1}{x} + \ln(N-x) + (N-x)\frac{1}{N-x}$$

となる。これを整理すると

$$\frac{d\ln f(x)}{dx} = (\ln p - \ln q) - \ln x + \ln(N-x)$$

と与えられる。この式に $x = \bar{x}$ を代入した値が B_1 である。ここで

$$B_1 = \frac{d\ln f(\bar{x})}{dx} = (\ln p - \ln q) - \ln \bar{x} + \ln(N-\bar{x}) = 0$$

であるから、まとめると

$$\ln\left\{\frac{p(N-\bar{x})}{q\bar{x}}\right\} = 0$$

という関係式が得られる。よって

$$\frac{p(N-\bar{x})}{q\bar{x}} = 1$$

となり、変形すると

$$p(N-\bar{x}) = q\bar{x} \qquad pN = (p+q)\bar{x}$$

ここで2項分布では $p+q=1$ であったから、結局

$$\bar{x} = Np$$

が $f(x)$ の極大を与える点となる。ここで、何か気づかないであろうか。そう、これは、2項分布の平均値である。つまり、平均が極大となるという正

規分布の性質を有していることが分かる。

さらにテーラー展開の係数を求めてみよう。

$$B_2 = \frac{d^2 \ln f(\bar{x})}{dx^2} = -\frac{1}{\bar{x}} - \frac{1}{N-\bar{x}}$$

となるが、$\bar{x} = Np$ であるから

$$B_2 = -\frac{1}{Np} - \frac{1}{N-Np} = -\frac{1}{Np} - \frac{1}{N(1-p)} = -\frac{1}{N}\left(\frac{1}{p}+\frac{1}{q}\right)$$

となる。さらに変形すると

$$B_2 = -\frac{1}{N}\left(\frac{1}{p}+\frac{1}{q}\right) = -\frac{1}{N}\left(\frac{p+q}{pq}\right) = -\frac{1}{Npq}$$

となる。続いて

$$B_3 = \frac{d^3 \ln f(\bar{x})}{dx^3} = -\left(\frac{1}{\bar{x}}\right)' - \left(\frac{1}{N-\bar{x}}\right)' = \frac{1}{\bar{x}^2} - \frac{1}{(N-\bar{x})^2}$$

となる。ふたたび $\bar{x} = Np$ を代入すると

$$B_3 = \frac{1}{N^2 p^2} - \frac{1}{(N-Np)^2} = \frac{1}{N^2 p^2} - \frac{1}{N^2 q^2} = \frac{1}{N^2}\left(\frac{1}{p^2}-\frac{1}{q^2}\right)$$

となる。以下、同様にして、順次、高次の係数を求めることが可能である。ところで、われわれは N が非常に大きい場合を想定しているが、B_2 よりも B_3 は、分母のオーダーが N 倍だけ大きくなっている。よって B_3 以降の高次の項は B_2 に対して無視できるほど小さいとみなすことができる。よって、N が大きい場合の展開は

$$\ln f(\bar{x}+\Delta x) = \ln f(\bar{x}) + \frac{1}{2}B_2(\Delta x)^2 = \ln f(\bar{x}) - \frac{1}{2Npq}(\Delta x)^2$$

と書くことができる。ここで 2 項分布の分散は

$$\sigma^2 = Npq$$

であったから、上の式は

$$\ln f(\bar{x} + \Delta x) - \ln f(\bar{x}) = -\frac{1}{2\sigma^2}(\Delta x)^2$$

となる。ここで、一般の変数 x は

$$x = \bar{x} + \Delta x$$

と置くことができるので、上の式は

$$\ln f(x) - \ln f(\bar{x}) = -\frac{1}{2\sigma^2}(x - \bar{x})^2$$

となる。よって

$$\ln f(x) = \ln f(\bar{x}) - \frac{1}{2\sigma^2}(x - \bar{x})^2$$

から

$$f(x) = f(\bar{x}) \exp\left\{-\frac{1}{2\sigma^2}(x - \bar{x})^2\right\}$$

と関数を求めることができる。これが、$N \rightarrow \infty$ とした時の 2 項分布の確率密度関数である。あとは確率密度関数の規格化条件である

$$\int_{-\infty}^{+\infty} f(\bar{x}) \exp\left\{-\frac{1}{2\sigma^2}(x - \bar{x})^2\right\} dx = 1$$

から係数 $f(\bar{x})$ を求めると

$$f(\bar{x}) = \frac{1}{\sigma\sqrt{2\pi}}$$

となるので、結局、確率密度関数は

$$f(x) = \frac{1}{\sigma\sqrt{2\pi}} \exp\left\{-\frac{(x-\bar{x})^2}{2\sigma^2}\right\}$$

と与えられる。これはまさに平均が $\bar{x}$ で、分散が σ^2 の正規分布の確率密度関数である。ここで、この関数に $x = \bar{x}$ を代入すると、確かに

$$f(\bar{x}) = \frac{1}{\sigma\sqrt{2\pi}} \exp\left\{-\frac{1}{2\sigma^2}(\bar{x}-\bar{x})^2\right\} = \frac{1}{\sigma\sqrt{2\pi}} \exp(0) = \frac{1}{\sigma\sqrt{2\pi}}$$

となっている。

このように、N の数が大きい場合には、**2項分布は、平均が $\bar{x} = Np$ で、分散が $\sigma^2 = Npq$ という正規分布で近似できる**のである。

この性質を利用すると、いろいろな検定作業が可能となる。実は、本書の冒頭で紹介した内閣支持率の信頼区間の推定は、2項分布を利用して行われる。例えば、500人のひとに内閣を支持するかどうか聞いたところ、275人のひとが支持すると答えたとしよう。支持する人の確率を p とし、支持しない人の確率は $q(=1-p)$ とすると

$$P(X = x) = f(x) = {}_N C_x p^x q^{N-x}$$

という2項分布に従う。また、500人というデータを基にすれば

$$p = \frac{275}{500} = 0.55$$

と推定できる。つまり、内閣支持率は55%と発表される。しかし、これは点推定と呼ばれるものであり、統計的には、この支持率が、どの程度の信頼区間にあるかということを推定する必要がある。

そこで、この分布を正規分布で近似すれば、それは平均と分散が

$$\bar{x} = Np = 500 \times 0.55 = 275$$
$$\sigma^2 = Npq = 500 \times 0.55 \times 0.45 \cong 124$$

よって

$$\sigma = \sqrt{124} \cong 11$$

の正規分布となる。すでに紹介しているように、正規分布では95%の信頼区間は

$$\mu \pm 1.96\sigma \quad であったから \quad 275 \pm 1.96 \times 11$$

となり

$$253 \leq x \leq 297$$

となる。よって、内閣支持率は50.6%から59.4%の間にあるということになる。内閣支持率は重要な指標であるから、信頼度をさらに上げて、99%にしたら、さらに、その幅は広がってしまうことになる。現在、発表されている内閣支持率の有効回答数は500前後であるから、このような幅を考慮する必要がある。

演習7-5 ある地区の視聴率を1000戸の家を対象にして調査している。調査の結果、ある番組の視聴率が35%と与えられたとき、母集団の視聴率を95%の信頼度で区間推定せよ。

解） このデータは、2項分布における確率が

$$p = 0.35$$

ということを示している。そこで、この分布を正規分布で近似すれば、それは平均と分散が

$$\bar{x} = Np = 1000 \times 0.35 = 350$$
$$\sigma^2 = Npq = 1000 \times 0.35 \times 0.65 \cong 228$$

よって $\sigma = \sqrt{228} \cong 15$ の正規分布となる。正規分布では95%の信頼区間は

$$\mu \pm 1.96\sigma \quad であったから \quad 350 \pm 1.96 \times 15$$

となり

$$321 \leq x \leq 379$$

となる。よって、視聴率は 32.1%から 37.9%の間にあるということになる。

最近では、視聴率の調査においては、標本数をさらに大きくしていると聞くが、いずれにしても 1%の上下で巨額の金が動くということを聞くと、首を傾げざるを得ない。

7.2. ポアソン分布

2 項分布において、ある事象の起こる確率が非常に小さい場合に適用できるのが**ポアソン分布** (Poisson distribution) である。

具体例で考えてみよう。ある工場の生産ラインで不良品が発生する確率が 1/100 であると仮定してみよう。この工場で 100 個の製品をつくったときに、不良品が含まれる数を確率変数とすると、この分布は 2 項分布に従うから、不良品の個数は

$$P(X = x) = f(x) = {}_nC_x p^x (1-p)^{n-x}$$

という式に従う。よって、不良品の発生しない確率は

$$f(0) = {}_{100}C_0 \left(\frac{1}{100}\right)^0 \left(1 - \frac{1}{100}\right)^{100} = \left(\frac{99}{100}\right)^{100} = 0.366$$

不良品が 1 個発生する確率は

$$f(1) = {}_{100}C_1 \left(\frac{1}{100}\right)^1 \left(1 - \frac{1}{100}\right)^{99} = \left(\frac{99}{100}\right)^{99} = 0.370$$

となり、順次不良品の発生確率を個数ごとに示すと

$$f(2) = {}_{100}C_2 \left(\frac{1}{100}\right)^2 \left(1-\frac{1}{100}\right)^{98} = \frac{100 \times 99}{2}\left(\frac{1}{100}\right)^2 \left(\frac{99}{100}\right)^{98} = \frac{99}{200} \times 0.373 = 0.185$$

$$f(3) = {}_{100}C_3 \left(\frac{1}{100}\right)^3 \left(1-\frac{1}{100}\right)^{97} = \frac{100 \times 99 \times 98}{3 \times 2}\left(\frac{1}{100}\right)^3 \left(\frac{99}{100}\right)^{97}$$

$$= \frac{9702}{60000} \times 0.377 = 0.061$$

$$f(4) = {}_{100}C_4 \left(\frac{1}{100}\right)^4 \left(1-\frac{1}{100}\right)^{96} = \frac{100 \times 99 \times 98 \times 97}{4 \times 3 \times 2}\left(\frac{1}{100}\right)^4 \left(\frac{99}{100}\right)^{96}$$

$$= \frac{156849}{4000000} \times 0.381 = 0.015$$

$$f(5) = {}_{100}C_5 \left(\frac{1}{100}\right)^5 \left(1-\frac{1}{100}\right)^{95} = \frac{100 \times 99 \times 98 \times 97 \times 96}{5 \times 4 \times 3 \times 2}\left(\frac{1}{100}\right)^5 \left(\frac{99}{100}\right)^{95}$$

$$\cong \frac{752875}{10^8} \times 0.385 \cong 0.003$$

と計算でき、この後延々と$f(100)$まで続くことになる。しかし、よく見ると、確率は不良品の個数が増えると、どんどん小さくなり、$f(5)$でもうすでに、その確率は0.003であり、それ以降はほぼ0とみなして良いことになる。

このように、ある事象の起こる確率が小さい場合に、正直に2項分布で解析していくと、意味のない計算が延々と続くことになる。ここでポアソン分布が登場する。それを2項分布から導出してみよう。まず、この分布は

$$f(x) = {}_nC_x p^x (1-p)^{n-x} = \frac{n!}{x!(n-x)!} p^x (1-p)^{n-x}$$

であった。これは、さらに

$$f(x) = \frac{n!}{x!(n-x)!} p^x (1-p)^{n-x} = \frac{n \times (n-1) \times (n-2) \times \ldots \times (n-x+1)}{x!} p^x (1-p)^{n-x}$$

と書くことができる。この式をnでくくり出すと

$$f(x) = \frac{n^x}{x!} \left\{1 \times \left(1-\frac{1}{n}\right) \times \left(1-\frac{2}{n}\right) \times \ldots \times \left(1-\frac{x-1}{n}\right) p^x (1-p)^{n-x}\right\}$$

第7章 その他の確率分布

ここで、2項分布の平均を λ とすると、その平均は $\lambda = np$ であったから

$$p = \frac{\lambda}{n}$$

と書くことができる。よって

$$f(x) = \frac{n^x}{x!}\left\{1 \times \left(1-\frac{1}{n}\right) \times \left(1-\frac{2}{n}\right) \times \ldots \times \left(1-\frac{x-1}{n}\right)\left(\frac{\lambda}{n}\right)^x\left(1-\frac{\lambda}{n}\right)^{n-x}\right\}$$

と変形できる。n^x を消去すると

$$f(x) = \frac{1}{x!} \times \left(1-\frac{1}{n}\right) \times \left(1-\frac{2}{n}\right) \times \ldots \times \left(1-\frac{x-1}{n}\right)\lambda^x\left(1-\frac{\lambda}{n}\right)^{n-x}$$

ここで $n \to \infty$ とすると

$$f(x) = \frac{1}{x!} \times \underbrace{\left(1-\frac{1}{n}\right)} \times \underbrace{\left(1-\frac{2}{n}\right)} \times \ldots \times \underbrace{\left(1-\frac{x-1}{n}\right)} \lambda^x \left(1-\frac{\lambda}{n}\right)^n \underbrace{\left(1-\frac{\lambda}{n}\right)^{-x}}$$

のかっこでくくった項はすべて 1 となる。ここで指数関数の定義を思い出すと

$$\lim_{n \to \infty}\left(1-\frac{\lambda}{n}\right)^n = \lim_{n \to \infty}\left\{\left(1-\frac{\lambda}{n}\right)^{-\frac{n}{\lambda}}\right\}^{-\lambda}$$

と変形できる。ここで $p = \frac{\lambda}{n}$ であるから

$$\lim_{n \to \infty}\left(1-\frac{\lambda}{n}\right)^n = \lim_{p \to 0}\left\{(1-p)^{-\frac{1}{p}}\right\}^{-\lambda}$$

ここで、$p = -\frac{1}{m}$ と置きなおすと

$$\lim_{n\to\infty}\left(1-\frac{\lambda}{n}\right)^n = \lim_{m\to\infty}\left\{\left(1+\frac{1}{m}\right)^m\right\}^{-\lambda}$$

これは補遺 1 で示したように e の定義式

$$e = \lim_{m\to\infty}\left(1+\frac{1}{m}\right)^m$$

のかたちを含んでおり

$$\lim_{n\to\infty}\left(1-\frac{\lambda}{n}\right)^n = \exp(-\lambda)$$

となる。結局

$$f(x) = \frac{1}{x!} \times \lambda^x \exp(-\lambda)$$

と変形できる。これを整理して

$$f(x) = \exp(-\lambda)\frac{\lambda^x}{x!}$$

となる。ただし $\lambda = np$ である。これが**ポアソン分布の確率密度関数**である。この導出過程で、$n \to \infty$ という仮定を行っているので、まず、この分布は 2 項分布において試行回数が大きい場合に対応することが分かる。

つぎに、指数関数を導出するときに、$p \to 0$ という極限をとっているので、これは、この分布が対象とする事象の起こる確率が非常に小さいこと、つまりめったに起こることのない現象を対象にしていることも分かる。ただし

$$n \to \infty \qquad p \to 0$$

という極限ではあるものの、その積はつねに一定で、2項分布の平均

$$\lambda = np$$

に等しいという条件下で生じる分布である。

それでは、ポアソン分布の和をまず求めてみよう。

$$\sum_{x=0}^{\infty} e^{-\lambda} \frac{\lambda^x}{x!} = e^{-\lambda} \sum_{x=0}^{\infty} \frac{\lambda^x}{x!}$$

となる。ここで補遺1に挙げた e の展開式を書くと

$$e^{\lambda} = 1 + \lambda + \frac{1}{2!}\lambda^2 + \frac{1}{3!}\lambda^3 + \frac{1}{4!}\lambda^4 + \cdots + \frac{1}{n!}\lambda^n + \cdots$$

であるが、この展開式は一般式にすると

$$1 + \lambda + \frac{1}{2!}\lambda^2 + \frac{1}{3!}\lambda^3 + \frac{1}{4!}\lambda^4 + \cdots + \frac{1}{n!}\lambda^n + \cdots = \sum_{x=0}^{\infty} \frac{\lambda^x}{x!}$$

と書けるから

$$\sum_{x=0}^{\infty} e^{-\lambda} \frac{\lambda^x}{x!} = e^{-\lambda} \sum_{x=0}^{\infty} \frac{\lambda^x}{x!} = e^{-\lambda} e^{\lambda} = 1$$

となって、総和が1となる。つまり確率関数の性質を満足していることが確かめられる。

つぎにこの分布の平均を求めてみよう。

$$E[x] = \sum_{x=0}^{\infty} x e^{-\lambda} \frac{\lambda^x}{x!} = \sum_{x=1}^{\infty} e^{-\lambda} \frac{\lambda^x}{(x-1)!}$$

$x=0$ の項は0であるので和から消える。さらに、この式をつぎのように変形してみる。

$$E[x] = \sum_{x=1}^{\infty} \lambda e^{-\lambda} \frac{\lambda^{x-1}}{(x-1)!} = \lambda e^{-\lambda} \sum_{x=1}^{\infty} \frac{\lambda^{x-1}}{(x-1)!}$$

となる。ここで

$$\sum_{x=1}^{\infty} \frac{\lambda^{x-1}}{(x-1)!}$$

において、$t = x - 1$ と置くと

$$\sum_{x=1}^{\infty} \frac{\lambda^{x-1}}{(x-1)!} = \sum_{t=0}^{\infty} \frac{\lambda^t}{t!}$$

これは、先ほどみたように

$$\sum_{t=0}^{\infty} \frac{\lambda^t}{t!} = e^{\lambda}$$

の関係にあるから

$$E[x] = \lambda e^{-\lambda} \sum_{x=1}^{\infty} \frac{\lambda^{x-1}}{(x-1)!} = \lambda e^{-\lambda} e^{\lambda} = \lambda$$

となって、**ポアソン分布の平均が** λ であることが分かる。

それでは、つぎにポアソン分布の分散を求めてみよう。普通は $E[x^2]$ を計算するのが通例であるが、ここでは $E[x^2 - x]$ つまり $E[x(x-1)]$ を計算してみる。

$$E[x(x-1)] = \sum_{x=0}^{\infty} x(x-1) e^{-\lambda} \frac{\lambda^x}{x!} = \sum_{x=2}^{\infty} e^{-\lambda} \frac{\lambda^x}{(x-2)!}$$

平均を計算した場合と同様に変形してみると

$$E[x(x-1)] = \sum_{x=2}^{\infty} e^{-\lambda} \frac{\lambda^x}{(x-2)!} = \lambda^2 e^{-\lambda} \sum_{x=2}^{\infty} \frac{\lambda^{x-2}}{(x-2)!}$$

ここで $t = x - 2$ と 置くと

$$\sum_{x=2}^{\infty} \frac{\lambda^{x-2}}{(x-2)!} = \sum_{t=0}^{\infty} \frac{\lambda^t}{t!} = e^{\lambda}$$

となるから

$$E[x(x-1)] = \lambda^2 e^{-\lambda} \sum_{x=2}^{\infty} \frac{\lambda^{x-2}}{(x-2)!} = \lambda^2 e^{-\lambda} e^{\lambda} = \lambda^2$$

ここで期待値の性質から

$$E[x(x-1)] = E[x^2 - x] = E[x^2] - E[x] = \lambda^2$$

となるから

$$E[x^2] = \lambda^2 + E[x] = \lambda^2 + \lambda$$

となる。よって**ポアソン分布の分散**は

$$V[x] = E[x^2] - (E[x])^2 = \lambda^2 + \lambda - \lambda^2 = \lambda$$

となり、分散の値も λ となる。

演習7-6 アメリカの企業トップは専用自家用機で移動する。この飛行機の事故の確率は10万分の1と言われている。企業トップが在任中に乗る飛行機の回数が1万回と言われている。この在任中に1度も事故に遭わない確率を求めよ。

解) 飛行機事故はめったに起きないのでポアソン分布に従うと考えられる。この時

$$f(x) = \exp(-\lambda) \frac{\lambda^x}{x!} \qquad \lambda = np$$

ここで、$n = 10000, p = 0.00001$ であるから $\lambda = np = 0.1$ となる。ここで、事

故が起きない確率は $x = 0$ に対応するから

$$f(0) = \exp(-0.1)\frac{(0.1)^0}{0!} = 0.9048$$

となって、9割以上の確率で事故には遭わないことになる[1]。

演習 7-7 ある半導体工場で、製品のメモリーチップに不良品が現れる確率は1万分の1である。この1日の製造ロットは500個である。不良品が3個以上あると、ユーザーから弁償が求められる。不良品が3個発生する確率を求めよ。

解） 不良品の発生はめったに起きないのでポアソン分布に従うと考えられる。この時

$$f(x) = \exp(-\lambda)\frac{\lambda^x}{x!} \quad \lambda = np$$

ここで、$n = 500$, $p = 0.0001$ であるから $\lambda = np = 0.05$ となる。ここで3個の不良品が発生する確率は

$$f(3) = \exp(-0.05)\frac{(0.05)^3}{3!} = 0.951\frac{0.000125}{6} \cong 0.00002$$

4個以上不良品が発生する確率は、ほとんど無視できるから、これが3個以上不良品が発生する確率とみなして良い。つまり、この工場ではめったに、3個の不良品が発生することがないことになる。

7.3. ワイブル分布

数多くの部品からなる製品の場合、1箇所でも故障すると、その製品が使

---

[1] この事実を知らされて、はやばやと引退した企業トップがいると聞かされた。

えなくなる。例えば、テレビやラジオなどはどこか部品が故障すると画面が消えたり、音が出なくなってしまう。このように、多くの部品からなる系で、どこか弱い部分が故障すると、その製品の寿命が来てしまう場合に使われる分布に**ワイブル分布** (Weibull distribution) がある。この分布は 1939 年にスウェーデンの物理学者 Weibull が、材料の強度は、その材料の最も弱い部分で決定されるという考え、つまり「最弱リンクモデル」を基礎に導出された確率密度分布である。

最近、金属疲労と呼ばれる現象で、原子力発電所に異常が起きたり、飛行機事故が起こって話題になっている。このような金属の破壊や疲労現象も、もっとも弱い部分で破損が起きると、そのシステム自体の寿命となるので、ワイブル分布で記述できることが知られている。また、材料の破壊試験を行うと、その破壊強度の分布がワイブル分布に従うことが知られている。さらに、こういうと問題があるが、人もつきつめれば数多くの部品からなる機械とみなすことができる。よって、その寿命にもワイブル分布が適用できることが分かっており、医学分野でも重宝されている。ワイブル分布が導出される過程は、前述したように、システムの中で最も弱い部分の寿命で、システムそのものの寿命が決定されるという仮定で構築されている。

実は、ワイブル分布は指数分布に基づいている。製品の故障や寿命の確率分布として、もっとも基本的な分布として指数分布がある。その確率密度関数は

$$f(x) = \lambda \exp(-\lambda x)$$

で与えられ、累積分布関数は

$$F(x) = \int_0^x f(x)\,dx = \int_0^x \lambda \exp(-\lambda x)\,dx = \left[\frac{\lambda \exp(-\lambda x)}{-\lambda}\right]_0^x = -\exp(-\lambda x) + 1$$

よって

$$F(x) = 1 - \exp(-\lambda x)$$

で与えられる。ここで、累積分布関数において、x として時間 t を考えると、$t = 0$ つまり初期では

$$F(0) = 1 - \exp(-0) = 1 - 1 = 0$$

となって、故障確率は 0 であることが分かる。そして、時間の経過、つまり x の増加とともに次第に $F(t)$ は増加してゆき、$t \to \infty$ の極限では

$$\lim_{t \to \infty} F(t) = 1 - \exp(-\infty) = 1$$

となって、故障確率は 1、つまりすべての製品が故障するということになる。確かに、どんな装置であろうとも、永遠に故障しないということはないから、時間とともに故障する製品数は増え、最後にはすべての製品が故障することになる。このように、指数分布は、定性的には製品の故障率、別な視点では、その寿命を与える分布として適しており、1950 年代にさかんに研究された分布である。しかし、指数分布では、実際の製品の寿命を表現するのに適切ではない場合が多く見られるようになった。

それを考えるために、**ハザード関数** (hazard function) というものを導入してみよう。この関数は以下で定義される。

$$h(t) = \lim_{\Delta t \to 0} P\,[t < T < t + \Delta t]$$

ここで、P はある装置が故障する確率である。よって、この式は時間 t までは故障せずに作動していたが、Δt 時間後は故障するという瞬間的な確率を与える式であり、いわば、ある時間 t にハザードすなわち故障が起こる確率を示している関数と考えられる。累積分布関数を使うと、この式は

$$h(t) = \lim_{\Delta t \to 0} \left\{ \frac{F(t + \Delta t) - F(t)}{1 - F(t)} \right\} \Big/ \Delta t = \lim_{\Delta t \to 0} \frac{\left\{ \dfrac{F(t + \Delta t) - F(t)}{\Delta t} \right\}}{1 - F(t)}$$

と書きかえることができる。ここで、分母は時間 t までに故障せずに残っている確率を示している。分子は、Δt 時間後故障する確率であり、まさに $F(t)$ の微分であるから、確率密度関数となり

$$h(t) = \frac{f(t)}{1-F(t)}$$

と与えられる。一般の教科書には、この式が載っているが、微分方程式を学んだものにとっては

$$h(t) = \frac{F'(t)}{1-F(t)}$$

という式の方がなじみ深いかもしれない。なぜなら、原子核の崩壊においては、その速度が、原子濃度をNとすると

$$-\frac{dN}{N}$$

に比例することが知られており、まさにハザード関数に対応するからである。物体の冷却カーブも、同様に表現できる。

ここで指数分布のハザード関数を計算してみよう。すると

$$h(t) = \frac{\lambda \exp(-\lambda t)}{1-[1-\exp(-\lambda t)]}$$

となって、何と指数分布では時間に関係なく故障率は常に一定ということになる。しかし、普通の装置を考えてみると、故障率が常に一定という仮定は成立せず、時間とともに故障する装置が増えてくるという状態が当然である。そこで、指数関数を少し変形して、時間とともに故障率が増えていくようにする。すると

$$F(x) = 1 - \exp(-\lambda x)$$

のかわりに

$$F(x) = 1 - \exp(-\alpha x^m)$$

という**累積分布関数**を考えれば良いことが分かる。ただし、$m>1$ である。

こうすれば、時間とともに、故障する確率が増えるという、われわれが普段体験している事象に適用することができる。

この累積分布関数を微分すれば、確率密度関数を得ることができる。指数関数の合成関数の微分は

$$(\exp(f(x)))' = \exp(f(x))f'(x)$$

であることに注意すると

$$\frac{dF(x)}{dx} = -\exp(-\alpha x^m)(-\alpha x^m)' = -\exp(-\alpha x^m)(-m\alpha x^{m-1})$$

よって

$$\frac{dF(x)}{dx} = f(x) = m\alpha x^{m-1}\exp(-\alpha x^m)$$

となる。この確率密度関数に対応した分布を**ワイブル分布** (Weibull distribution) と呼んでいる。つまり、ワイブル分布は、指数分布を基本にして、その故障確率が時間とともに増えるように修正したものである。

ただし、実用的には $m>1$ という制限をつける必要はない。この時、m の値によって、分布の意味が違ってくる。例えば、$m<1$ ということは、時間とともに故障率が下がるということに対応するが、普通の装置でこんなことは起きない。つまり、初期不良で装置が動かない状態に対応する。また、$m=1$ の場合には、常に一定の確率で故障が生じることになるが、実際の装置では、あまりこのケースに相当する場合は考えられず、むしろ物理学での原子核の崩壊や、物体の温度が低下していく場合に適用できる。

一方、$m>1$ のワイブル分布は、時間とともに故障率が上がっていくという事象であるから、ほとんどの工業的な製品の寿命を予測するのに適している。実は、工業製品だけでなく人間もいくつかの部品からなっている機械とみなすことができる。すると、その寿命もワイブル分布で表現することができそうであるが、実際に医学の世界ではワイブル分布で人間の寿命

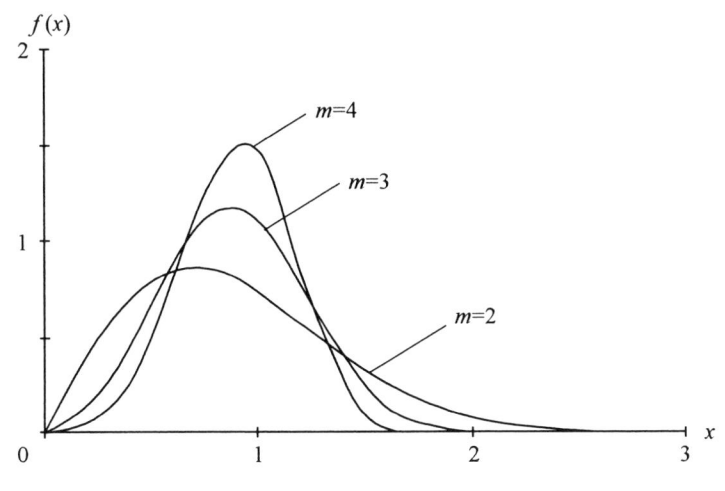

図7-1 ワイブル係数 (m)2,3,4 に対応したワイブル分布。

の解析が行われているのである。

ここで、**ワイブル分布の確率密度関数**を、もう一度抜き出してみよう。

$$f(x) = m\alpha x^{m-1} \exp(-\alpha x^m)$$

ここで、$\alpha = 1$ として m を変えてグラフを描くと、図7-1に示すように、この確率密度関数の様子は、大きく変化する。つまり、m がその特徴を決めることになる。このため、m を形状係数またはワイブル係数と呼んでいる。

ワイブル分布では、ある製品や人の寿命を考えているので、この分布の定義域は $x > 0$ である。また、x は連続型確率変数となる。ここで、この関数が確率密度関数の条件を満たすかどうか、まず確かめてみよう。この関数を全空間で積分する。

$$\int_{-\infty}^{+\infty} f(x)dx = \int_0^{\infty} m\alpha x^{m-1} \exp(-\alpha x^m)dx$$

である。ここで、すでに見たように被積分関数は

$$-\exp(-\alpha x^m)$$

の微分であるから

$$\int_{-\infty}^{+\infty} f(x)dx = \int_0^\infty m\alpha x^{m-1} \exp(-\alpha x^m)dx$$
$$= [-\exp(-\alpha x^m)]_0^\infty = -\exp(-\infty) - (-\exp 0) = 0 + 1 = 1$$

となって、確かに1となって、確率密度関数の条件を満たすことが分かる。

つぎに、ワイブル分布のハザード関数を求めてみよう。

$$h(x) = \frac{f(x)}{1-F(t)} = \frac{m\alpha x^{m-1}\exp(-\alpha x^m)}{1-(1-\exp(-\alpha x^m))} = \frac{m\alpha x^{m-1}\exp(-\alpha x^m)}{\exp(-\alpha x^m)} = m\alpha x^{m-1}$$

よって、確かに $m > 1$ の時は、x の増加とともに故障率が上昇していくことが分かる。

それでは、ワイブル分布の確率密度関数の平均と分散を求めてみよう。まず平均は

$$E[x] = \int_{-\infty}^{+\infty} xf(x)dx = \int_0^\infty m\alpha x^m \exp(-\alpha x^m)dx$$

ここで $t = x^m$ と置いてみよう。

$$dt = mx^{m-1}dx$$

これを変形すると

$$dx = \frac{1}{mx^{m-1}}dt = \frac{1}{m}\frac{x}{t}dt = \frac{1}{m}\frac{t^{\frac{1}{m}}}{t}dt$$

よって

$$E[x] = \int_0^\infty m\alpha x^m \exp(-\alpha x^m)dx = \int_0^\infty m\alpha t \exp(-\alpha t)\frac{t^{\frac{1}{m}}}{mt}dt$$
$$= \int_0^\infty \alpha t^{\frac{1}{m}} \exp(-\alpha t)dt$$

さらに $z = \alpha t$ と置くと

第7章　その他の確率分布

$$dz = \alpha\, dt$$

よって

$$E[x] = \int_0^\infty \left(\frac{z}{\alpha}\right)^{\frac{1}{m}} \exp(-z)\,dz = \left(\frac{1}{\alpha}\right)^{\frac{1}{m}} \int_0^\infty z^{\frac{1}{m}} \exp(-z)\,dz$$

ここでガンマ関数の定義を思い出すと

$$\Gamma(p) = \int_0^\infty z^{p-1} \exp(-z)\,dz$$

であった。よって**ワイブル分布の平均**は

$$E[x] = \left(\frac{1}{\alpha}\right)^{\frac{1}{m}} \int_0^\infty z^{\frac{1}{m}} \exp(-z)\,dz = \left(\frac{1}{\alpha}\right)^{\frac{1}{m}} \int_0^\infty z^{\frac{1}{m}+1-1} \exp(-z)\,dz = \left(\frac{1}{\alpha}\right)^{\frac{1}{m}} \Gamma\left(\frac{1}{m}+1\right)$$

と与えられる。

演習 7-8　ワイブル分布の確率密度変数の分散をガンマ関数を用いて表現せよ。

解）　ワイブル分布の確率密度変数は

$$f(x) = m\alpha\, x^{m-1} \exp(-\alpha x^m)$$

であるから、2次のモーメントは

$$E[x^2] = \int_{-\infty}^{+\infty} x^2 f(x)\,dx = \int_0^\infty m\alpha\, x^{m+1} \exp(-\alpha x^m)\,dx$$

ここで $t = x^m$ と置いてみよう。

$$dt = mx^{m-1}dx$$

これを変形すると

$$dx = \frac{1}{mx^{m-1}}dt = \frac{1}{m}\frac{x}{t}dt = \frac{1}{m}\frac{t^{\frac{1}{m}}}{t}dt$$

よって

$$E[x^2] = \int_0^{+\infty} m\alpha x^{m+1} \exp(-\alpha x^m)dx = \int_0^{\infty} m\alpha t^{\frac{1}{m}} \exp(-\alpha t)\frac{t^{\frac{1}{m}}}{mt}dt$$

$$= \int_0^{\infty} \alpha t^{\frac{2}{m}} \exp(-\alpha t)dt$$

さらに $z = \alpha t$ と置くと

$$dz = \alpha dt$$

よって

$$E[x^2] = \int_0^{+\infty} \left(\frac{z}{\alpha}\right)^{\frac{2}{m}} \exp(-z)dz = \left(\frac{1}{\alpha}\right)^{\frac{2}{m}} \int_0^{+\infty} z^{\frac{2}{m}} \exp(-z)dz$$

ここで、ガンマ関数の定義は

$$\Gamma(p) = \int_0^{\infty} z^{p-1} \exp(-z)dz$$

であった。よって

$$E[x^2] = \left(\frac{1}{\alpha}\right)^{\frac{2}{m}} \int_0^{+\infty} z^{\frac{2}{m}} \exp(-z)dz = \left(\frac{1}{\alpha}\right)^{\frac{2}{m}} \int_0^{+\infty} z^{\frac{2}{m}+1-1} \exp(-z)dz = \left(\frac{1}{\alpha}\right)^{\frac{2}{m}} \Gamma\left(\frac{2}{m}+1\right)$$

となる。

$$E[x] = \left(\frac{1}{\alpha}\right)^{\frac{1}{m}} \Gamma\left(\frac{1}{m}+1\right)$$

第7章 その他の確率分布

であったから、分散は

$$V[x] = E[x^2] - (E[x])^2 = \left(\frac{1}{\alpha}\right)^{\frac{2}{m}} \Gamma\left(\frac{2}{m}+1\right) - \left\{\left(\frac{1}{\alpha}\right)^{\frac{1}{m}} \Gamma\left(\frac{1}{m}+1\right)\right\}^2$$

これを整理すると**ワイブル分布の分散**は

$$V[x] = \left(\frac{1}{\alpha}\right)^{\frac{2}{m}} \left[\Gamma\left(\frac{2}{m}+1\right) - \left\{\Gamma\left(\frac{1}{m}+1\right)\right\}^2\right]$$

と与えられる。

ワイブル分布の確率密度関数は

$$f(x) = m\alpha x^{m-1} \exp(-\alpha x^m)$$

と与えられるが、教科書によっては

$$f(x) = \frac{m}{a} x^{m-1} \exp\left(-\frac{x^m}{a}\right)$$

と書く場合もある。この場合の**平均および分散**は

$$E[x] = a^{\frac{1}{m}} \Gamma\left(\frac{1}{m}+1\right) \qquad V[x] = \alpha^{\frac{2}{m}} \left[\Gamma\left(\frac{2}{m}+1\right) - \left\{\Gamma\left(\frac{1}{m}+1\right)\right\}^2\right]$$

と与えられる。また、**累積分布関数は**

$$F(x) = 1 - \exp\left(-\frac{x^m}{a}\right)$$

となる。ここでこの式を変形すると

$$1 - F(x) = \exp\left(-\frac{x^m}{a}\right) \qquad \frac{1}{1-F(x)} = \exp\left(\frac{x^m}{a}\right)$$

となるが、この自然対数をとると

$$\ln\left(\frac{1}{1-F(x)}\right) = \frac{x^m}{a}$$

もう一度、自然対数をとると

$$\ln\ln\left(\frac{1}{1-F(x)}\right) = m\ln x - \ln a$$

となって、たて軸に $\ln\ln\left(\frac{1}{1-F(x)}\right)$、横軸に $\ln x$ をプロットすると、直線となり、その傾きは m となる。理工系の実験では、よくこのようなプロットをし、その傾きから m を求める。この係数を**ワイブル係数** (Weibull coefficient) と呼んでいる。

7.4. 2変数の確率分布

7.4.1. 同時確率分布

これまで、確率変数が1個の場合を主として取り扱ってきたが、2変数の確率変数の分布を考えてみる。

第7章 その他の確率分布

　サイコロの例を再び取り上げる。いま、区別できる二つのサイコロがあるとしよう。例えば、色が赤と白のサイコロがあるとする。そして、赤のサイコロの出目の数を確率変数 X に対応させ、白のサイコロの出目の数を確率変数 Y に対応させる。

　すると、例えば

$$P(X=1)=\frac{1}{6} \qquad P(Y=1)=\frac{1}{6}$$

と書くことができるが、両方の目とも1の目が出る確率は

$$P(X=1, Y=1)=\frac{1}{36}$$

と書くことができる。あるいは

$$P(X \leq 3, Y \leq 3)=\frac{1}{4}$$

と表記することができる。このように、ふたつの変数の確率分布を **2次元確率分布** (two dimensional probability distribution) と呼んでいる。いま、離散的な確率変数が2種類あって、それがそれぞれ

$$X = x_i \ (i = 1, 2, 3, ..., m)$$
$$Y = y_j \ (j = 1, 2, 3, ..., n)$$

であり、$X = x_i$ かつ $Y = y_j$ になる確率が

$$P(X = x_i, Y = y_j) = p_{ij}$$

と分かっているとき、確率密度として

$$f(x, y) = \begin{cases} p_{ij} & (x = x_i \ \text{かつ} \ y = y_j) \\ 0 & (\text{その他の} x, y) \end{cases}$$

という確率密度関数が与えられる。この時、分布関数として

$$F(x, y) = P(X \leq x, Y \leq y) = \sum_{x_i \leq x} \sum_{y_j \leq y} f(x_i, y_j)$$

のかたちをした関数を考えることができる。このように、ふたつの変数の確率分布を**同時確率分布** (simultaneous probability function) と呼んでいる。確率分布の満足すべき性質として

$$\sum_{i=1}^{m} \sum_{j=1}^{n} f(x_i, y_j) = 1$$

となる。これは考えられる確率をすべて足したものが1になるという1変数の場合と同じ性質である。サイコロの例では

$$f(1, 1) = \frac{1}{36} \quad f(1, 2) = \frac{1}{36} \quad f(1, 3) = \frac{1}{36}$$

からはじまって $f(6, 5) = \frac{1}{36}$, $f(6, 6) = \frac{1}{36}$ まで36通りの組み合わせがあるが、それらすべての同時確率は1/36であり、よって、すべての確率分布を集計したものは、確かに1となる。

演習 7-9 区別のつくコインをふたつ投げたとき、表が出れば0、裏が出れば1という確率変数に対応させる。この時の確率密度関数を求めよ。

解) 両方とも表が出る確率は1/4であるから

$$f(0, 0) = \frac{1}{4}$$

同様に考えていくと

$$f(1, 0) = \frac{1}{4}, \quad f(0, 1) = \frac{1}{4}, \quad f(1, 1) = \frac{1}{4},$$

となる。この場合、この 3 通り以外の組み合わせは存在しないので、これ以外の組み合わせはすべて $f(x, y) = 0$ である。また、求めた確率をすべて足せば 1 となることも確認できる。

以上が離散型の確率分布の場合であるが、連続型確率分布にも当然のことながら 2 次元確率分布を考えることができる。ここで、確率変数が 1 個だけの場合は

$$P(a \leq X \leq b) = \int_a^b f(x)dx$$

であった。これに対し、確率変数が X と Y のふたつになった場合

$$P(a \leq X \leq b, c \leq Y \leq d) = \int_a^b \int_c^d f(x, y)dxdy$$

のような **2 重積分** (double integral) のかたちに書くことができる。1 変数の場合の確率密度関数 $f(x)$ に対して

$$f(x) \geq 0 \qquad \int_{-\infty}^{\infty} f(x)dx = 1$$

という条件があったが、**2 変数の場合の同時確率密度関数**に対しては

$$f(x, y) \geq 0 \qquad \int_{-\infty}^{\infty} \int_{-\infty}^{\infty} f(x, y)dxdy = 1$$

という条件が付加されることになる。また、**2 変数の場合の累積分布関数**は

$$F(x, y) = \int_{-\infty}^x \int_{-\infty}^y f(x, y)dxdy$$

で与えられることになる。

演習 7-10 つぎの関数

$$f(x,y) = a\exp\left(-\frac{x^2+y^2}{2}\right)$$

が同時確率密度関数となるように定数 a の値を求めよ。

解) 同時確率密度関数の満足すべき条件は

$$\int_{-\infty}^{\infty}\int_{-\infty}^{\infty} f(x,y)dxdy = 1$$

ここで

$$\int_{-\infty}^{\infty}\int_{-\infty}^{\infty} a\exp\left(-\frac{x^2+y^2}{2}\right)dxdy$$

この積分は、ガウス積分と呼ばれるもので、すでに第 2 章で示したように極座標に置きかえることで

$$\int_{-\infty}^{\infty}\int_{-\infty}^{\infty} \exp\left(-\frac{x^2+y^2}{2}\right)dxdy = 2\pi$$

という結果が得られる。よって同時確率密度関数の条件を満足するためには

$$a = \frac{1}{2\pi}$$

となり、確率密度関数は

$$f(x,y) = \frac{1}{2\pi}\exp\left(-\frac{x^2+y^2}{2}\right)$$

と与えられる。

7.4.2. 2次元確率分布の期待値

確率変数が 1 個の場合の、関数 $\varphi(x)$ の期待値は

$$E[\varphi(x)] = \int_{-\infty}^{\infty} \varphi(x) f(x) dx$$

で与えられる。確率変数が 2 個の場合も同様にして、**関数 $\varphi(x, y)$ の期待値**は

$$E[\varphi(x, y)] = \int_{-\infty}^{\infty} \int_{-\infty}^{\infty} \varphi(x, y) f(x, y) dx dy$$

で与えられる。

例えば、確率変数 X の期待値は

$$E[X] = \int_{-\infty}^{\infty} \int_{-\infty}^{\infty} x f(x, y) dx dy$$

で与えられる。また確率変数 Y の期待値は

$$E[Y] = \int_{-\infty}^{\infty} \int_{-\infty}^{\infty} y f(x, y) dx dy$$

と与えられる。また、離散型確率変数の期待値も 1 変数の場合と同様に与えられ

$$E[\varphi(x, y)] = \sum_{i=1}^{m} \sum_{j=1}^{n} \varphi(x_i, y_j) f(x_i, y_j) = \sum_{i=1}^{m} \sum_{j=1}^{n} \varphi(x_i, y_j) p_{ij}$$

となる。

演習 7-11 つぎの同時確率密度関数において、X および Y の期待値および関数 $\varphi(x, y) = xy$ の期待値を求めよ。

$$\begin{cases} f(x, y) = x + y & (0 < x < 1, \ 0 < y < 1) \\ 0 & (その他の x, y 領域) \end{cases}$$

解） まず X の期待値は

$$E[x] = \int_{-\infty}^{\infty} \int_{-\infty}^{\infty} x f(x, y) dx dy$$

で与えられるので

$$E[x] = \int_0^1 \int_0^1 x(x + y) dx dy = \int_0^1 \int_0^1 (x^2 + xy) dx dy$$
$$= \int_0^1 \left[\frac{x^3}{3} + \frac{x^2}{2} y \right]_0^1 dy = \int_0^1 \left(\frac{1}{3} + \frac{y}{2} \right) dy = \left[\frac{y}{3} + \frac{y^2}{4} \right]_0^1 = \frac{1}{3} + \frac{1}{4} = \frac{7}{12}$$

と与えられる。確率変数 Y もまったく同じかたちをしているから

$$E[y] = \frac{7}{12}$$

となる。

つぎに関数 $\varphi(x, y) = xy$ の期待値は

$$E[\varphi(x, y)] = \int_{-\infty}^{\infty} \int_{-\infty}^{\infty} \varphi(x, y) f(x, y) dx dy$$

であるから

$$E[xy] = \int_0^1 \int_0^1 xy(x + y) dx dy$$

で与えられる。よって

$$E[xy] = \int_0^1 \int_0^1 (x^2 y + xy^2) dx dy = \int_0^1 \left[\frac{x^3}{3} y + \frac{x^2}{2} y^2 \right]_0^1 dy$$

$$= \int_0^1 \left(\frac{y}{3} + \frac{y^2}{2} \right) dy = \left[\frac{y^2}{6} + \frac{y^3}{6} \right]_0^1 = \frac{1}{6} + \frac{1}{6} = \frac{1}{3}$$

となる。

7.4.3. 確率変数の独立性

2次元確率分布と言っても、2変数の間に相関がなければ、その同時確率分布は非常に簡単になる。再び、サイコロの例を考えてみよう。赤いサイコロの出目の数を確率変数 X とし、白いサイコロの出目の数を確率変数 Y とする。これら、ふたつの変数の同時確率密度関数を

$$h(x, y)$$

とする。ここで、Xの確率密度関数を $f(x)$ とし、Y の確率密度関数を $g(y)$ とすると

$$h(x, y) = f(x) g(y)$$

で与えられる。確かに、赤いサイコロの出目の数は、白いサイコロの出目の数にまったく影響を与えない。これら確率変数は独立である。実際に、サイコロの例で、赤いサイコロの出目が1、白のサイコロの出目が4になる同時確率は

$$h(1, 4) = f(1) g(4) = \frac{1}{6} \times \frac{1}{6} = \frac{1}{36}$$

で与えられる。

このように、**確率変数が互いに独立の場合**は

$$E[xy] = E[x]E[y]$$

の関係にある。これを確かめてみよう。確率変数が2つの場合の期待値は

$$E[\varphi(x,y)] = \int_{-\infty}^{\infty}\int_{-\infty}^{\infty} \varphi(x,y)h(x,y)dxdy$$

であった。確率変数が互いに独立の場合

$$E[xy] = \int_{-\infty}^{\infty}\int_{-\infty}^{\infty} xyh(x,y)dxdy = \int_{-\infty}^{\infty}\int_{-\infty}^{\infty} xyf(x)g(y)dxdy$$

となる。これは

$$E[xy] = \int_{-\infty}^{\infty} \left(yg(y)\int_{-\infty}^{\infty} xf(x)dx \right) dy$$

と変形できる。ここで

$$E[x] = \int_{-\infty}^{\infty} xf(x)dx$$

の関係にあるから

$$E[xy] = \int_{-\infty}^{\infty} (E[x]yg(y))dy = E[x]\int_{-\infty}^{\infty} yg(y)dy = E[x]E[y]$$

となる。

7.4.4. 2次元確率変数の分散

期待値と同様に、2変数 X, Y の場合の分散も、1変数の場合と同様に与えられる。

$$V[x] = E[(x-\mu_x)^2] \qquad V[y] = E[(y-\mu_y)^2]$$

ただし

$$E[x] = \mu_x \qquad E[y] = \mu_y$$

という関係にある。

2変数の場合には、実はこれら分散の他にも**共分散** (covariance) と呼ばれる分散がある。それは

$$Cov(x,y) = E[(x-\mu_x)(y-\mu_y)]$$

というかたちをした分散である。これを変形してみよう。すると

$$Cov(x,y) = E[(x-\mu_x)(y-\mu_y)] = E[xy - x\mu_y - y\mu_x + \mu_x\mu_y]$$
$$= E[xy] - E[x]\mu_y - E[y]\mu_x + \mu_x\mu_y = E[xy] - \mu_x\mu_y$$

と変形することができる。あるいは

$$Cov(x,y) = E[xy] - E[x]E[y]$$

と与えられる。

演習 7-12 確率変数 X と Y が独立の場合には共分散が0になることを示せ。

解） 確率変数が互いに独立の場合

$$E[xy] = E[x]E[y]$$

という関係が成立する。ここで共分散は

$$Cov(x,y) = E[xy] - E[x]E[y]$$

と与えられるので

$$Cov(x,y) = E[xy] - E[x]E[y] = E[x]E[y] - E[x]E[y] = 0$$

となって0となることが分かる。

このように、**共分散とは確率変数が互いに独立の時は 0** であり、互いに相関がある場合には 0 とはならない。

7.4.5. 正規分布の加法性

すでに第 3 章で紹介したように、正規分布に従うふたつの集団から標本を取り出して、その和で新たな集団をつくると、その和も正規分布に従う。それは

$$N(\mu_1, \sigma_1^2) + N(\mu_2, \sigma_2^2) \to N(\mu_1 + \mu_2, \sigma_1^2 + \sigma_2^2)$$

というものであった。これを正規分布には**加法性** (additivity) があると呼んでいる。この事実を確かめてみよう。

いま、確率変数 X および Y が正規分布 $N(\mu_1, \sigma_1^2)$ および $N(\mu_2, \sigma_2^2)$ に従うものとする。これら集団より、ふたつの確率変数を取り出し、その和 $X + Y$ で新たな分布を作った場合を考えてみよう。つまり

$$f(x) = \frac{1}{\sqrt{2\pi}\sigma_1} \exp\left(\frac{-(x-\mu_1)^2}{2\sigma_1^2}\right) \qquad g(y) = \frac{1}{\sqrt{2\pi}\sigma_2} \exp\left(\frac{-(y-\mu_2)^2}{2\sigma_2^2}\right)$$

という確率密度関数に従う確率変数を考える。まず、その和の期待値を求めると

$$E[x+y] = E[x] + E[y] = \mu_1 + \mu_2$$

となって、それぞれの平均値の和となる。つぎに、その分散は

$$V[x+y] = E[(x+y)^2] - (E[x+y])^2 = E[(x+y)^2] - (\mu_1 + \mu_2)^2$$

で与えられる。ここで

$$E[(x+y)^2] = E[x^2 + 2xy + y^2] = E[x^2] + 2E[xy] + E[y^2]$$

と変形できるが、ふたつの確率変数が互いに独立の場合

$$E[xy] = E[x]E[y]$$

となるので

$$E[xy] = \mu_1 \mu_2$$

と与えられる。よって

$$E[(x+y)^2] = E[x^2] + E[y^2] + 2\mu_1\mu_2$$

となる。これを分散の式に代入すると

$$V[x+y] = E[(x+y)^2] - (\mu_1 + \mu_2)^2 = E[x^2] + E[y^2] + 2\mu_1\mu_2 - (\mu_1^2 + 2\mu_1\mu_2 + \mu_2^2)$$
$$= E[x^2] + E[y^2] - (\mu_1^2 + \mu_2^2)$$

となる。ここで、右辺はつぎのように変形できる。

$$V[x+y] = (E[x^2] - \mu_1^2) + (E[y^2] - \mu_2^2)$$

結局

$$V[x+y] = V[x] + V[y]$$

となる。よって

$$N(\mu_1, \sigma_1^2) + N(\mu_2, \sigma_2^2) = N(\mu_1 + \mu_2, \sigma_1^2 + \sigma_2^2)$$

となり、第2章で説明した正規分布の加法性が成立することが分かる。

演習7-13 同じ平均と分散からなる正規分布から2個の成分を取り出して、その平均で、新たな分布をつくった時の平均と分散を求めよ。

解) まず、平均の期待値は

$$E\left[\frac{x+y}{2}\right] = \frac{1}{2}E[x] + \frac{1}{2}E[y] = \mu$$

となり、母平均となる。つぎに分散は

$$V\left[\frac{x+y}{2}\right] = E\left[\left(\frac{x+y}{2}\right)^2\right] - \left(E\left[\frac{x+y}{2}\right]\right)^2$$
$$= E\left[\frac{x^2+2xy+y^2}{4}\right] - \mu^2 = \frac{E[x^2]+2E[xy]+E[y^2]}{4} - \mu^2$$

ここで

$$E[xy] = E[x]E[y] = \mu^2$$

であるから

$$V\left[\frac{x+y}{2}\right] = \frac{E[x^2]+2E[xy]+E[y^2]}{4} - \mu_2 = \frac{E[x^2]+2\mu_2+E[y^2]}{4} - \mu_2$$
$$= \frac{E[x^2]-2\mu^2+E[y^2]}{4} = \frac{\left(E[x^2]-\mu^2\right)+\left(E[y^2]-\mu^2\right)}{4} = \frac{\sigma^2+\sigma^2}{4} = \frac{\sigma^2}{2}$$

となる。

補遺 1 指数関数とべき級数展開

A1.1. 指数関数の定義

　本書でも紹介したように、統計学を数学的に取り扱う場合指数関数が重要な役割を示す。なにしろ、統計分布の代表である正規分布の確率密度関数が指数関数である。

　そこで、本補遺では、指数関数の中心的な存在である e について紹介する。これは、対数の発見者であるネイピアにちなんで**ネイピア数** (Napier number) と呼ばれたり、あるいはオイラーがこの記号を最初に使ったことから**オイラー数** (Euler number) と呼ばれることもある。**自然対数** (natural logarithm) **の底** (base) とも呼ばれる。

　e は、a^x を x で微分 (differentiation) した時に、その値が a^x 自身になるように定義された値である。この定義をもとに e について見てみよう。つまり、e の定義は

$$\frac{da^x}{dx} = a^x$$

を満足する a の値となる。これをより具体的に示すと

$$\frac{da^x}{dx} = \lim_{\Delta x \to 0} \frac{a^{x+\Delta x} - a^x}{\Delta x}$$

lim の中を括り出すと

$$\frac{a^{x+\Delta x} - a^x}{\Delta x} = \frac{a^x(a^{\Delta x} - 1)}{\Delta x}$$

となるので、結局 $\Delta x \to 0$ の時

$$\frac{a^x(a^{\Delta x}-1)}{\Delta x} = a^x$$

を満足する値 a が e ということになる。よって、

$$\frac{(e^{\Delta x}-1)}{\Delta x} = 1$$

となる。これを e について解くと

$$e^{\Delta x} = 1 + \Delta x$$
$$e = \lim_{\Delta x \to 0}(1+\Delta x)^{\frac{1}{\Delta x}} = \lim_{d \to 0}(1+d)^{\frac{1}{d}}$$

となり、これが e の数学的な定義となる。ここで $n = \frac{1}{d}$ と置き換えると

$$e = \lim_{n \to \infty}\left(1+\frac{1}{n}\right)^n$$

が得られる。実際に n に数値を代入してみると

$$e_1 = (1+1)^1 = 2$$
$$e_2 = \left(1+\frac{1}{2}\right)^2 = 2.25$$
$$e_3 = \left(1+\frac{1}{3}\right)^3 = 2.370$$
$$\cdots\cdots$$
$$e_\infty = 2.7182818\ldots = e$$

となって、e は無理数となることが分かる。ただし、実際にこの方法で計算すると、なかなか収束しない。実際の計算は後程紹介する級数展開の方が

補遺1　指数関数とべき級数展開

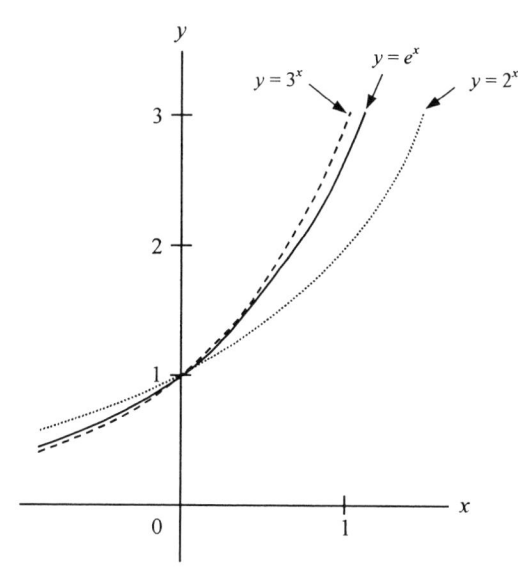

図1A-1　$y=e^x$のグラフ。$y=2^x$および$y=3^x$のグラフも示している。

楽である。ちなみに、$y=e^x$ のグラフを、$y=2^x$および$y=3^x$のグラフとともに図1A-1に示す。指数関数のグラフはちょうど、これらグラフの中間に位置する（より3に近いが）。ちなみに、$x=0$ での接線の傾き (slope of tangent): dy/dx は、$y=2^x$ のグラフでは<1、$y=3^x$ のグラフでは>1であり、$y=e^x$でちょうど1になっている。これは$y=e^x$の定義から明らかである。

ここで、指数関数

$$y=e^x$$

をxで微分すると

$$\frac{dy}{dx}=e^x$$

となって、微分したものがそれ自身になることがわかる。この性質が理工系分野へ大きな波及効果を及ぼすことになる。その一例が、その級数展開

である。

A1.2. 指数関数の展開

一般に関数 $f(x)$ は次のようなべき級数展開 (expansion into power series) が可能である。

$$f(x) = a_0 + a_1 x + a_2 x^2 + a_3 x^3 + a_4 x^4 + a_5 x^5 + \ldots$$

これら**係数** (coefficients) は以下の方法で求められる。

まず、この式に $x=0$ を代入すれば、x を含んだ項が消えるので、$f(0) = a_0$ となって、最初の**定数項** (constant term) が求められる。

次に、$f(x)$ の微分をくり返しながら、$x=0$ を代入していくと、それ以降の係数が求められる。例えば

$$f'(x) = a_1 + 2a_2 x + 3a_3 x^2 + 4a_4 x^3 + 5a_5 x^4 + \ldots$$

となるから、$x=0$ を代入すれば a_2 以降の項はすべて消えて、a_1 のみが求められる。同様にして

$$f''(x) = 2a_2 + 3 \cdot 2a_3 x + 4 \cdot 3a_4 x^2 + 5 \cdot 4a_5 x^3 + \ldots$$
$$f'''(x) = 3 \cdot 2a_3 + 4 \cdot 3 \cdot 2a_4 x + 5 \cdot 4 \cdot 3a_5 x^2 + \ldots$$

となり、$x=0$ を代入すれば、定数項だけが順次残る仕組みである。よって、定数は

$$a_0 = f(0), \quad a_1 = f'(0), \quad a_2 = \frac{1}{1 \cdot 2} f''(0), \quad a_3 = \frac{1}{1 \cdot 2 \cdot 3} f'''(0),$$
$$\ldots\ldots, \quad a_n = \frac{1}{n!} f^n(0)$$

で与えられ、まとめると

補遺1　指数関数とべき級数展開

$$f(x) = f(0) + f'(0)x + \frac{1}{2!}f''(0)x^2 + \frac{1}{3!}f'''(0)x^3 + ... + \frac{1}{n!}f^{(n)}(0)x^n + ...$$

となる。これをまとめて書くと一般式 (general form)

$$f(x) = \sum_{n=0}^{\infty} \frac{1}{n!} f^{(n)}(0) x^n$$

が得られる。この級数を**マクローリン級数** (Maclaurin series)、また、この級数展開を**マクローリン展開** (Maclaurin expansion) と呼んでいる。全く同様にして、

$$f(x-a) = f(a) + f'(a)x + \frac{1}{2!}f''(a)x^2 + \frac{1}{3!}f'''(a)x^3 + ... + \frac{1}{n!}f^{(n)}(a)x^n + ...$$

という展開を行うことができる。これは、点 $x=a$ のまわりの展開 (expansion about the point $x=a$) と呼び、**テーラー展開** (Taylor expansion) と呼んでいる。級数展開としてはテーラー展開がより一般的であり、マクローリン展開は点 $x=0$ のまわりのテーラー展開と呼ぶことができる。

ここで指数関数の場合には、**n 階の導関数** (nth order derivative) が簡単に求められるので、級数展開、すなわち、$f^{(n)}(x) = e^x$ と簡単であるから、$x=0$ を代入すると、すべて $f^{(n)}(0) = e^0 = 1$ となる。よって、e の展開式は

$$e^x = 1 + x + \frac{1}{2!}x^2 + \frac{1}{3!}x^3 + \frac{1}{4!}x^4 + ... + \frac{1}{n!}x^n + ...$$

となる。この展開を利用して、$n=4$ 項目までプロットしてみると、図1A-2に示したように、e^x のグラフに漸近していくことが分かる。

次に展開式を x で微分してみよう。すると

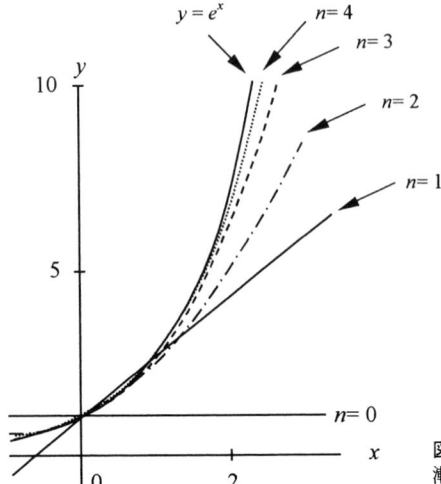

図 1A-2　$y = \exp(x)$の展開式の漸近の様子。

$$\frac{d(e^x)}{dx} = 0 + 1 + \frac{1}{2!} \cdot 2x + \frac{1}{3!} \cdot 3x^2 + \frac{1}{4!} \cdot 4x^3 + \frac{1}{5!} \cdot 5x^4 + \ldots + \frac{1}{n!} \cdot nx^{n-1} + \ldots$$

となり、右辺を整理すると

$$1 + x + \frac{1}{2!}x^2 + \frac{1}{3!}x^3 + \frac{1}{4!}x^4 + \ldots + \frac{1}{n!}x^n + \ldots$$

となって、それ自身に戻る。つまり

$$\frac{d(e^x)}{dx} = e^x$$

が確かめられる。

つぎに、e^xの展開式を利用してeの値を求めることもできる。e^xの展開式に$x = 1$を代入すると

$$1 + \frac{1}{1!} + \frac{1}{2!} + \frac{1}{3!} + \frac{1}{4!} + \ldots + \frac{1}{n!} + \ldots = \sum_{0}^{\infty} \frac{1}{n!}$$

補遺1　指数関数とべき級数展開

となり、階乗の逆数の和となるが、これを階乗級数 (factorial series) と呼んでいる。具体的に数値を与えると

$$e = 1 + 1 + \frac{1}{2} + \frac{1}{6} + \frac{1}{24} + \cdots$$

となって、計算すると

$$e = 2.718281828\cdots$$

が得られる。

補遺2　ガンマ関数とベータ関数

　数学を理工系の学問や統計学などの実学に応用する場合、**初等関数** (elementary function) だけで解析ができるわけではない。この時、**特殊関数** (special function) と呼ばれる関数を利用する。特殊関数は、一見したところでは複雑そうな格好をしているが、いろいろな物理現象を数理的に解決しようという努力の結果生まれた実用性に優れた関数群である。

　本補遺で紹介する**ガンマ関数** (Gamma function) や**ベータ関数** (Beta function)も、一般の確率分布を解析する場合に、その計算が簡単になるように導入されたものである。確率密度関数には指数関数を基本にしたものが多く、その解析には指数関数の積分形が頻繁に顔を出す。

A2.1. ガンマ関数

　ガンマ関数 (Γ function) はつぎの積分によって定義される特殊関数である。

$$\Gamma(x) = \int_0^\infty t^{x-1} e^{-t} dt$$

　この関数は**階乗**（factorial）と同じ働きをするので、物理数学において階乗の近似を行うときなどに利用される。その特徴をまず調べてみよう。**部分積分** (integration by parts) を利用すると

$$\Gamma(x+1) = \int_0^\infty t^x e^{-t} dt = [-t^x e^{-t}]_0^\infty + x\int_0^\infty t^{x-1} e^{-t} dt$$

と変形できる。ここで右辺の第1項において、x が負であると、この積分の

下端 $t \to 0$ で、$t^x \to \infty$ と発散してしまうので値が得られない。このため、この積分を使ったガンマ関数の定義域は正の領域となる。ここで $x \geq 0$ とすると、この積分は、

$$\Gamma(x+1) = \int_0^\infty t^x e^{-t} dt = [-t^x e^{-t}]_0^\infty + x\int_0^\infty t^{x-1} e^{-t} dt = x\int_0^\infty t^{x-1} e^{-t} dt$$

と変形できる。ただし、ここでは

$$[-t^x e^{-t}]_0^\infty = \left[\frac{-t^x}{e^t}\right]_0^\infty = \lim_{t \to \infty} \frac{-t^x}{e^t} - (-0) = 0$$

の関係式を用いている。

最後の式の積分をみると、これはまさに $\Gamma(x)$ である。よって

$$\Gamma(x+1) = x\Gamma(x)$$

という**漸化式** (recursion relation) を満足することが分かる。ここで、Γ 関数の定義式において $x=1$ を代入してみよう。すると

$$\Gamma(1) = \int_0^\infty e^{-t} dt = [-e^{-t}]_0^\infty = 1$$

と計算できる。この値が分かれば、漸化式を使うと

$$\Gamma(2) = 1\Gamma(1) = 1$$

のように $\Gamma(2)$ を計算することができる。同様にして漸化式を利用すると

$$\Gamma(3) = 2\Gamma(2) = 2 \cdot 1 \qquad \Gamma(4) = 3\Gamma(3) = 3 \cdot 2 \cdot 1$$

と順次計算でき

$$\Gamma(n+1) = n \cdot (n-1) \cdot (n-2) \cdots 3 \cdot 2 \cdot 1 = n!$$

のように、階乗に対応していることが分かる。このため、ガンマ関数のことを**階乗関数** (factorial function) とも呼ぶ。ここで、$n=0$ を代入すると

$$\Gamma(1) = 0!$$

となる。先ほど定義式から求めたように $\Gamma(1) = 1$ であったから $0! = 1$ となることが分かる。

またガンマ関数は、整数だけではなく、実数にも拡張することができる。例えば

$$\Gamma\left(\frac{1}{2}\right) = \int_0^\infty t^{-\frac{1}{2}} e^{-t} dt$$

のように、整数でない場合のガンマ関数が、この積分で定義できる。この積分は $t = u^2$ とおくと $dt = 2udu$ であるから

$$\Gamma\left(\frac{1}{2}\right) = 2\int_0^\infty \exp(-u^2) du$$

と変形できるが、この積分は第2章でも登場した**ガウス積分**であり

$$\int_0^\infty \exp(-u^2) du = \frac{\sqrt{\pi}}{2}$$

と計算できる。よって

$$\Gamma\left(\frac{1}{2}\right) = \sqrt{\pi}$$

と値が得られる。いったんこの値が計算できれば漸化式を利用することで

$$\Gamma\left(\frac{3}{2}\right) = \Gamma\left(\frac{1}{2} + 1\right) = \frac{1}{2}\Gamma\left(\frac{1}{2}\right) = \frac{\sqrt{\pi}}{2}$$

のように $\Gamma(3/2)$ の値が簡単に計算できる。よって、正の実数に対する**ガンマ関数の値は $0 < x < 1$ の範囲の値が分かれば、漸化式によってすべて計算できる**ことになる。

このように、ガンマ関数には漸化式の性質があるので、ある計算をしていて、ガンマ関数のかたちをした積分が現れた場合には、その性質を利用

して、**計算せずに積分の解が得られる**という大きな実用上の利点がある。統計の計算においても、ガンマ関数が大活躍する。

A2.2. ベータ関数

ベータ関数はガンマ関数から導かれる特殊関数である。ここで m を整数とすると、階乗記号を使ってガンマ関数はつぎのように書くことができる。

$$\Gamma(m+1) = m! = \int_0^\infty t^m e^{-t} dt$$

同様にして

$$n! = \int_0^\infty u^n e^{-u} du$$

となる。ここで、これらの積は

$$m!n! = \int_0^\infty t^m e^{-t} dt \int_0^\infty u^n e^{-u} du$$

と与えられる。ここで $t = x^2$、$u = y^2$ という変数変換を行うと

$$dt = 2xdx \qquad du = 2ydy$$

であり、積分範囲も

$$0 \leq t \leq \infty \to -\infty \leq x \leq \infty, \quad 0 \leq u \leq \infty \to -\infty \leq y \leq \infty$$

と変わる。よって

$$m!n! = \int_{-\infty}^\infty x^{2m} \exp(-x^2)(2xdx) \int_{-\infty}^\infty y^{2n} \exp(-y^2)(2ydy)$$

と積分が変わり、これを整理すると

$$m!n! = 4\int_{-\infty}^\infty x^{2m+1} \exp(-x^2) dx \int_{-\infty}^\infty y^{2n+1} \exp(-y^2) dy$$

まとめると

$$m!n! = 4\int_{-\infty}^{\infty}\int_{-\infty}^{\infty} x^{2m+1} y^{2n+1} \exp\{-(x^2+y^2)\}dxdy$$

となる。ここで、第2章のガウス積分の解析で行ったように、**極座標** (polar coordinates) に変換してみる。

$$x = r\cos\theta \qquad y = r\sin\theta$$

すると積分範囲は

$$-\infty \leq x \leq \infty 、 -\infty \leq y \leq \infty \quad \rightarrow \quad 0 \leq r \leq \infty 、 0 \leq \theta \leq 2\pi$$
$$dxdy \rightarrow rdrd\theta$$

となるので

$$m!n! = 4\int_{0}^{2\pi}\int_{0}^{\infty} (r\cos\theta)^{2m+1}(r\sin\theta)^{2n+1}\exp(-r^2)rdrd\theta$$

のように変換できる。ここで r と θ の積分に分けると

$$m!n! = 4\int_{0}^{\infty} r^{2m+1}r^{2n+1}\exp(-r^2)rdr \int_{0}^{2\pi}(\cos\theta)^{2m+1}(\sin\theta)^{2n+1}d\theta$$

これを整理すると

$$m!n! = 4\int_{0}^{\infty} r^{2m+2n+3}\exp(-r^2)dr \int_{0}^{2\pi}\cos^{2m+1}\theta \sin^{2n+1}\theta d\theta$$

となる。ここで、再びガンマ関数の定義を思い出すと

$$\Gamma(m+1) = m! = \int_{0}^{\infty} t^m \exp(-t)dt$$

であった。そこで r に関する積分をみると

$$\int_{0}^{\infty} r^{2m+2n+3}\exp(-r^2)dr$$

となっている。これを変形すると

補遺 2 ガンマ関数とベータ関数

$$\int_0^\infty (r^2)^{m+n+1} r \exp(-r^2) dr$$

となり、さらに $t = r^2$ の変数変換を行うと

$$dt = 2rdr$$

であるから

$$\int_0^\infty (r^2)^{m+n+1} r \exp(-r^2) dr = \frac{1}{2}\int_0^\infty t^{m+n+1} \exp(-t) dt$$

と変形できるが、これはまさに

$$\int_0^\infty t^{m+n+1} \exp(-t) dt = (m+n+1)!$$

である。よって、先ほどの式に代入すると

$$m!n! = 2(m+n+1)! \int_0^{2\pi} \cos^{2m+1}\theta \sin^{2n+1}\theta d\theta$$

結局

$$2\int_0^{2\pi} \cos^{2m+1}\theta \sin^{2n+1}\theta d\theta = \frac{m!n!}{(m+n+1)!}$$

と変形できることになる。この左辺をベータ関数と呼び、

$$B(m+1, n+1) = 2\int_0^{2\pi} \cos^{2m+1}\theta \sin^{2n+1}\theta d\theta$$

と定義される。これは三角関数で表現したベータ関数である。この式は m および n に関して対称であるから

$$B(m+1, n+1) = B(n+1, m+1)$$

という関係にある。ここで

$$t = \cos^2\theta$$

という変数変換を行うと

$$dt = -2\cos\theta \sin\theta\, d\theta$$

となる。また、$\sin^2\theta = 1 - \cos^2\theta = 1 - t$ であることに注意して、ベータ関数を変形すると

$$B(m+1, n+1) = \int_0^{2\pi} \cos^{2m}\theta \sin^{2n}\theta (2\cos\theta \sin\theta\, d\theta)$$
$$= \int_0^{2\pi} \left(\cos^2\theta\right)^m \left(\sin^2\theta\right)^n (2\cos\theta \sin\theta\, d\theta) = -\int_1^0 t^m (1-t)^n dt$$

よって

$$B(m, n) = \int_0^1 t^{m-1}(1-t)^{n-1} dt$$

となる。これが、一般に流布しているベータ関数の定義である。ベータ関数には

$$B(m+1, n+1) = \frac{m! n!}{(m+n+1)!}$$

のように、階乗と密接な関係にある。

　一般式では

$$B(m, n) = \frac{(m-1)!(n-1)!}{(m+n-1)!}$$

となる。さらにガンマ関数を使って、表現すると

$$B(m, n) = \frac{\Gamma(m)\Gamma(n)}{\Gamma(m+n)}$$

という関係にあることが分かる。

　本補遺では、階乗との関係を明確にするために、階乗に基づいてベータ関数を導入したが、階乗のかわりにガンマ関数でも、同様に導出することができるので、いま求めたベータ関数とガンマ関数の関係は、整数だけではなく、すべての実数にも拡張できる。

補遺 2　ガンマ関数とベータ関数

　さらに、ガンマ関数の計算は比較的簡単にできるので、この関係を使ってベータ関数の値も計算もできる。

補遺3　スターリング近似

　階乗 (factorial) の計算は、数が大きくなると急に大変な手間を要するようになる。3!ならば手計算で$3 \times 2 \times 1 = 6$と簡単に済まされるが、10!となると、かなりの手間がかかる。もし数が増えて1000!ともなると、手計算では、ほとんどお手上げである。よって、何とか近似的な値が得られないものかと考案されたのが、スターリング近似である。近似方法にはいくつかあるが、まず**積分** (integration) の導出で利用する**区分求積法** (piecewise quadrature) の原理を応用してみよう。まず、このように数字が大きい場合は対数をとるのが第一歩である。つまり、階乗は

$$n! = n \times (n-1) \times (n-2) \times \ldots \times 3 \times 2 \times 1$$

であるが、その対数をとると

$$\ln n! = \ln n + \ln(n-1) + \ln(n-2) + \ldots + \ln 3 + \ln 2 + \ln 1$$

となる。これは、区分求積法の考えに立てば、図3A-1に示すように、区間の幅が1で高さが$\ln x$の総面積を与えることになる。もちろん、微積分という立場からは、区間の幅が1では大き過ぎるということになるが、ここではnの大きさがかなり大きい場合を想定しているから、近似という観点に立てば、区間の幅が$1/n$となったとみなすことができる。よって、積分を使って

$$\ln 1 + \ln 2 + \ln 3 + \ldots + \ln(n-2) + \ln(n-1) + \ln n \equiv \int_1^n \ln x\, dx$$

のように近似することが可能となる。ここで部分積分を利用すると

補遺3　スターリング近似

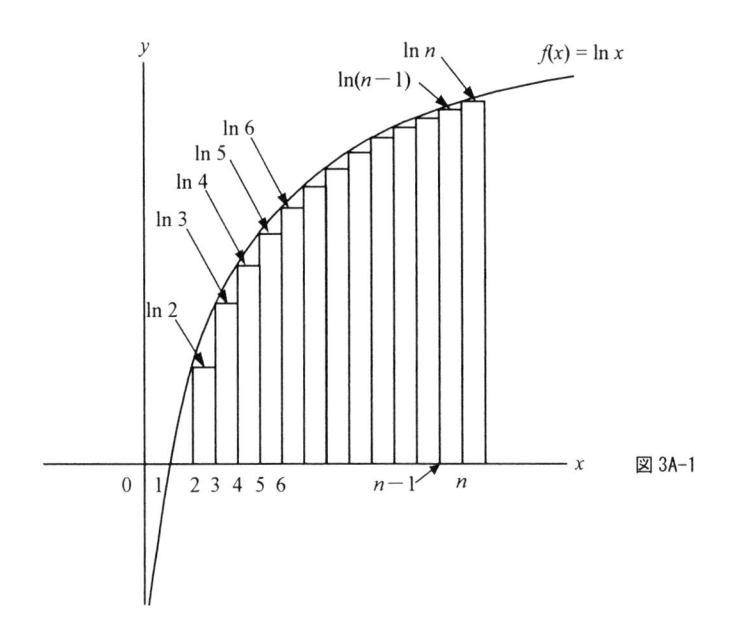

図3A-1

$$\int_1^n \ln x\, dx = [x\ln x]_1^n - \int_1^n 1\, dx = n\ln n - [x]_1^n = n\ln n - n + 1$$

n の数が大きいことを想定しているので、最後の 1 は無視できて、結局

$$\ln n! = n\ln n - n$$

と近似できることになる。この式を**スターリング近似** (Stirling's approximation) と呼んでいる。

この近似式は、階乗関数と呼ばれるガンマ関数を利用しても導出することができる。補遺1に示したように、**ガンマ関数** (Γ function) はつぎの積分によって定義される特殊関数である。

$$\Gamma(x) = \int_0^\infty t^{x-1} e^{-t} dt$$

この積分関数は

$$\Gamma(x+1) = x\Gamma(x)$$

という**漸化式** (recursion relation) を満足するので

$$\Gamma(n+1) = n \cdot (n-1) \cdot (n-2) \cdots 3 \cdot 2 \cdot 1 = n!$$

のように、階乗に対応している。よって

$$n! = \int_0^\infty t^n e^{-t} dt$$

となる。ここで、n が大きいということを利用して、被積分関数を計算しやすいように変形してみよう。まず被積分関数の対数をとると

$$\ln t^n e^{-t} = \ln t^n + \ln e^{-t} = n \ln t - t$$

となる。つぎに

$$t = n + \xi$$

とおくと

$$\ln t^n e^{-t} = n \ln(n+\xi) - (n+\xi)$$

さらに

$$\ln(n+\xi) = \ln\left[n\left(1 + \frac{\xi}{n}\right)\right] = \ln n + \ln\left(1 + \frac{\xi}{n}\right)$$

と変形し、対数のテーラー展開を利用する。それは

$$\ln(1+t) = t - \frac{1}{2}t^2 + \frac{1}{3}t^3 - \frac{1}{4}t^4 + \dots$$

であったから

$$\ln\left(1 + \frac{\xi}{n}\right) = \frac{\xi}{n} - \frac{1}{2}\left(\frac{\xi}{n}\right)^2 + \frac{1}{3}\left(\frac{\xi}{n}\right)^3 - \dots$$

補遺3　スターリング近似

と展開できることになる。これを先ほどの式

$$\ln t^n e^{-t} = n\ln(n+\xi) - (n+\xi) = n\left[\ln n + \ln\left(1+\frac{\xi}{n}\right)\right] - (n+\xi)$$

に代入すると

$$\ln t^n e^{-t} = n\ln n + \left(\xi - \frac{\xi^2}{2n} + \frac{\xi^3}{3n^2} - \cdots\right) - (n+\xi)$$

となる。ここで、われわれは n が大きい場合を想定しているから、分母が n^2 よりも高次になる項は無視することができるので

$$\ln t^n e^{-t} \cong n\ln n - \frac{\xi^2}{2n} - n$$

と近似することができる。ここで、あらためて、両辺の指数をとると

$$t^n e^{-t} \cong e^{n\ln n} e^{-n} \exp\left(-\frac{\xi^2}{2n}\right) = n^n e^{-n} \exp\left(-\frac{\xi^2}{2n}\right)$$

　ここで、この近似式をもとの階乗の積分の式にもどす。$t = n+\xi$ という変数変換を行っているので

$$dt = d\xi$$

であり、積分範囲は

$$0 \leq t \leq \infty \quad \rightarrow \quad -n \leq \xi \leq \infty$$

と変わる。よって

$$n! = \int_0^\infty t^n e^{-t} dt = \int_{-n}^\infty n^n e^{-n} \exp\left(-\frac{\xi^2}{2n}\right) d\xi = n^n e^{-n} \int_{-n}^\infty \exp\left(-\frac{\xi^2}{2n}\right) d\xi$$

ここで

$$\int_{-n}^{\infty} \exp\left(-\frac{\xi^2}{2n}\right) d\xi$$

の積分は、n が十分大きいときには

$$\int_{-n}^{\infty} \exp\left(-\frac{\xi^2}{2n}\right) d\xi \cong \int_{-\infty}^{\infty} \exp\left(-\frac{\xi^2}{2n}\right) d\xi$$

と近似できる。なぜなら n が大きいと、被積分関数は正負の両方向で急激に 0 に近づくからである。すると、これはガウス積分そのものであり、第 2 章で求めたように

$$\int_{-\infty}^{\infty} \exp\left(-\frac{\xi^2}{2n}\right) d\xi = \sqrt{2n\pi}$$

と与えられる。したがって

$$n! = n^n e^{-n} \int_{-n}^{\infty} \exp\left(-\frac{\xi^2}{2n}\right) d\xi = n^n e^{-n} \sqrt{2n\pi} = \sqrt{2\pi} n^{n+\frac{1}{2}} e^{-n}$$

と与えられる。これを**スターリングの公式** (Stirling's formula) と呼んでいる。n は大きい数であるので、1/2 は無視して

$$n! \cong \sqrt{2\pi} n^n e^{-n}$$

と書く場合もある。さらに、この対数をとると

$$\ln n! \cong \ln \sqrt{2\pi} + \ln n^n + \ln e^{-n} = n \ln n - n + \ln \sqrt{2\pi} \cong n \ln n - n$$

となって、先ほど求めたスターリング近似式と同じものが得られる。

あとがき

　わたしが、統計学を必死に勉強したのは、実は大学の修士課程に入ってからである。それまでは、あまり興味が沸かなかった。それほど切実に必要性を感じなかったのである。

　ところが大学院に進んで研究をはじめると、深刻な問題に直面した。当時の大学はあまり予算に恵まれていなかったので、実験をしようにも、観測値や標本数を多く取ることができないのである。

　当時は、予算がふんだんにあった企業の研究者から、学会発表などでいじめられたものである。彼等は、大量の実験結果から信頼性のあるデータ処理を施している。これでは敵わないと思い、それでは統計手法を駆使して、物量で圧倒されている劣勢を挽回できないかどうかを検討したのである。

　皮肉なことに、統計を必死になって勉強した結果分かった事実は、標本数を増やさなければ信頼性の高い結果を得ることはできないという現実であった。つまり、標本数が少ないときには、信頼性を持って推定できる区間の幅が非常に大きくなって意味をなさないのである。

　しかし、ここでふと考えた。統計は無作為抽出 (random sampling) が基本となっている。このため、標本数 (the number of samples) が集まらなければ信頼性が得られない。ところが、自分がやっている実験は、少ない予算ながら工夫を凝らした実験である。当然、データ1個1個の持つ意味が違ってくる。統計の言葉で表現すれば、自分の実験データの標準偏差は、企業が出すデータの標準偏差よりもかなり小さいということである。少々、負け惜しみと言えなくもないが、このように考えることで、よりいっそう実験の精度を高めれば、企業の研究に十分対抗できるという（少々無理な）結論に達したのである。

　ただし、副産物もあった。少ないデータで、多くのデータに勝つという魔法の手法を身につけることはできなかったが、統計学を学んだおかげで、それを学ぶ前とはずいぶん世の中が違って見えるようになってきた。本書の冒頭でも紹介し

たが、世の中には統計で得られたデータが氾濫している。しかも、それらが、統計という側面で十分吟味されている訳ではなく、どちらかというとデータを発表する側の恣意によって加工されているのである。

　もちろん、このような裏を読むという利点だけではなく、実際の研究の場でも実験データを解析する場合に、各種統計分布の背後にある意味を知っていることで、考察をさらに一段深めることができるようになる。

　統計という学問は、私が勉強しはじめた20年前に比べても格段の進歩を遂げている。それは、本書でも紹介したように、新しい確率分布がどんどん生まれているからである。そして、多くのひとが統計を実際の現場で使うようになったおかげで、修正や改良が付け加えられているからでもある。コンピュータの飛躍的な進歩も、その発展に拍車をかけている。ただし、何度も繰り返すように、その原理を理解していることが大切であるし、何よりも、最後の決断を下すのは人間であるという事実を忘れてはならない。

　最後に、紙面の関係で統計の重要な分野である回帰分析や相関係数について紹介できなかった。この分野に関しては、あらためてひとつの本としてまとめる予定である。

<付表 1>　正規分布表

Z	0.00	0.01	0.02	0.03	0.04	0.05	0.06	0.07	0.08	0.09
0.0	0.0000	0.0040	0.0080	0.0120	0.0160	0.0199	0.0239	0.0279	0.0319	0.0359
0.1	0.0398	0.0438	0.0478	0.0517	0.0557	0.0596	0.0636	0.0675	0.0714	0.0753
0.2	0.0793	0.0832	0.0871	0.0910	0.0948	0.0987	0.1026	0.1064	0.1103	0.1141
0.3	0.1179	0.1217	0.1255	0.1293	0.1331	0.1368	0.1406	0.1443	0.1480	0.1517
0.4	0.1554	0.1591	0.1628	0.1664	0.1700	0.1736	0.1772	0.1808	0.1844	0.1879
0.5	0.1915	0.1950	0.1985	0.2019	0.2054	0.2088	0.2123	0.2157	0.2190	0.2224
0.6	0.2257	0.2291	0.2324	0.2357	0.2389	0.2422	0.2454	0.2486	0.2517	0.2549
0.7	0.2580	0.2611	0.2642	0.2673	0.2704	0.2734	0.2764	0.2794	0.2823	0.2852
0.8	0.2881	0.2910	0.2939	0.2967	0.2995	0.3023	0.3051	0.3079	0.3106	0.3133
0.9	0.3159	0.3186	0.3212	0.3238	0.3264	0.3289	0.3315	0.3340	0.3365	0.3389
1.0	0.3413	0.3438	0.3461	0.3485	0.3508	0.3531	0.3554	0.3577	0.3599	0.3621
1.1	0.3643	0.3665	0.3686	0.3708	0.3729	0.3749	0.3770	0.3790	0.3810	0.3830
1.2	0.3849	0.3869	0.3888	0.3907	0.3925	0.3944	0.3962	0.3980	0.3997	0.4015
1.3	0.4032	0.4049	0.4066	0.4082	0.4099	0.4115	0.4131	0.4147	0.4162	0.4177
1.4	0.4192	0.4207	0.4222	0.4236	0.4251	0.4265	0.4279	0.4292	0.4306	0.4319
1.5	0.4332	0.4345	0.4357	0.4370	0.4382	0.4394	0.4406	0.4418	0.4429	0.4441
1.6	0.4452	0.4463	0.4474	0.4484	0.4495	0.4505	0.4515	0.4525	0.4535	0.4545
1.7	0.4554	0.4564	0.4573	0.4582	0.4591	0.4599	0.4608	0.4616	0.4625	0.4633
1.8	0.4641	0.4649	0.4656	0.4664	0.4671	0.4678	0.4686	0.4693	0.4699	0.4706
1.9	0.4713	0.4719	0.4726	0.4732	0.4738	0.4744	0.4750	0.4756	0.4761	0.4767
2.0	0.4773	0.4778	0.4783	0.4788	0.4793	0.4798	0.4803	0.4808	0.4812	0.4817

<付表 2> χ^2 分布表

ϕ \ P	0.975	0.95	0.9	0.750	0.500	0.250	0.1	0.05	0.025
1	0.0009821	0.003932	0.01579	0.1015	0.4549	1.323	2.706	3.841	5.024
2	0.05064	0.1026	0.2107	0.5754	1.386	2.773	4.605	5.991	7.378
3	0.2158	0.3518	0.5844	1.213	2.366	4.108	6.251	7.815	9.348
4	0.4844	0.7107	1.064	1.923	3.357	5.385	7.779	9.488	11.14
5	0.8312	1.145	1.610	2.675	4.351	6.626	9.236	11.07	12.83
6	1.237	1.635	2.204	3.455	5.348	7.841	10.64	12.59	14.45
7	1.690	2.167	2.833	4.255	6.346	9.037	12.02	14.07	16.01
8	2.180	2.733	3.490	5.071	7.344	10.22	13.36	15.51	17.53
9	2.700	3.325	4.168	5.899	8.343	11.39	14.68	16.92	19.02
10	3.247	3.940	4.865	6.737	9.342	12.55	15.99	18.31	20.48
11	3.816	4.575	5.578	7.584	10.34	13.70	17.28	19.68	21.92
12	4.404	5.226	6.304	8.438	11.34	14.85	18.55	21.03	23.34
13	5.009	5.892	7.042	9.299	12.34	15.98	19.81	22.36	24.74
14	5.629	6.571	7.790	10.17	13.34	17.12	21.06	23.68	26.12
15	6.262	7.261	8.547	11.04	14.34	18.25	22.31	25.00	27.49
16	6.908	7.962	9.312	11.91	15.34	19.37	23.54	26.30	28.85
17	7.564	8.672	10.09	12.79	16.34	20.49	24.77	27.59	30.19
18	8.231	9.390	10.86	13.68	17.34	21.60	25.99	28.87	31.53
19	8.907	10.12	11.65	14.56	18.34	22.72	27.20	30.14	32.85
20	9.591	10.85	12.44	15.45	19.34	23.38	28.41	31.41	34.17

<付表3-1>　　　F 分布表 ($\phi_1=1\sim7$)

（上側のすその面積：0.05）

分母の自由度 ϕ_2	分子の自由度 ϕ_1						
	1	2	3	4	5	6	7
1	161.446	199.499	215.707	224.583	230.160	233.988	236.767
2	18.513	19.000	19.164	19.247	19.296	19.329	19.353
3	10.128	9.552	9.277	9.117	9.013	8.941	8.887
4	7.709	6.944	6.591	6.388	6.256	6.163	6.094
5	6.608	5.786	5.409	5.192	5.050	4.950	4.876
6	5.987	5.143	4.757	4.534	4.387	4.284	4.207
7	5.591	4.737	4.347	4.120	3.972	3.866	3.787
8	5.318	4.459	4.066	3.838	3.688	3.581	3.500
9	5.117	4.256	3.863	3.633	3.482	3.374	3.293
10	4.965	4.103	3.708	3.478	3.326	3.217	3.135
11	4.844	3.982	3.587	3.357	3.204	3.095	3.012
12	4.747	3.885	3.490	3.259	3.106	2.996	2.913
13	4.667	3.806	3.411	3.179	3.025	2.915	2.832
14	4.600	3.739	3.344	3.112	2.958	2.848	2.764
15	4.543	3.682	3.287	3.056	2.901	2.790	2.707

<付表 3-2>　　　F 分布表（$\phi_1=8\sim15$）

（上側のすその面積：0.05）

分母の自由度 ϕ_2	分子の自由度 ϕ_1							
	8	9	10	11	12	13	14	15
1	238.884	240.543	241.882	242.981	243.905	244.690	245.363	245.949
2	19.371	19.385	19.396	19.405	19.412	19.419	19.424	19.429
3	8.845	8.812	8.785	8.763	8.745	8.729	8.715	8.703
4	6.041	5.999	5.964	5.936	5.912	5.891	5.873	5.858
5	4.818	4.772	4.735	4.704	4.678	4.655	4.636	4.619
6	4.147	4.099	4.060	4.027	4.000	3.976	3.956	3.938
7	3.726	3.677	3.637	3.603	3.575	3.550	3.529	3.511
8	3.438	3.388	3.347	3.313	3.284	3.259	3.237	3.218
9	3.230	3.179	3.137	3.102	3.073	3.048	3.025	3.006
10	3.072	3.020	2.978	2.943	2.913	2.887	2.865	2.845
11	2.948	2.896	2.854	2.818	2.788	2.761	2.739	2.719
12	2.849	2.796	2.753	2.717	2.687	2.660	2.637	2.617
13	2.767	2.714	2.671	2.635	2.604	2.577	2.554	2.533
14	2.699	2.646	2.602	2.565	2.534	2.507	2.484	2.463
15	2.641	2.588	2.544	2.507	2.475	2.448	2.424	2.403

索引

あ行

上側面積　227
F 検定　137
F 分布　103
F 分布の確率密度関数　207
F 分布表　227

か行

階乗　231, 294
階乗関数　295
カイ 2 乗　93
χ^2 検定　131
χ^2 分布の確率密度関数　181
χ^2 分布の分散　187
χ^2 分布の平均　185
χ^2 分布表　94
ガウス関数　37
ガウス分布　38
確率　64
確率変数　146
確率密度　64
確率密度関数　147
仮説　118
仮説検定　118
片側検定　124
加法性　284

ガンマ関数　85, 178, 182, 294
規格化　154
幾何平均　14
棄却域　120
危険率　122
記述統計　62
期待値　148, 155
帰無仮説　122
共分散　283
極座標　42
区間推定　72
区分求積法　302
組み合わせ　233
組み合わせの数　234
形状係数　269
検定　87
誤差関数　38

さ行

採択域　120
最頻値　21
最尤推定量　112
最尤法　111
算術平均　14
事象　242
指数関数　60, 287

指数分布　171
下側面積　227
視聴率　256
自由度　85
寿命　269
順列　232
順列の数　232
信頼区間　72
信頼係数　72
推測統計　62
数理統計学　64
スターリング近似　250, 303
スターリングの公式　250, 306
Studentのt分布　85
正規分布　36, 38
正規分布の加法性　67
正規分布表　50
漸化式　185, 295

た行

対立仮説　123
知能指数　13
中央値　21
中心極限定理　71
直交座標　42
テーラー展開　251, 291
t検定　124
t分布　85
t分布の確率密度関数　194
t分布表　88, 125
点推定　65, 111

同時確率分布　276
度数分布　150

な行

内閣支持率　256
2項定理　243
2項分布　241
2項分布の分散　249
2項分布の平均　249
2項分布のモーメント母関数　248
2次元確率分布　275
2次元確率分布の期待値　279
2重積分　41, 277
2変数の場合の同時確率密度関数　277
2変数の場合の累積分布関数　277

は行

ハザード関数　266
ヒストグラム　32
ひずみ度　165
標準正規分布　48
標準偏差　12, 19, 30
標本　33, 62
標本抽出　33
標本標準偏差　75
標本分散　74
標本平均　74, 82
部分積分　157
不偏推定値　79, 155
分散　16, 45, 149, 158
平均値　47

平均偏差　16
ベータ関数　178, 200, 297
べき級数　60
べき級数展開　244, 290
変曲点　55
偏差値　11, 19
ポアソン分布　257
ポアソン分布の確率密度関数　260
ポアソン分布の分散　263
ポアソン分布の平均　262
母集団　62
母標準偏差　75
母分散　74
母分散の不偏推定値　82
母平均　74, 81

ま行

マクローリン展開　244, 291
無作為抽出　80
モーメント　164
モーメント母関数　166, 193

や行

有意水準　122
尤度関数　112

ら行

離散型分布　147
離散型変数　147
両側検定　124
臨界域　120

累積分布関数　178
連続型変数　153

わ

ワイブル係数　269, 274
ワイブル分布　265
ワイブル分布の確率密度関数　270, 273
ワイブル分布の分散　273
ワイブル分布の平均　271

著者：村上　雅人（むらかみ　まさと）

　1955年，岩手県盛岡市生まれ．東京大学工学部金属材料工学科卒，同大学工学系大学院博士課程修了．工学博士．超電導工学研究所第一および第三研究部長を経て，2003年4月から芝浦工業大学教授．2008年4月同副学長，2011年4月より同学長．

　1972年米国カリフォルニア州数学コンテスト準グランプリ，World Congress Superconductivity Award of Excellence, 日経BP技術賞，岩手日報文化賞ほか多くの賞を受賞．

　著書：『なるほど虚数』『なるほど微積分』『なるほど線形代数』『なるほど量子力学』など「なるほど」シリーズを十数冊のほか，『日本人英語で大丈夫』．編著書に『元素を知る事典』（以上，海鳴社），『はじめてナットク超伝導』（講談社，ブルーバックス），『高温超伝導の材料科学』（内田老鶴圃）など．

なるほど統計学

　2002年10月18日　第1刷発行
　2023年 3月31日　第4刷発行

発行所：㈱海 鳴 社　http://www.kaimeisha.com/
　　〒101-0065　東京都千代田区西神田2－4－6
　　Eメール：kaimei@d8.dion.ne.jp
　　Tel．：03-3262-1967　Fax：03-3234-3643

発　行　人：辻　信行
組　　　版：小林　忍
印刷・製本：シ ナ ノ

JPCA
本書は日本出版著作権協会（JPCA）が委託管理する著作物です．本書の無断複写などは著作権法上での例外を除き禁じられています．複写（コピー）・複製，その他著作物の利用については事前に日本出版著作権協会（電話03-3812-9424, e-mail:info@e-jpca.com）の許諾を得てください．

出版社コード：1097
ISBN 978-4-87525-210-8

© 2002 in Japan by Kaimeisha
落丁・乱丁本はお買い上げの書店でお取替えください

村上雅人の理工系独習書「なるほどシリーズ」

なるほど虚数──理工系数学入門	A5判 180頁、1800円
なるほど微積分	A5判 296頁、2800円
なるほど線形代数	A5判 246頁、2200円
なるほどフーリエ解析	A5判 248頁、2400円
なるほど複素関数	A5判 310頁、2800円
なるほど統計学	A5判 318頁、2800円
なるほど確率論	A5判 310頁、2800円
なるほどベクトル解析	A5判 318頁、2800円
なるほど回帰分析　（品切れ）	A5判 238頁、2400円
なるほど熱力学	A5判 288頁、2800円
なるほど微分方程式	A5判 334頁、3000円
なるほど量子力学Ⅰ──行列力学入門	A5判 328頁、3000円
なるほど量子力学Ⅱ──波動力学入門	A5判 328頁、3000円
なるほど量子力学Ⅲ──磁性入門	A5判 260頁、2800円
なるほど電磁気学	A5判 352頁、3000円
なるほど整数論	A5判 352頁、3000円
なるほど力学	A5判 368頁、3000円
なるほど解析力学	A5判 238頁、2400円
なるほど統計力学	A5判 270頁、2800円
なるほど統計力学　◆応用編	A5判 260頁、2800円
なるほど物性論	A5判 360頁、3000円
なるほど生成消滅演算子	A5判 268頁、2800円
なるほどベクトルポテンシャル	A5判 312頁、3000円
なるほどグリーン関数	A5判 272頁、2800円

（本体価格）